1週間で

Google アナリティクス4 の基礎が学べる本

窪田 望、江尻俊章、木田和廣、神谷英男、礒崎将一、
山田智彦、富田一年、佐藤 佳、岡山寿洋、芹澤和樹、高橋 修、
阿部大和、井水大輔、伊村ミチル、古橋香緒里、
白水美早、佐々木秀憲、鈴木
小川

インプレス

インプレスの書籍ホームページ

書籍の新刊や正誤表など最新情報を随時更新しております。

https://book.impress.co.jp/

はじめに

本書は、Webマーケターのために Googleアナリティクス4の基礎知識を解説した入門書です。

私たちマーケターはいつでも、何かの正解を求め、もがき、苦しんできました。ウェブに関わるすべての人は、常になにかしら責任を負う立場にあります。そして、ほとんどの人は、限られた情報の中からスピーディーに有効な情報を探し出し、それをもとに何かを決断し、チームを動かす必要に迫られます。

そんなマーケターの仕事に欠かせないツールがGoogleアナリティクスです。GA4とはGoogleアナリティクスの最新版として2020年10月に発表されました。ところが、その機能が大幅にアップされ、Googleアナリティクスを使いこなしていた多くのマーケターたちに混乱を招いています。

そんな中、人知れず学び、責任を負ってきた孤独なマーケターは意外と多く、そんな愛すべきマーケターが一番大切にしているのは、時間効率の高い学びの機会ではないでしょうか？

そこで本書では、いち早くGA4の全体像と基礎知識を提供することを目指しました。

本書はできるだけ効率的に学べるような、構成となっています。まず、7日間で学べるように本を7章立てとし、1日1章ずつ読み進めていくことで、無理なく知識が身に付く作りになっています。

ドキドキとワクワクが入り混じる気持ちで「学び」に臨むとき、それは人が大きな成長を遂げるチャンスなのです。

本書が、あなたにとって人生の新たな一歩を踏み出すためのよいきっかけになりましたらこれほど嬉しいことはありません。

最後に本書の執筆に関わってくれた方々の名前を感謝の気持ちを込めて記します。この皆様の協力なしには、この本の完成はありませんでした。心より感謝し、謝辞を述べさせていただきます。

（以下敬称略）
江尻 俊章
小川 卓
木田 和廣
礒崎 将一
神谷 英男
湊川あい
佐藤 佳
島田 敬子
岡山 寿洋
富田 一年
井水 大輔
白水 美早
小池 昇司
伊村 ミチル
高橋 修
永井 那和
田中 佑弥
大岡 歩夢
鈴木 玲
沖本 一生
稲葉 修久
芹澤 和樹
川村 日向子
佐々木 秀憲
阿部 大和
石本 憲貴
飯牟礼 秀一
山田 智彦
河村 悠佳
藤田 恵司
古橋 香緒里

編集にご尽力いただいた久保靖資様、インプレス編集部の方々にも感謝いたします。

2021年7月
窪田 望

とある
オフィス街
どうしよう
Google
アナリティクス4
まったく
わからない!!
新人マーケター
カイセキーヌ
2020年10月にリリースされた
新しいGoogleアナリティクスの
ことだね
略してGA4とも
よばれているね
わっっ
窪田先生
大丈夫！
GA4が
使える！
ゴール
今
7日目
6日目
5日目
4日目
3日目
2日目
1日目
この本を読めば
7日間で
君もGA4マスター！

ズソッ
僕はもう設定は
できてるから
ダッシュボードの見方や
データ探索の活用方法を
知りたいな
ボルゾイ
先パイ…

ぐっ
すでにベースが
あるひとは
飛ばしてもOK！

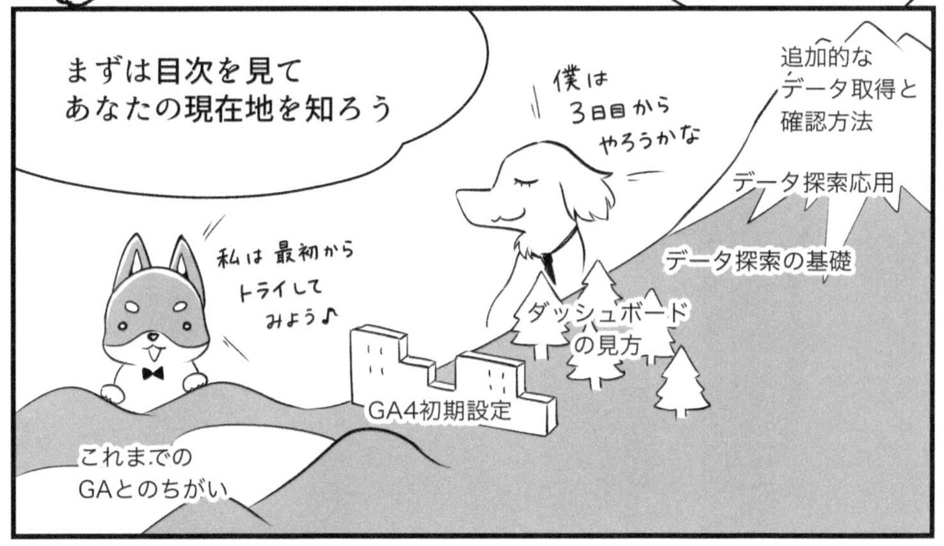
まずは目次を見て
あなたの現在地を知ろう
僕は
3日目から
やろうかな
私は 最初から
トライして
みよう♪
追加的な
データ取得と
確認方法
データ探索応用
データ探索の基礎
ダッシュボード
の見方
GA4初期設定
これまでの
GAとのちがい

今までの
アナリティクスを
使ったことがある人も
1日目から
復習しつつ
進めてみてね
Let's
go!!

キャラクター紹介

ウェブ解析士協会の公式キャラクターの「カイセキーヌ」。本書では漫画パートに登場する新人マーケター役を務める。

カイセキーヌ

■カイセキーヌの特徴

都内某所で働く新人マーケター。
いつか凄腕のウェブ解析士になるため日々勉強中。
困っていると、スゴイ人が次々と助けてくれる謎の幸運体質。
チャームポイントは背中のマークと、ベーグルみたいなしっぽ。

好きなもの：羊肉・パクチー
苦手なもの：高圧的な人（ボルゾイ先輩）

本書の特徴

Googleアナリティクス4（GA4）を学習する人のための入門書

本書は、Google アナリティクス（ユニバーサルアナリティクス）を過去に少し利用したこととがある、もしくは現在も利用している方を主な対象として、Google アナリティクス4（以降GA4）の内容や使い方を解説していきます。

GA4は、2020年10月に登場したばかりであるため、まだよくわからないという方は多いでしょう。本書は、そんなGA4の初心者が一から勉強していくために役立つ入門書です。

また、GA4の情報を体系的にまとめていますので、GA4を多少は知っているという方が知識を確認する際にも有益な内容となっております。

ただし、Google アナリティクスを触ったことがない、Google アナリティクスの知識がまったくないという方にとっては、少しわかりにくい解説が出てくるかもしれません。その場合、『いちばんやさしいGoogleアナリティクスの教本』（インプレス刊）を合わせてお読みいただくと、より深く理解できるかもしれません。

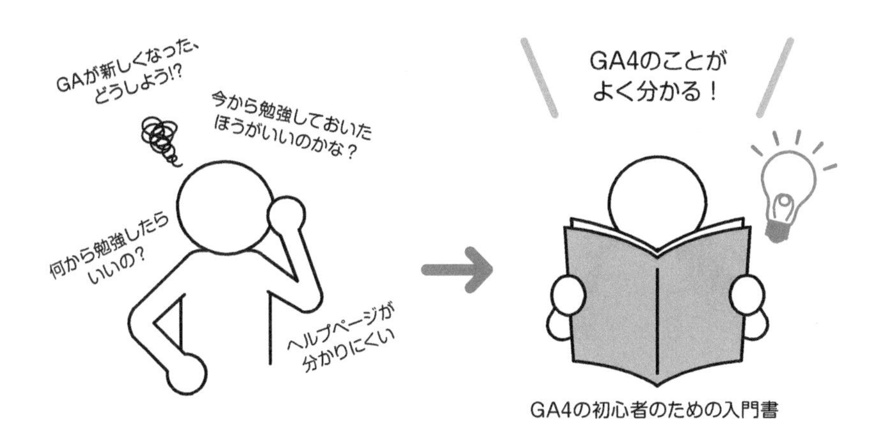

1週間で学習できる

本書は「1日目」「2日目」……と、1日ずつ学習を進めていき、7日間（1週間）で1冊を読み終えられる構成になっています。1日ごとの学習量は、無理のない範囲に抑えました。7日間構成で、計画的に学習を進められるので、楽しく効率的にGA4を学ぶことができます。

漫画で各章を分かりやすく楽しく表現

「1日目」から「7日目」の各章の冒頭には、漫画で解説が付いています。ウェブ解析士協会のキャラクターである「カイセキーヌ」と各章の執筆者が漫画で説明しますので、その章の概要を端的に掴むことができ、楽しく学習を進められます。

本書の執筆について

ウェブ解析士による執筆

本書は、ウェブ解析士協会の有志で立ち上げたGA4研究会にて企画しました。それぞれ異なる専門分野を持つGA4研究会のメンバーたちが、各自の得意領域を中心に執筆しています。GA4研究会は、今後もGA4に関する研究やノウハウの蓄積、情報発信などを行う予定です。

なお、GA4研究会のメンバーが保有している「ウェブ解析士認定資格」は事業の成果に導くウェブ解析のスキルを習得できます。本書でGA4の学習を終えた後、さらにウェブ解析の知識・スキルを向上させたいという方は「ウェブ解析士認定資格」の受講をお勧めします。

【ウェブ解析士認定資格とは】

ウェブマーケティングの知識・スキルを習得するために基盤となる「ウェブ解析」について、「体系的に学べる環境」「スキルの評価基準」を設け、必要な能力や知識を身に付けられる一般社団法人ウェブ解析士協会が主催する民間資格。ウェブ解析士認定資格には、「ウェブ解析士」「上級ウェブ解析士」「ウェブ解析士マスター」の3つがあり、2020年までで41,000名を超える人が受講している。

● 一般社団法人ウェブ解析士協会
https://www.waca.associates/jp/

本書の使い方

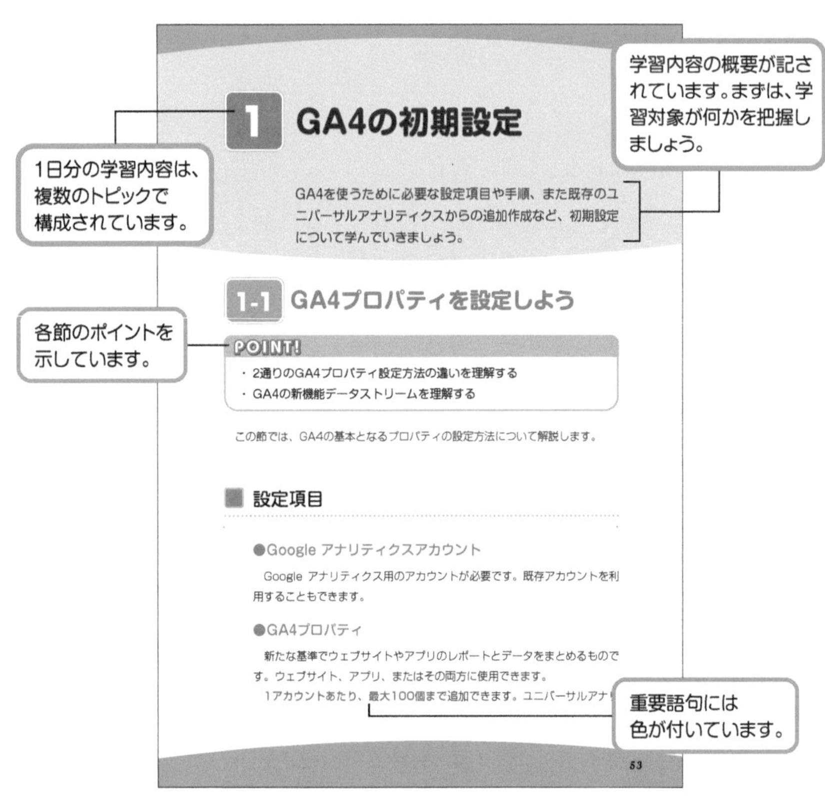

●本書で使われているマーク

マーク	説明	マーク	説明
重要	GA4を理解するうえで必ず理解しておきたい事項	参考	知っていると知識が広がる情報
注意	操作のために必要な準備や注意事項	用語	押さえておくべき重要な用語とその定義

Contents

3日目 GA4のダッシュボード解説1

4日目 GA4のダッシュボード解説2

7日目　追加データ取得と確認方法

1 追加データの取得とは

2 Google タグマネージャーへのタグ投入による追加データの取得

3 サイト内検索クエリの取得

4 BigQueryにエクスポートされたデータ

付録　FAQ: よくある質問

1日目

GA4の学び方を学ぶ

1日目に学習すること

1日目では、これまでのGoogle アナリティクスと新しくなったGA4との違いについて学習します。GA4とはどう付き合っていけばいいのか？ GAの歴史やGA4登場の背景を紐ときながら解説していきます。

Google
アナリティクス4って
今までのものと
何が変わったんだろう
ウワサでは
指標が変わった とか
え〜っ
PV
直帰率
セッション
サヨナラ〜
機械学習が導入された!! とか
聞こえてくるけど…
むずかしそう…

ハッ…
もしかして
今までのGoogle
アナリティクスは
使えなくなって
しまうんじゃ?

大丈夫!
今までのGAと
併用可能だよ
よかった〜!
ただし、将来的にはGA4に
ゆるやかに移行していくことに
なるだろうけどね

Googleアナリティクス4は
Cookieのない
未来のアナリティクスと
言われているんだ
おおしっ
イベントベース
での計測
イベント名
件数
page_view
120
login
31
form_cv
11
52
たとえばログインを計測したい
場合、login というイベントを
自分で設定するよ
どっちで閲覧しても
同じ 1人のユーザーとして
認識!!
アプリ + ウェブ
統合分析
7日以内に
初回購入する
可能性が高い
機械学習
Cookieなしでも
ユーザー行動を予測分析
怖がらずに
今のうちから導入して
慣れていくのがいいよ

1 これまでのGoogle アナリティクス

この節では、GA4の学習に入る前に、Google アナリティクスの基礎的な知識を学習します。具体的には、Google アナリティクスとは何か、関連用語、ツールの機能進化について紹介します。

1-1 Google アナリティクスって何だろう？

POINT!

- Google アナリティクスで何ができるかの基本を確認
- GA4を学ぶ前の基本的なスキルを取得できる

この節では、「Google アナリティクス 4 プロパティ（以降、GA4）」を学習していく前に、Google アナリティクスはどんなものかについて確認します。

Googleが提供するアクセス解析ツール

Google アナリティクスはGoogleが無償で提供しているアクセス解析ツールで、ウェブサイトやアプリのアクセス情報を解析することができます。アクセス解析をしたいウェブサイトやアプリに指定のトラッキングコード（計測をするためのタグ）を設置することで、ユーザーのアクセス情報を掴むことができます。

設置後は、サイトに訪れたユーザー数や訪問回数、閲覧したページなどを確認できます。また、継続的にアクセス情報を解析することで数値の変化を認識することができ、その変化から新たな施策を考えたり改善点を洗い出したりすることも可能です。こうしたことから、アクセス解析は、社内で決めたKPI（**重要業績評価指標**）を達成するために重要なツールとなっています。

対象サイトを分析し、施策の検討ができる

アクセス解析ツールは、管理をしているサイトのアクセス情報を確認するツールです。アクセス数の推移やアクセスの遷移を確認して、増減や変化を分析します。その分析結果を生かして、新たな施策案や改善案の検討に役立てることができます。

例えば、AページとBページどちらかに広告を出すことを検討する場合に、勘や経験などの**定性的**な情報で決めることがあります。Google アナリティクスを利用すれば、それぞれのページの離脱率を比較することができるので、数値に裏打ちされた**定量的**な情報を加えた検討が可能です。定性的な分析に定量的な分析を掛け合わせることで、より**説得力のある仮説**を立てることができます。

また、媒体の異なるネット広告をまとめて効果測定することも可能です。ネット広告の広告媒体にはGoogle、Yahoo! JAPAN、Facebookなどがありますが、広告の効果測定は媒体ごとの管理画面で行われます。

しかし、Google アナリティクスでは異なる**媒体の測定データを一元管理**することが可能なため、どの広告媒体がもっとも効果が高いか、ひとつの画面で並べて確認することができます。

さまざまな角度から情報を整理できる

Google アナリティクスは、測定したデータの集計や絞り込みをしやすい仕様になっています。具体的には、項目（ディメンション）ごとに、どのような値（指標）の情報を、どのような条件（セグメント）で絞り込むか、あるいは除外（フィルタ）するかを設定することができます。これにより、より柔軟なデータの解析が可能です。

例えば、ターゲットである35歳から44歳の男性が、自然検索からの流入でどの程度お問い合わせフォームのページに到達しているかについても、Google アナリティクスでは簡単に集計することができます。

また、集計したデータをPDF、スプレッドシート、csvデータなどでダウンロードできるため、Google アナリティクスを利用できない人にも情報共有が可能です。

1-2 Google アナリティクスの歴史

POINT!

- Google アナリティクスを世代で分けると、GA4は第4世代にあたる
- 第1～第3世代の機能進化を理解すると、GA4の特徴がよく分かる

次に、Google アナリティクスの機能進化を世代ごとに分けて紹介します。

例えば、家庭用ゲーム機でも、ファミコン、スーパーファミコン、Wii、Switchなどと、テクノロジーの進歩や時代に合わせて製品が進化しているように、Google アナリティクスもいくつかの世代を経て今にいたっています。したがって、各進化の過程をおさらいすることで、GA4に対する理解はより深まるでしょう。

第1世代（urchin.js時代）

世界で初めてウェブサイトが公開された1991年から2004年ごろまでは、サーバーを管理しているエンジニアや担当者がログ解析をしていた時代でした。主なサイトの指標は、ページビュー数やヒット数で、数字の増減を見ることはあっても、専任の担当者がデータを用いた改善活動を行うことはあまりありませんでした。

2005年に入り、アクセス解析ソフトウェアが企業で活用され始めました。同年3月、Googleが有料の解析ツール「Urchin（アーチン）」を買収。これをベースに開発されたのがGoogle アナリティクスで、第1世代では「urchin.js」というタグが使われました。Google アナリティクスの登場でマーケティング部門もデータを扱いやすくなり、主な指標はセッション数やユーザー数など、よりユーザー行動に着目したものになりました。

● 「urchin.js」の計測タグ

```
<script src="http://www.google-analytics.com/urchin.js" type="text/javascript">
</script>
<script type="text/javascript">
_uacct = "UA-xxxxxx-x";
urchinTracker();
</script>
```

用語

Google アナリティクスのタグとは、ウェブサイトからデータを収集し、Google アナリティクスに送信するJavaScriptのこと。このタグをウェブサイトに設置することで、ユーザーの行動データがGoogleサーバーに蓄積され、Google アナリティクスで計測データを閲覧することができます。なお、Google アナリティクスのタグは「トラッキングコード」とも呼ばれています。

第2世代（ga.js / ga.js（dc.js）時代）

2007年から、通称クラシックタグと呼ばれる第2世代「ga.js」の提供が始まりました。特徴のひとつとして、イベントトラッキングがあり、ファイルのダウンロード数や電話ボタンのタップ数といった、ページの移動をともなわないアクション（＝イベント）の計測が可能となりました。また、eコマーストラッキングの導入により、eコマースの収益やコンバージョン率なども分析できるようになりました。

●「ga.js」の計測タグ

```
<script type="text/javascript">
var gaJsHost = (("https:" == document.location.protocol) ? "https://ssl." : "http://www.");
document.write(unescape("%3Cscript src='" + gaJsHost + "google-analytics.com/ga.js'
type='text/javascript'%3E%3C/script%3E"));
</script>
<script type="text/javascript">
try{
var pageTracker = _gat._getTracker("UA-xxxxxx-x");
pageTracker._trackPageview();
} catch(err) {}
</script>
```

2009年になると、非同期トラッキングコード「ga.js (dc.js)」がリリースされました。従来の同期トラッキングコードと比べると、読み込みがスムーズで、従来サイト速度の妨げがあったものが、軽減できるようになっています。他にもダッシュボードやカスタムレポートなどが導入されるなど、Google アナリティクスの主な機能は第2世代で固まったと言えます。

●「ga.js (dc.js)」の計測タグ

```
<script type="text/javascript">
var _gaq = _gaq || [];
_gaq.push(['_setAccount', 'UA-xxxxxx-x']);
_gaq.push(['_trackPageview']);
(function() {
var ga = document.createElement('script'); ga.type = 'text/javascript'; ga.async = true;
ga.src = ('https:' == document.location.protocol ? 'https://ssl' : 'http://www') + '.google-
analytics.com/ga.js';
var s = document.getElementsByTagName('script')[0]; s.parentNode.insertBefore(ga, s);
})();
</script>
```

第3世代(analytics.js)

2012年にリリースされたGoogle アナリティクスVer3は、従来のGoogle アナリティクスと比較すると、多様なデバイスやアプリで解析をすることができるようになったことから、一般的にユニバーサルアナリティクスと呼ばれています。まずは、計測するためにウェブサイトのHTMLに埋め込む計測タグ(トラッキングコード)を確認してみましょう。

● ユニバーサルアナリティクスタグ

```
<script>
(function(i,s,o,g,r,a,m){i['GoogleAnalyticsObject']=r;i[r]=i[r]||function(){
(i[r].q=i[r].q||[]).push(arguments)},i[r].l=1*new Date();a=s.createElement(o),
m=s.getElementsByTagName(o)[0];a.async=1;a.src=g;m.parentNode.insertBefore(a,m)
})(window,document,'script','//www.google-analytics.com/analytics.js','ga');

ga('create', 'UA-XXXXXX-Y', 'auto');
ga('send', 'pageview');
</script>
```

上記コードの5行目に読み込まれているJavaScriptファイル名で、analytics.jsと記述されていることが分かります。第2世代(ga.js時代)からユニバーサルアナリティクスになり、大きく変わった点には以下の3つがあります。

① クロスドメインの計測ができるようになった。
② User-IDを利用したクロスデバイス計測ができるようになった。
③ より細かな計測ができるようになった。

① クロスドメインの計測

まず、クロスドメインとは何かについて確認しましょう。複数のドメイン(URL)を横断した計測のことを**クロスドメイントラッキング**と呼びます。例えば、以下のようなケースがあります。

● 例1：ショッピングサイトを運営しており、カートシステムを他社からレンタルしている場合

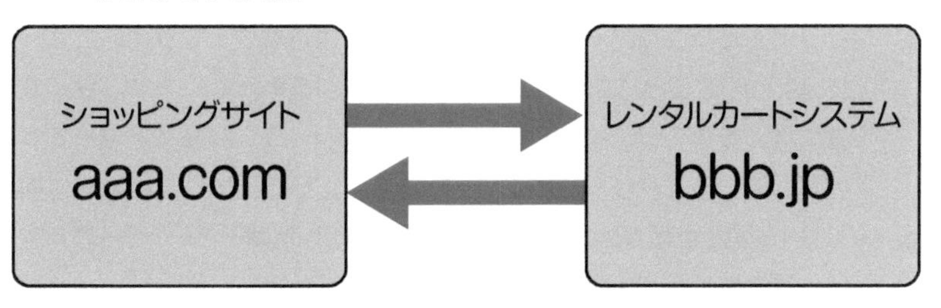

トップページや商品紹介ページはaaa.comドメインで閲覧しており、カートに入れてから決済処理まではbbb.jpドメインを閲覧しているようなケースです。ドメインを横断してもユーザー行動が計測できるようなシステムが必要です。

● 例2：複数サイトを運営しており、横断した計測をしたい場合

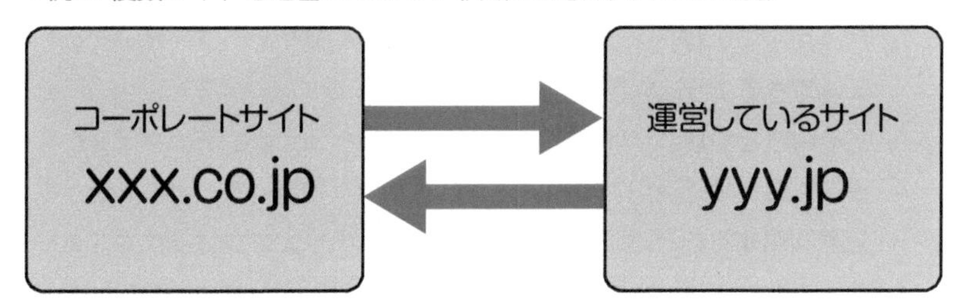

企業で運営しているウェブサイトが複数あり、それぞれのドメインごとの数を把握しつつ、かつ合計値（この場合、xxx.co.jpとyyy.jp全体でのセッション数やページビュー数などの合算値）も把握したいケースです。

第2世代までは、ドメインが変わると別の訪問かつ別のユーザーとして計測されていました。ユニバーサルアナリティクスでは、このようなクロスドメインでも同一のユーザーや同一の訪問としての計測ができるようになりました。

② User-IDを利用したクロスデバイス計測

ショッピングサイトや会員登録ができるようなウェブサイトには、一般的にUser-IDを使ってログインするシステムが備わっています。サイトの利用者には、複数のデバイス（スマホやタブレット、パソコン）を使ってサイトを閲覧しているユーザーも多くいるでしょう。ところが、GA4より以前、つまり第1〜第3世代では、複数デバイスを横断した同一ユー ザーの判定は基本的にできませんでした。

しかし、ユニバーサルアナリティクスではUser-IDを利用したクロスデバイス計測により、**デバイスを横断したユーザーを同一ユーザーとして計測することが可能**となりました。

③ より細かな計測※1

第1世代、第2世代の時期に比べると、ウェブ環境は大きく変化し、ウェブサイト構造やユーザー行動も複雑化してきました。それにともないGoogle アナリティクスのメニューや機能も進化し、ユーザー行動も細かく計測できるようになりました。

そのひとつが、手間を最小限に抑えながらGoogle アナリティクスの各種機能を最大限に活用できる**自動トラッキング機能**です。自動トラッキング機能を利用することで、例えば外部サイトへのリンククリックやフォーム誘導するボタンクリックなど、ページビュー以外のユーザー行動を計測することができるようになり、分析の幅が大きく広がったのです。

gtag.js時代

グローバルサイトタグ（gtag）では、第4世代に向けた大きなデータ計測の仕組み変更がありました。

具体的には、Google アナリティクス、Google広告などのタグはそれぞれ異なり、**プロダクト**ごとに**タグ実装**が必要でしたが、グローバルサイトタグになったことで、ひとつのタグで複数のプロダクトの利用ができるようになりました。また、

※1　https://analytics-ja.googleblog.com/2016/03/analyticsjs.html

計測タグは以下のように変更されました。

● グローバルサイトタグ

```
<script async src="https://www.googletagmanager.com/gtag/js?id=UA-xxxxxxxx-1"></
script>
<script>
window.dataLayer = window.dataLayer || [];
function gtag(){dataLayer.push(arguments)};
gtag('js', new Date());
gtag('config', 'UA-XXXXXXXX-Y');
</script>
```

グローバルサイトタグ（gtag）の登場によって、別プロダクト（例えばGoogle広告など）との連携がスムーズになりました。従来ではプロダクトごとに計測タグを入れる必要がありましたが、その必要がなくなりシンプルになりました※2。

また、従来のGoogle アナリティクスではCookieによってユーザー判定をしていたため、ITP機能の影響を受けるSafariブラウザによるユーザー計測の精度が低いというデメリットがありました。それを改善した計測タグがグローバルサイトタグです。また、ウェブサイトだけでなく、SDKを導入することでアプリなどのさまざまなデジタルメディア計測も対応できるようになりました。

ITP機能について

Intelligent Tracking Preventionの略。2017年9月20日にiPhoneやiPad向けのOSとしてリリースされたiOSと、MacOSのSafariに対して、Cookieでの計測や広告配信、リターゲティングが制限される仕様のこと。

第4世代（GA4時代）

2020年10月14日（米国時間）、GA4が正式にリリースされました。Google アナリティクスの第4世代ということで「4」と付いています。また、GA4は、

※2 https://developers.google.com/gtagjs?hl=ja

2019年にベータ版としてリリースされたGoogle アナリティクス「アプリ ＋ ウェブ プロパティ（App ＋ Web プロパティ）」が基盤となっており、これまで別々で計測されていたウェブとアプリを統合した分析ができるようになりました。

●ウェブ計測とアプリ計測の変遷

他にもGA4の機能はパワーアップしています。「今までのGoogle アナリティクスと何が違うのか？」「具体的にどんなことができるようになったのか？」など、ますます気になることでしょう。また、「見た目（UI）がぜんぜん違う」「計測指標が変わった」「機械学習の機能が進化した」といった断片的な情報を耳にして、導入を迷っている方もいるはずです。

こうした疑問や悩みを解決するべく、第2節では『これからのGoogle アナリティクス』と題して、GA4の概要について解説します。

1日目の最後には演習問題も用意しています。理解度のチェック、振り返りにぜひご活用ください。

2 GA4の概要-これからのGoogle アナリティクス

この節では、GA4の概要を学んでいきます。具体的には、アップデートの背景、特徴と5つのメリット、よくある誤解と懸念点、導入を円滑に進めるポイントを紹介します。

2-1 アップデートの背景

POINT!

- 過去のGAにはスマホやアプリを加味した解析環境を整える必要があった
- 過去のGAにはプライバシーに配慮できるツールへと進化する必要があった

なぜ、GA4がリリースされたのか？ それは、Google アナリティクスが誕生してから約15年経ち、社会が様変わりしたからです。その中でも「テクノロジーの進化」と「世界的なプライバシーの尊重」は、GA4がリリースされた背景に深く関わっています。

テクノロジーの進化にともなう課題

インターネットを使ったマーケティングでは、ブラウザごとに付与されるCookieという仕組みを使って、広告やウェブサイトにおける行動データを把握していました。

しかし、タブレットやスマートフォンの普及によって、ユーザーが複数の端末とブラウザを使うようになり、近年ではユーザーの行動が追いづらくなっています。
　また、ユニバーサルアナリティクスでは、ウェブサイトのデータをページ単位で見ていましたが、アプリや動画のようにページの概念がないものが登場したことで、アプリとウェブサイトを統合した解析はひと手間かかるという課題も出てきました。

プライバシーの尊重にともなう問題

　GDPR（EU一般データ保護規則）やCCPA（カリフォルニア州消費者プライバシー法）などの規則・法律によって、今やプライバシーの尊重は世界基準となりました。デジタルマーケティングにおいて必要不可欠なCookieは匿名化された情報ですが、GDPRやCCPAでは個人情報として扱われています。
　日本ではまだ個人情報として扱われていませんが、他の情報と紐づけた時点で個人情報と同等の扱いになったり、Cookieの取得や利用に関してユーザーの同意やオプトアウトの仕組みが必要となったり、慎重な取り扱いが求められています。

Cookieのない未来のアナリティクスへ

　このような背景から、プライバシーにも配慮しながら、ユーザー中心の分析ができるようにリリースされたのがGA4です。ウェブサイトに訪れたユーザーに対してCookieで追跡する従来のマーケティングから、今まさに時代が変化し始めており、わたしたちはその岐路に立っているのです。
　しかし、これまでCookieに頼っていた情報はどのように補完するのでしょうか？こうした課題を解決するために、GA4はポリシーや機能が大幅にアップデートされています。次ページから、何が変わったのかを詳しく見ていきましょう。

2-2 特徴と5つのメリット

POINT!

- 従来との違いは、見た目（UI）、計測ポリシー、分析機能の3つ
- 見た目やレポートメニューの変更で、直感的な操作が可能
- イベント計測で、ユーザーの行動がより正確に把握できる
- 機械学習の活用とBigQueryの連携で、分析の可能性が拡大

ユニバーサルアナリティクスと比べて、GA4は大幅にアップデートされているため、もはや別のプロダクトと言っても過言ではありません。しかし、何が変わったのかを簡単に言えば、**「見た目（UI）」「計測ポリシー」「分析機能」**の3つにまとめることができます。

そこで、これらの変更点を加味しつつ、GA4のメリットについて紹介します。

見た目（UI）のアップデート

GA4は、ユニバーサルアナリティクスに慣れ親しんでいる方からすると、見た目（UI）が大きく変わっています。例として、「リアルタイム」のレポート画面を紹介します。

●ユニバーサルアナリティクスの「リアルタイム」のレポート画面

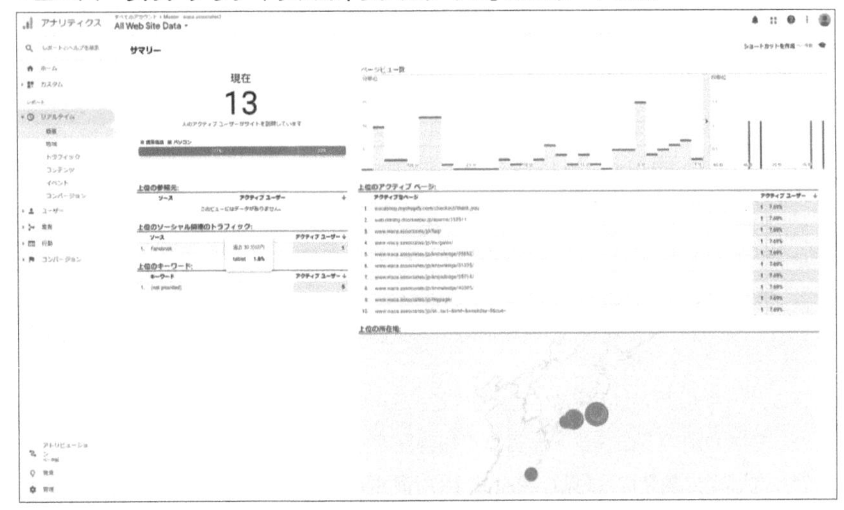

●GA4の「リアルタイム」のレポート画面

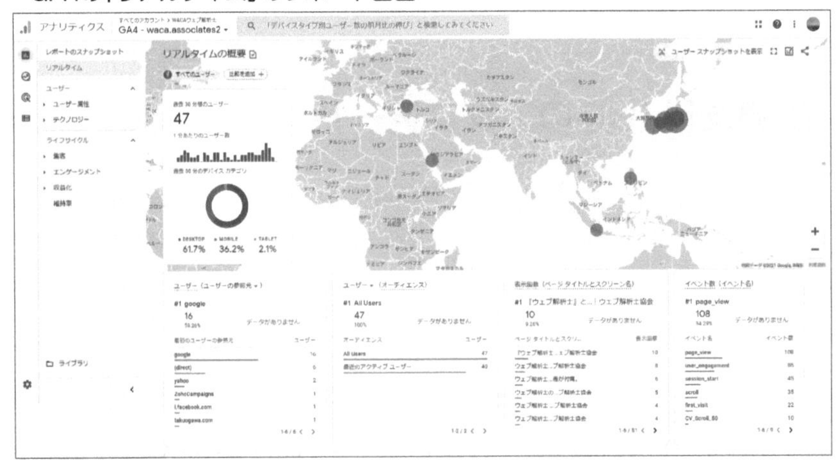

●直感的にさまざまな操作やグラフ作成ができる

レポートのメニューは「レポート」「探索」「広告」「設定」「管理」の大きく5つに分類されました。また、GA4では、直感的な操作やグラフ作成が行えるUIに進化しています。これまであった項目がなくなっていたり、統合されたりしていますので、ユニバーサルアナリティクスを頻繁に使っていた方ほど戸惑うはずですが、本書でその違いをしっかりと把握してください。

計測ポリシーのアップデート

GA4とユニバーサルアナリティクスとの違いは、計測の考え方にも表れています。

例えば、ユニバーサルアナリティクスでは計測単位は「ページ」、計測方法は「セッション」が軸でしたが、**GA4では、計測単位は「イベント」で、計測方法は「ユーザー」に変更**されています。

つまり、私たちは新しい視点でデータを見る必要があるのです。最初は戸惑うことも多いと思いますが、このほうがユーザーの行動をより正しく把握でき、コンバージョンにいたった本当の要因も分析しやすくなっています。

計測ポリシーの比較

Google アナリティクスのバージョン	計測単位	計測方法
ユニバーサルアナリティクス	ページ	セッション
GA4	イベント	ユーザー

●ユーザーの行動をより詳細に分析できる

では、計測ポリシーが変わると、ユーザーの行動分析はどう変わるのでしょうか。

例えば、ある商品について紹介しているページが2つあったとしましょう。

一方は、文章だけでなく画像や動画も使って解説されている情報量が豊富なページです。ユーザーはこのページを閲覧すると、商品について十分に理解ができたため、満足してウェブサイトを離れました。

もう一方は、情報量が少なく、内容も分かりにくいページです。ユーザーはページを見た瞬間にがっかりして、ウェブサイトを離れました。

これらの行動はまったく正反対であるにもかかわらず、従来の計測方法では同じ「直帰」としてカウントされていました。これではユーザーの行動を正しく把握できているとは言えません。

そこでGA4では、「最後までページを読んだ（最後までスクロールした）」といった、**ユーザーの操作や行動（＝イベント）を計測**することで、この差を把握しています。ユニバーサルアナリティクスでも計測タグの設定によっては同じことができますが、GA4ではよく使われるイベントが自動で計測されるため、とても便利です。自動取得できるイベントの例として「ページビュー（page_ view）」数、ページの「スクロール（scroll）」率、PDFの「ダウンロード（file_ download）」数、外部リンクなどの「離脱クリック（click）」数などがあります。

また、**デバイスやプラットフォームの違いにかかわらず、ひとつのレポートですべてのイベントを確認**できるようになっているため、ユーザーの行動を包括的に測定・分析することができます。さらに、数字の動きが自動インサイトでレポートされるため、集計作業も大きく効率化されました。

イベントとは？

ユーザーが起こしたクリックなどの操作・行動のこと。他にもページのスクロール、PDFのダウンロード、フォームの送信、動画の再生なども該当します。GA4では、自動的に収集されるイベント、拡張計測機能により収集できるイベント、自身でウェブサイトやアプリに実装が必要な推奨イベント、カスタムイベントがあります。

YouTube連携

GA4では、YouTube上にある動画との連携※3も可能です。YouTubeの動画ビュー経由のコンバージョンイベントをレポートに表示するには、プロパティをGoogle広告にリンクさせた上で、Googleシグナルを有効にする必要があります。
また、YouTubeの動画視聴からのコンバージョンを、GoogleやGoogle以外の有料チャンネル、Google検索、ソーシャル、メールなどのコンバージョンと並べて見ることで、すべてのマーケティング活動の効果を総合的に把握できるようになりました。

※3　https://analytics-ja.googleblog.com/2020/10/google.html

●ウェブとアプリを統合した解析ができる

これまで、ウェブサイトの計測はGoogle アナリティクス、アプリの計測はFirebase Analyticsなどと別々に行われていたため、ウェブサイト経由で訪れたユーザーとアプリ経由で訪れたユーザーは、異なるユーザーとして計測されていました。しかし、GA4では新たに**データストリーム**という概念が追加され、**「ウェブサイト」「iOSアプリ」「Androidアプリ」のデータを集約**できるようになっています。

また、従来の「デバイスID」と「User-ID」に加え、Googleが発行する「Googleシグナル」を用いることで、ユーザーを特定できるようになっています。そのため、異なるデバイスやプラットフォームを利用したユーザーでも、IDで紐づけできれば、**同一のユーザーによるイベントとして扱うこと**ができます。

例えば、GA4の「セグメントの重複」では、デバイスごとのユーザーの重複を確認することができ、ユーザーの実人数を把握しながら分析できるようになったのです。

●セグメントの重複を利用したレポート

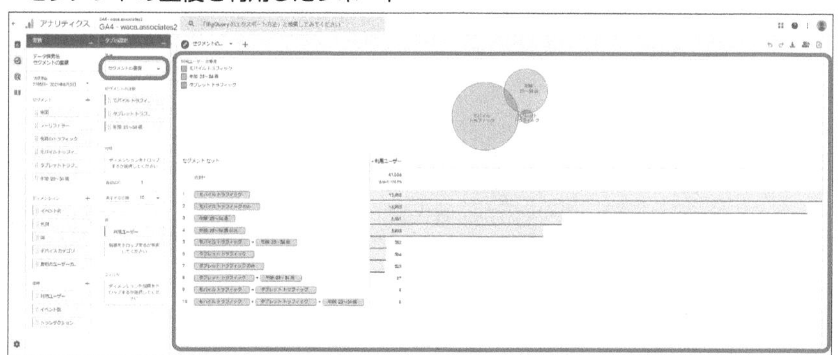

分析機能のアップデート

次に、GA4の分析機能について、「機械学習を活用した分析」と「BigQueryと連携した分析」の2点を紹介します。

●機械学習を活用した分析ができる

GA4は「**機械学習**」を導入しています。これにより、収集したデータを蓄積・分析することで、「将来、顧客が起こすと思われる行動」を予測できるようになっています。具体的には、「7日以内にサービスを利用する確率」「7日以内で離脱する確率」「売上の高いユーザーの傾向」などを予測することが可能です。

なお、機械学習の予測指標を利用するには、3つの条件を満たしている必要があります※4。

GA4の機械学習で予測できる指標※4

指標	定義
購入の可能性	過去28日間に操作を行ったユーザーによって、今後7日間以内に特定のコンバージョンイベントが記録される可能性です。現在は、purchaseイベント、ecommerce_purchaseイベント、in_app_purchaseイベントのみがサポートされています。
離脱の可能性	過去7日以内にアプリやサイトで操作を行ったユーザーが、今後7日以内にサイトやアプリを訪れない可能性です。
収益予想	過去28日間に操作を行ったユーザーが今後28日間に達成する購入型コンバージョンによって得られる総収益の予測です。

●3つの前提条件※4

- ・購入ユーザーまたは離脱ユーザーのポジティブサンプルとネガティブサンプルの最小数。関連する予測条件をトリガーしたリピーターが7日間で1,000人以上、トリガーしていないユーザーが1,000人以上必要です。
- ・モデルの品質が一定期間維持されていることが要件になります。
- ・購入の可能性と離脱の可能性の両方を対象とするには、プロパティは

※4　https://support.google.com/analytics/answer/9846734

purchaseとin_app_purchaseの少なくともどちらか一方のイベント（自動的に収集される）を送信する必要があります。

また、機械学習の機能では、数字の動きを自動でレポートしてくれます。レポートは下記の内容が用意されており、レポート確認時点の概要やシンプルなインサイトが表示されるようになっています。

レポートの種類※5

項目	詳細説明
ユーザーの獲得	ユーザーを獲得した参照元、メディア、キャンペーン
エンゲージメント	イベント、ページ、スクリーン別のユーザーエンゲージメント
収益化	購入者の人数/アイテム、プロモーション、クーポン別の収益
ユーザーの維持	新規/リピーター、コホート、ライフタイムバリュー別維持率
ユーザー属性	ユーザー属性ディメンション別のユーザー数
ユーザーの環境	ユーザーがコンテンツ利用時に使用したアプリの環境

● 自動インサイトの通知例

GA4では、集計データ上で異常な変化を検知した時や新たな傾向が検出さ

※5 https://support.google.com/analytics/answer/9212670

れた時、ダッシュボード上で自動的にインサイトが通知されます。

また、画面上部の検索窓「アナリティクスインテリジェンス」に質問を入力することで、すぐに欲しい数値を確認することができます。例えば、「今年の新規ユーザー数」と入力すれば、回答がすぐ画面に表示されます。

●アナリティクスインテリジェンスの使用例

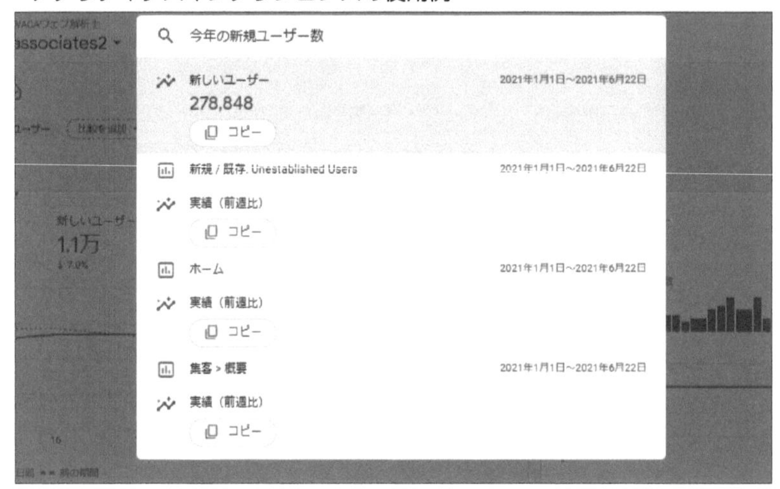

レポートの内容からさらに深掘りしたいことがあれば、探索メニューの「データ探索」から意図したテーブルを作成して調べることが可能ですが、ユニバーサルアナリティクスに慣れている方は集計作業がやりづらいと感じるかもしれません。

例えば、GA4ではユニバーサルアナリティクスでいう「目標」と同じ項目がなく、イベントとパラメータでコンバージョン設定を行う必要があります。その他にも、GA4のレポート上で、離脱率・直帰率・コンバージョン率や目標といった指標はありません。イベントとして集計されている離脱クリック数やコンバージョン件数をデータ探索で確認し、計算する必要があります（データ探索の使い方は5日目の第1節を参照）。

ユニバーサルアナリティクスと比較すると、GA4は集計作業を機械学習によって効率化し、インサイトから得た気づきをもとに分析を行うなど、集計と分析が区別された仕様になっています。

●BigQueryと連携した分析ができる

有料版のGoogle Analytics 360のみで利用可能だった「Google BigQuery（グーグル・ビッグクエリ）」が、GA4では無料で連携できるようになりました（ただし、データの保存や抽出が一定量を超えると課金が発生します。詳しくはヘルプページを確認してください）※6。

これにより、各種BIツールでの分析やデータの可視化、セールスやカスタマーサポート部門でのデータ活用、広告配信でのデータ活用、ダッシュボードでの共有といったメリットが得られるようになります。

● BigQueryのリンク設定

本書では、Google BigQueryの詳しい操作説明は対象としていませんが、7日目で簡単な連携方法や事例を紹介します。これからウェブ解析をより発展的に行いたい方は、別途学習することをお勧めします。

※6 https://cloud.google.com/bigquery/pricing?hl=ja

2-3 よくある誤解と懸念点

POINT!

・従来のGoogle アナリティクスとGA4は併用可能
・初期設定ではデータの保持期間が2か月になっている

GA4のよくある誤解

まだリリースされてから間もないこともあり、Google公式のアナリティクスヘルプ以外では情報が少ない状態です。よって、断片的な情報だけで判断してしまったり、誤解してしまったりすることのないように、GA4に関するよくある誤解について紹介します。

●従来のGoogle アナリティクスは使えなくなる？

GA4が登場したことで、従来のバージョンが使えなくなるのではと不安な方もいると思います。執筆時点（2021年6月現在）では、サービスの終了予定は発表されていないため、当面の間は使うことができると思われます。

しかし、従来のGoogle アナリティクスでは現在のウェブ解析にそぐわない面も出てきていますので、GA4の知識を早期に身に付け、使えるように準備しておくことが望ましいでしょう。

なお、従来のGoogle アナリティクスの環境を残しながら、GA4を併用することも可能です。新しいテクノロジーに慣れるためにも、今のうちからGA4を導入してデータの取得を開始し、併用することをお勧めします。

※ 2023年7月1日よりユニバーサルアナリティクスでは標準プロパティで新しいデータの処理ができなくことがGoogleより発表されました。

●アプリを使っていなければ意味がない？

ウェブとアプリを統合した解析ができると聞いて、「アプリの運用をしていない場合は導入しても意味がないのでは？」と思う方もいると思います。しかし、ウェブのみで運用している場合でも、GA4を導入する意義はあります。なぜなら、昨今はアプリだけではなく、ウェブにおいてもモバイルとデスクトップをクロスデバイスで分析して、ユーザーの行動を把握することが重要だからです。

●機械学習に仕事を奪われる？

GA4は「機械学習」による新しい予測指標が導入されました。これにより、アプリやサイトを訪問したユーザーの行動から「商品購入の可能性」や「離脱の可能性」を指標として見ることができるようになります。

これは決して「人がウェブ解析をしなくてもよくなる」ことを指しているわけではありません。機械学習が指し示すデータを活用しながら、ウェブサイトに潜む問題点を明らかにし、改善施策を立案・実行し振り返るといったPDCAサイクル（Plan-Do-Check-Action）を回して、事業に貢献することが何よりも重要です。

昨今のバズワードを聞いて「人間の仕事をAIに奪われるのでは？」と不安に思う方もいるかもしれませんが、あくまでもAIは人をサポートしてくれるものです。新しい技術を過度に恐れず、積極的に活用していきましょう。いち早く正しい知識を身に付けることで、未来のあなたが活躍できる場が広がるはずです。

GA4を使う上での懸念点

現在もアップデートが行われているGA4は、発展途上のツールです。そこで、以下に注意点をお話ししておきましょう。

●データ保持期間に注意しよう

現状注意しなければならないのは、データの保持期間です。従来のGoogle アナリティクスではデータの保持期間が最大50か月でしたが、**GA4では最大14か月**となっています。その背景として、多様化するユーザーのニーズやGDPRの規制など、プライバシーの保護に配慮していることがあげられます。

また、初期設定ではデータの保持期間が**2か月**になっているため、昨年対比レポートを作る必要がある場合は**14か月**に変更しておきましょう。もし変更を忘れてしまうと過去に遡ってデータを取得することができなくなるため、昨年対比のカスタムレポートの作成・分析が行えなくなります。くれぐれも注意してください。

なお、設定自体は簡単で、「管理＞プロパティ＞データ設定＞データ保持」の順に移動していくと、「イベントデータ保持」のプルダウンがあります。ここでデータの保持期間を2か月から14か月に変更すれば設定完了です。

ただし、変更は即座に反映されるものではなく、最大24時間の反映時間を必要とします。また、集計に関するトラブルを未然に防ぐためにも、早い段階で関係者に対して「**データ保持期間を14か月へ変更したほうがよい**」旨を伝えておきましょう。

●データ保持の設定画面

●その他の注意点について

従来のGoogle アナリティクスからなくなったと思われる機能もあれば、そもそも未対応と思われる機能が散見しているのも事実です。

例えば2021年6月現在は、Google Search Consoleとの連携や、Googleが推奨しているコンテンツを高速に表示させるための手法であるAMP（Accelerated Mobile Pages）ページの計測ができないことなどがそれにあたります。

これらは今後のアップデートで解決されるものと思いますが、GA4の導入・

活用の際には注意が必要です。

ユニバーサルアナリティクスとGA4で注意すべきポイントの比較表

項目	ユニバーサルアナリティクス	GA4
初期設定のデータ保持期間	14か月	2か月
最大のデータ保持期間	50か月	14か月
データ保持期間の変更反映	最大24時間	最大24時間
カスタムレポートの作成	○	△*1
ビュー単位の計測	○	×
Google Search Consoleとの連携	○	×*2
AMPページの計測	○	×

*1 カスタムレポートではなくデータ探索を利用することにより代替レポートは可能

*2 2022年5月時点では、GA4とGoogle Search Consoleとの連携はできるようになりました。
参考) https://support.google.com/analytics/answer/10737381?hl=ja

データ保持期間について

Google アナリティクスのデータ保持期間を最長の14か月に設定した場合も、年齢、ジェンダー、インタレストは2か月で自動的に削除されます(アナリティクスヘルプを参照※7)。
また、「ユーザーデータとイベントデータの保持」内にある「新しいアクティビティのユーザーデータをリセット」に関するスイッチは、データ保持期間内にセッションイベントが発生したユーザーのデータ保持期間を、セッションというイベントが発生する度にリセットし、ゼロからカウントしなおすということを意味します。
つまり、当該スイッチをオンにしておくことで、ユーザーがデータ保持期間内にセッションイベントを発生させ続けている限り、当該ユーザーのデータは継続して保持することができるようになります(一方で、データ保持期間を超えた場合は、個人を特定する形での分析ができなくなります)。
しかし、その一部のケースでは処理・分析するためのデータではなく、公共の利益などに資するアーカイブ化を目的としたもので

※7 https://support.google.com/analytics/answer/7667196?hl=ja

あることを、プライバシー・ポリシーなどで明文化しておく必要があります。データを長期間にわたり不必要に保持することは、GDPRなどの個人情報保護関連法律に抵触する場合もあるため、社内で保持する必要のある最短のデータ期間を定め、不要なデータは削除することを推奨します。

2-4 導入を円滑に進めるポイント

POINT!

- ステークホルダーの懸念点に対して、解決策を提案しよう
- 関係者が気持ちよく導入できるようにするのも運用のポイント

関係者との調整は済んでいるか

GA4は、時代や社会の流れに即しており、ユーザーに便益をもたらすことは間違いありません。しかし、ユーザーの中でも、自社ではなく例えば他部署やクライアント企業などの別の視点から見ると、懸念材料として映ることもあるかもしれません。

そこで、GA4導入にともなうステークホルダーマネジメント（利害関係者間との調整）に役立つ3つのアプローチを紹介します。

●情報システム部門へのアプローチ

＜課題＞設定・研修のコスト

GA4の導入に際して、計測タグをウェブサイトへ実装するのに工数がかかる。最新バージョンは不具合のリスクも考えられる。使い方が分からないといった問い合わせが発生し、研修の手間がかかるのではないか。

＜解決策＞

計測タグの設置は必要不可欠ですが、分析の精度が高まるという攻めの理由や、以前よりも個人情報保護関連の法律に即したツールに改善されているという守りの理由も訴求することで、投資対効果を説明しましょう。

また、GA4の挙動はまだ安定しているとは言えないため、しばらくはユニバーサルアナリティクスと並行して利用することも併せて伝えます。なお、研修の手間の軽減については、本書をぜひご活用ください。

●マーケティングや広報部門へのアプローチ

<課題>学習コスト・競争上のリスク

GA4を使いこなせるようになるまで時間がかかってしまい、競合に遅れをとってしまわないか。レポーティングも、分析ツールが豊富でカスタム性が高くなる一方、表計算ソフトや別の分析ツール（Tableauなど）にエクスポートする必要はあるのか。あるいは、Googleデータポータルを活用したほうがよいのか分からない。

<解決策>

ユニバーサルアナリティクスを併用しながら本書を最大活用し、習得までのリードタイムを短縮することで、ビジネス上の競争優位性の維持・強化ができる旨を説明しましょう。レポーティングの最適化のヒントについては、本書をぜひ参考にしてください。

●法務などのリーガル部門へのアプローチ

<課題>情報管理上のリスク

これまで以上に詳細な分析が可能となった一方で、顧客からデータを不必要に取りすぎていないか。法律面で何か問題はないか。

<解決策>

以前よりもプライバシー保護を加味した仕様に進化している旨を説明しましょう。また、GA4の導入以前に、自社サイトでのCookieオプトイン、オプトアウトの設定、表示がまだ済んでいない場合は速やかに対応しましょう。このとき、プライバシー・ポリシーの見直しも併せて行うことを推奨します。

具体的には、GA4が「どのような情報（データ項目）を、何のために取得しているか（目的）」について、認識の相違がないかチェックするとよいでしょう。プライバシー・ポリシーの更新は、リーガル部門・情報システム部門と連携しながら進めてください。

●社内告知用のメール文例集

上記の要点をメール文例集としてまとめました。社内関係者やクライアントに対して、GA4の導入を推奨する際にぜひ活用してください。

各位

この度、Google社よりウェブサイトアクセス解析ツール「Google アナリティクス 4（以降、GA4）」がローンチされ、導入することを検討しております。

GA4の導入により、マーケティングや広報の分析力を向上させることができ、これまで以上に広く深い顧客理解の実現が見込まれます。一方、各部署からは懸念が発生するかと存じますので、対応策とセットで要点をまとめました。

＜マーケティング・広報観点＞
「新しいツールを活用できるまで学習に時間がかかってしまうのではないか？」
→現在利用しているバージョンと併用稼働できるため、GA4によるデータの蓄積を待ちながらチーム全体の習熟度を高めることが可能です。

→データの保持期間について注意事項があります。ユーザーの行動に関するデータは、近年規制が強化されている個人情報保護関連法律の関係で、GA4において詳細分析に活用することのできる標準のデータ保持期間は2か月、最長でも14か月となりました。この点は設定と運用の際に注意が必要です。

＜リーガル観点＞
「深い顧客理解ができるようになるのはよいが、個人情報保護上のリスクはないのか？」

→GA4は、GDPRやCCPAなど個人情報保護に関する法律が強化される中で、それらの要請に応えるかたちで改良されたものでもあるため、当該懸念点はむしろ払拭される方向に向かいます。ただし本ツールの導入にかかわらず、現状のデータ取得状況（項目・目的・保持期間など）がプライバシー・ポリシーといった文書と抜け漏れなく対応しているかどうかは、連携の上、内容を更新できればと考えております。

不明点、ご質問などありましたら遠慮なくお知らせください。
円滑な導入に向けてご協力のほど、よろしくお願いいたします。

このように、直接・間接的に影響を受ける可能性のあるステークホルダーへの配慮を忘れずに、GA4を気持ちよく導入できる環境を整えることも、効果的な活用・運用をする上で大切な視点です。

1日目のおさらい

問題

Q1

GA4について、以下から正しいものをひとつ選んでください。

1. GA4を使うためには、既存のユニバーサルアナリティクスとの併用は許されず、どちらかひとつを選ぶ必要がある。
2. GA4では、ユニバーサルアナリティクスに存在した「目標」は存在せず、イベントとパラメータでコンバージョンを測定する必要がある。
3. GA4が生まれた背景には、GDPR（一般データ保護規則）は一切関係がない。
4. Google アナリティクスの歴史を振り返ると、ga.jsがその始まりに当たる。

Q2

GA4について、以下から正しいものをひとつ選んでください。

1. GA4のデフォルトのデータ保持期間設定は2か月である。
2. GA4のデータ保持期間設定は変更ができない。
3. GA4のデータ保持期間指定は切り替え後、即座に反映される。
4. GA4は個人情報保護の観点で、データ保持がされない。

Q3 GA4について、以下から正しいものをひとつ選んでください。

1. GA4にはスクロール率を分析できる機能がある。
2. GA4で、PDFファイルのダウンロードを集計するためには、タグマネージャーと連携させなければならない。
3. GA4ではユーザー行動のうち、直帰率を重視して、設計されている。
4. GA4で、外部リンククリックを測定するためには、HTMLの中でデータ取得するためのイベントトラッキングをする必要がある。

Q4 GA4について、以下から正しいものをひとつ選んでください。

1. GA4は機械学習を取り入れているため、人がウェブを解析する必要性はまったくない。
2. GA4はCookieからの情報を重要視している。
3. GA4では、アプリとウェブサイトを同時に計測し、ひとつのレポートでまとめることはできない。
4. GA4では、例えばYouTubeの動画視聴からのコンバージョンを、GoogleやGoogle以外の有料チャンネル、Google検索、ソーシャル、メールなどのコンバージョンと並べて見ることができる。

解答

A1 2

1. 併用は可能です。
2. 正解です。目標という機能はなくなりました。
3. GDPRなどの個人情報保護の影響は大きく受けています。
4. Urchinがその出発点になります。

A2 1

1. デフォルトのデータ保持期間は2か月と短いので、注意しましょう。最初の設定で、14か月に切り替えておくことで、リスクを軽減することができます。
2. 変更はできます。現状版では、2か月と14か月があります。
3. 即座には反映されません。24時間以内の反映とされています。
4. データは保持されます。

A3 1

1. サポートされています。デフォルトの設定だと垂直方向に90%の深さまで表示されたときに判定されます。
2. タグマネージャーとの連携はなくても集計できます。
3. 直帰率という概念がなくなりました。直帰率の代わりにユーザーのコンテンツへの関心を計測する指標として「エンゲージメント」が新たに追加されています。
4. デフォルトで用意されているため、不要です。

A4 4

1. そんなことはありません。データをもとに、ウェブ解析し、事業貢献をすることが求められています。
2. GA4は、「Cookieのない未来のアナリティクス」と呼ばれており、GDPRなどに配慮しているため、不正解です。
3. GA4では、アプリとウェブサイトを同時に計測し、ひとつのレポートでまとめることができます。
4. 可能なため、正解です。

2日目

GA4移行＆新規設置マニュアル

2日目に学習すること

ユニバーサルアナリティクスからGA4への移行や、GA4を新規設置する場合に必要となる基本知識や設定方法を学習します。

いよいよ
Google
アナリティクス4を
導入するぞ！

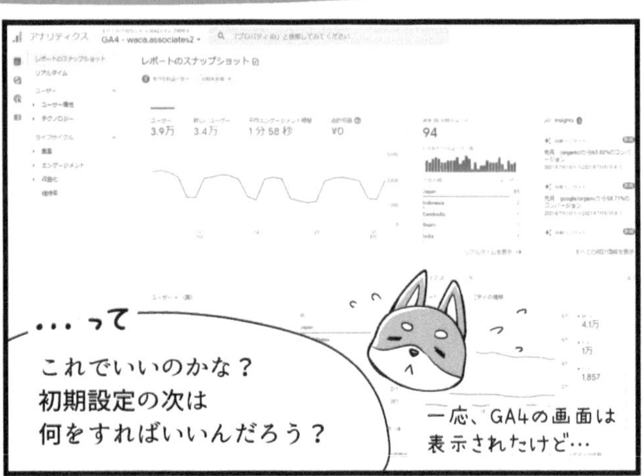
…って
これでいいのかな？
初期設定の次は
何をすればいいんだろう？
一応、GA4の画面は
表示されたけど…

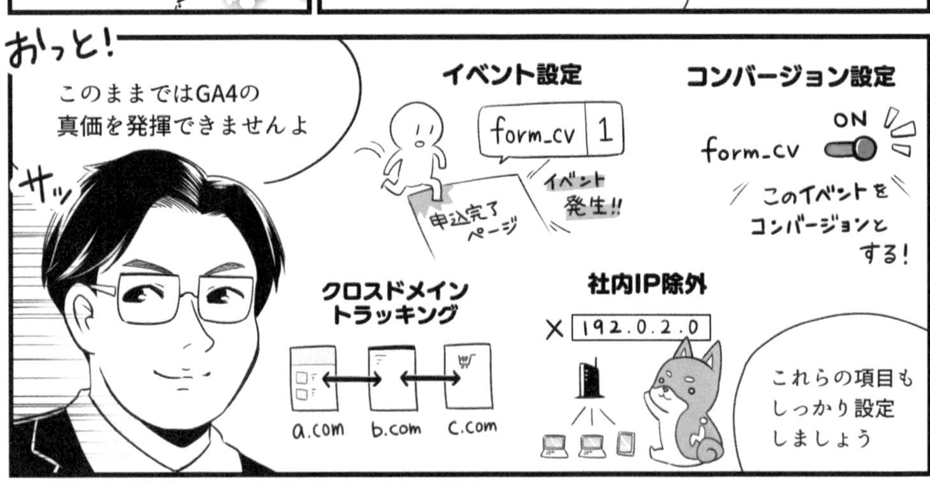
おっと！
このままではGA4の
真価を発揮できませんよ
サッ
イベント設定
form_cv 1
イベント発生!!
申込完了ページ
コンバージョン設定
ON
form_cv
このイベントを
コンバージョンとする！
クロスドメイン
トラッキング
a.com
b.com
c.com
社内IP除外
192.0.2.0
これらの項目も
しっかり設定
しましょう

あなたは
神谷先生!!
特に
コンバージョン設定が
重要ですね

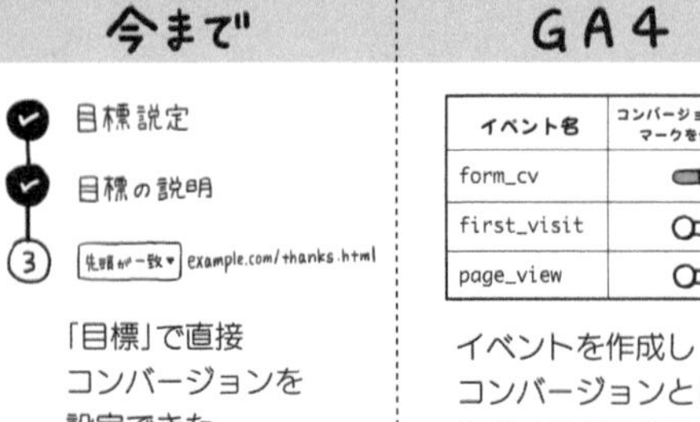
今まで
GA4
目標説定
目標の説明
先頭が一致 example.com/thanks.html
「目標」で直接
コンバージョンを
設定できた
イベント名
コンバージョンとしてマークを付ける
form_cv
first_visit
page_view
イベントを作成し
コンバージョンとして
設定する必要あり
こんな感じで
今までと違う点が多いので
この章で丁寧に
解説していきますよ

1 GA4の初期設定

GA4を使うために必要な設定項目や手順、また既存のユニバーサルアナリティクスからの追加作成など、初期設定について学んでいきましょう。

1-1 GA4プロパティを設定しよう

POINT!

- 2通りのGA4プロパティ設定方法の違いを理解する
- GA4の新機能データストリームを理解する

この節では、GA4の基本となるプロパティの設定方法について解説します。

設定項目

●Google アナリティクスアカウント

Google アナリティクス用のアカウントが必要です。既存アカウントを利用することもできます。

●GA4プロパティ

新たな基準でウェブサイトやアプリのレポートとデータをまとめるものです。ウェブサイト、アプリ、またはその両方に使用できます。

1アカウントあたり、最大100個まで追加できます。ユニバーサルアナリティクスでは「アカウント」＞「プロパティ」＞「ビュー」という構造でしたが、GA4では「アカウント」＞「プロパティ」という構造に変わっています。

●データストリーム

GA4の新たな機能として、ウェブサイトやアプリからGoogle アナリティクスへのデータの流れを測定できます。ウェブ用、アプリ用（iOS・Android）の計3種類があり、ひとつのGA4プロパティにウェブ用、アプリ用と複数作成できるため、ユニバーサルアナリティクスプロパティではできなかった、**ウェブとアプリをまたいだ計測**が可能となります。

データストリームを作成すると、データ収集のためのアナリティクスの専用タグが生成されます。

Googleアカウント

Google アナリティクスアカウントを作成するにはGoogleアカウントを持っていることが条件となります。お持ちでない方は先に作成しましょう。

Googleアカウント作成ページ

https://accounts.google.com/signup/v2/webcreateaccount?hl=ja

●GA4プロパティ概念図

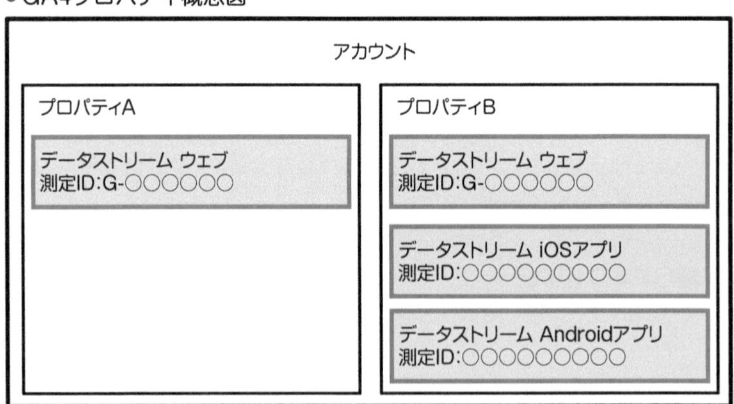

主な設定方法

GA4プロパティの作成には、大きく分けると2通りの方法があります。

1. 新しいウェブサイトに設定する
2. Google アナリティクス導入済みサイトに新たな設定をする

4ステップで新しいウェブサイトに設定

初めてGoogle アナリティクスを使う場合は、基本的に以下の4ステップで設定します。

ステップ1　Google アナリティクスアカウントを作成
ステップ2　GA4プロパティを設定
ステップ3　データ収集の設定
ステップ4　計測できているか確認

●ステップ1　Google アナリティクスアカウントを作成

① 公式サイトにアクセス

公式サイト（https://analytics.google.com/analytics/web/）にアクセスして、「無料で設定」ボタンをクリックし、Google アナリティクスアカウント作成画面を表示します。

●Google アナリティクスのアカウント作成画面

② アカウント名設定

「アカウント名」を入力します。分かりやすい名前を付けましょう。日本語での設定も可能です。「アカウントのデータ共有設定」はすべてチェックが付いた状態で「次へ」をクリックします。

●Google アナリティクスのアカウント設定画面

●ステップ2　GA4プロパティを設定

① プロパティの設定

「プロパティ名」は、分かりやすい名前を付けましょう。日本語での設定も可能です。「レポートのタイムゾーン」はビジネス対象地域の時間と通貨を選択します。

② ユニバーサルアナリティクスプロパティの設定

「詳細のオプションを表示」をクリックし、「ユニバーサルアナリティクスプロパティの作成」を「有効」にします。これにより「ユニバーサルアナリティクスプロパティ」を作成でき、「GA4プロパティ」との併用が可能となります。

「ウェブサイトのURL」に対象サイトURLを入力した後に、「GA4とユニバーサル アナリティクスのプロパティを両方作成する」項目の「GA4プロパティの拡張計測機能を有効にする」がチェックされていることを確認して「次へ」をクリックします。

●①、② プロパティとユニバーサルアナリティクスプロパティを設定

③ ビジネス概要の設定

次の画面である「ビジネスの概要」で「業種」を選択。「ビジネスの規模」、「Google アナリティクスの利用目的」をチェックして「作成」をクリックします。

●③ ビジネスの概要を設定

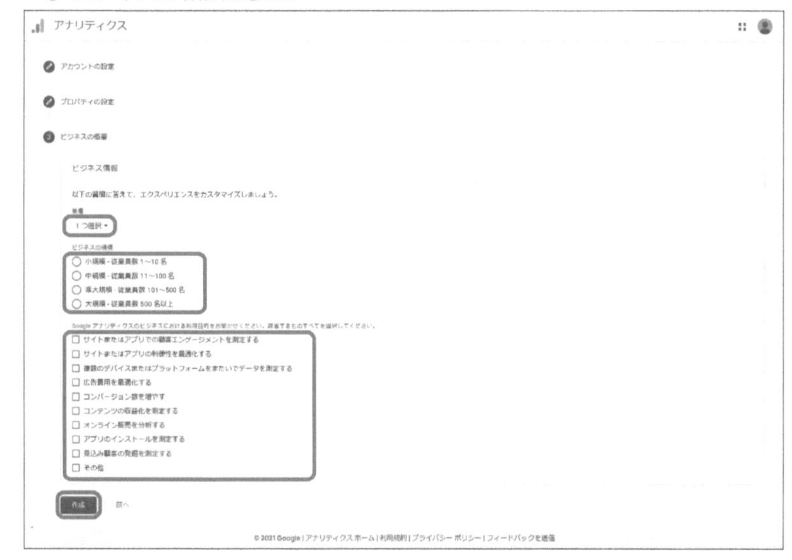

④ 利用規約・データ共有に適用される追加条項などの設定

「お住まいの国や地域」を選びます。規約内容を確認し、「GDPRで必須となるデータ処理規約に同意します。」「私は Googleと共有するデータについて、「測定管理者間のデータ保護条項」に同意します。」をチェックして「同意する」をクリックします。

●④ 利用規約などを設定

これで、GA4プロパティの作成ができました。GA4とユニバーサルアナリティクスのプロパティを同時に作成する場合は、自動的にウェブストリームと呼ばれるウェブサイトデータの取得設定が作成されて、「G-形式」の「測定ID」が発行されます。GTM（Googleタグマネージャー）を使用して設定する場合は、測定IDが必要になるので、この画面からコピーしてください。

●測定IDの掲載場所

⑤「自分のメール配信」の設定（初回アカウント作成時のみ）

Googleからのお知らせなどの設定では、必要なものをチェックして「保存」をクリックします。

●⑤ 自分のメール配信を設定

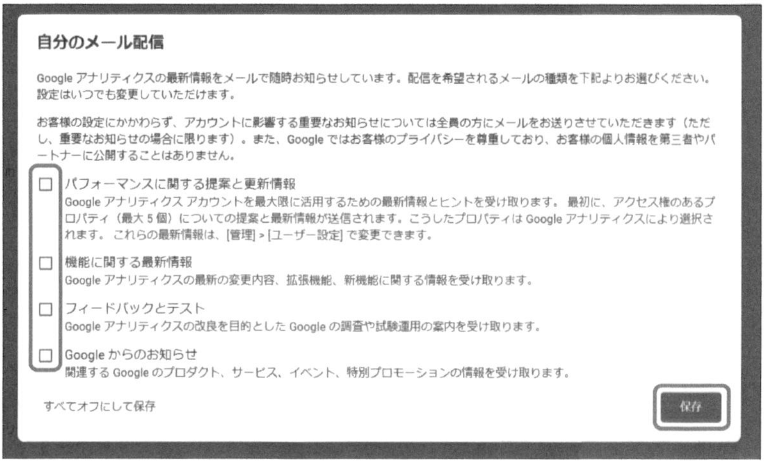

自分のメール配信

Google アナリティクスの最新情報をメールで随時お知らせしています。配信を希望されるメールの種類を下記よりお選びください。設定はいつでも変更していただけます。

お客様の設定にかかわらず、アカウントに影響する重要なお知らせについては全員の方にメールをお送りさせていただきます（ただし、重要なお知らせの場合に限ります）。また、Google ではお客様のプライバシーを尊重しており、お客様の個人情報を第三者やパートナーに公開することはありません。

- □ パフォーマンスに関する提案と更新情報
  Google アナリティクス アカウントを最大限に活用するための最新情報とヒントを受け取ります。 最初に、アクセス権のあるプロパティ（最大 5 個）についての提案と最新情報が送信されます。こうしたプロパティは Google アナリティクスにより選択されます。 これらの最新情報は、[管理] > [ユーザー設定] で変更できます。
- □ 機能に関する最新情報
  Google アナリティクスの最新の変更内容、拡張機能、新機能に関する情報を受け取ります。
- □ フィードバックとテスト
  Google アナリティクスの改良を目的とした Google の調査や試験運用の案内を受け取ります。
- □ Google からのお知らせ
  関連する Google のプロダクト、サービス、イベント、特別プロモーションの情報を受け取ります。

すべてオフにして保存　　保存

●ステップ2（参照）　データストリームの手動設定（ウェブ用）

ウェブサイトのドメインが変わる場合や、ドメインが異なるウェブサイトを複数まとめて計測したい場合は、手動でデータストリームを追加する必要があります。（詳細は2日目「6.クロスドメイントラッキング」で学習します）

①　測定対象を選択

画面左の「設定」アイコンをクリックして、プロパティ列の「データストリーム」を選択した後に、「ストリームを追加」から「ウェブ」をクリックします。

● データストリーム設定画面

② 対象ウェブサイトのURL（「example.com」など）とストリーム名（ウェブサイトの名称やURLなど）を入力します。

● ウェブストリームの設定

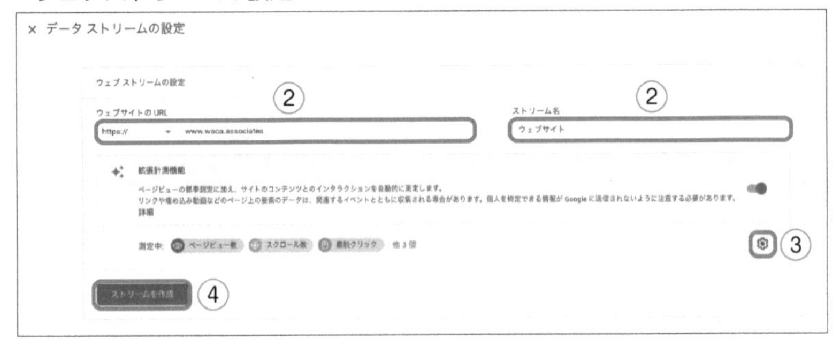

③ 拡張計測機能では、ページビューやその他のイベントなど、標準計測以外のイベントが自動的に収集されます。
デフォルトの状態では拡張計測機能は有効になっています。歯車ボタンをクリックするとデータ収集したくないイベントを無効にすることがで

きます。特に理由がない限り拡張計測機能は有効のままにしておくことをお勧めします。

● 拡張計測機能の個別設定

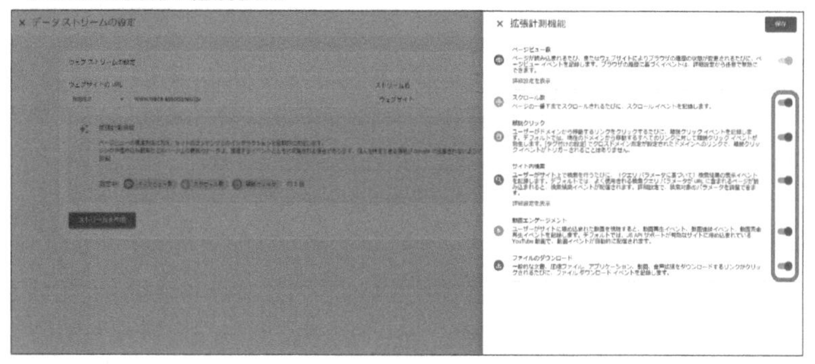

※拡張計測機能はウェブデータストリームのみが対象です（拡張計測機能の詳細は4日目の第3節にある「デフォルトで収集されるイベント」を参照してください）。

④「ストリームを作成」をクリックするとウェブサイトのデータストリームの設定が完了し、ウェブストリームの詳細画面が表示されます。

● ウェブストリームの詳細

ウェブ用のデータストリームごとに「G-形式」の「測定ID」が発行されます。設定したデータストリームの詳細は「プロパティ＞データストリーム」でいつでも確認することができ、測定IDの確認や拡張計測機能の変更が可能です。

●ステップ2（参照）　データストリームの手動設定（アプリ）

アプリのデータストリームの設定についても解説します。アプリの設定は「データストリーム設定画面」で「Androidアプリ」もしくは「iOSアプリ」のどちらかを選択します。

アプリデータストリームはアプリパッケージ名とプラットフォームの組み合わせごとに1個作成され、「ストリームID」が発行されます。

アプリデータストリームを追加すると、対応する Firebaseプロジェクトとアプリデータストリームが作成されます。プロジェクトとプロパティがリンクされていない場合は、Firebaseプロジェクトと自動的にリンクされます。

既存のFirebaseプロジェクトにリンクすることも可能ですが、その設定はFirebase側から行う必要があります。また、Firebaseとリンクしていない GA4プロパティを使用する必要があります。

●アプリ用データストリーム設定画面

iOSアプリのデータストリーム作成の場合

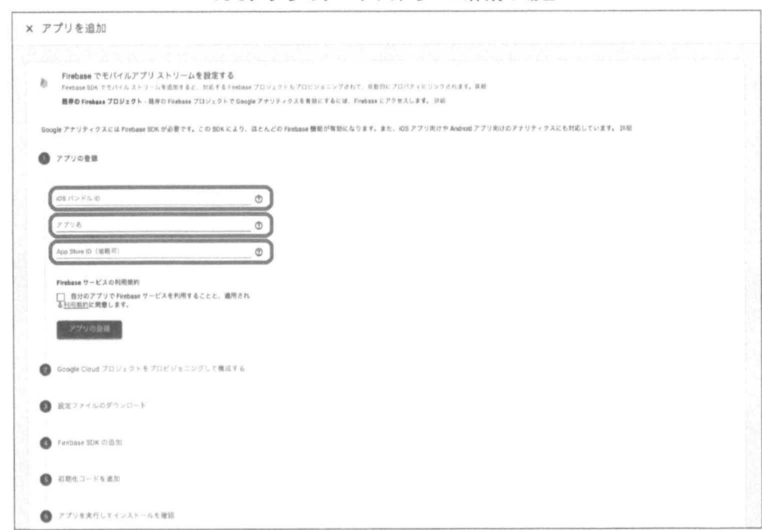

① アプリの登録

iOSの場合は、iOSバンドル ID、アプリ名、App Store ID、Androidの場合はパッケージ名、アプリ名を入力し、「アプリの登録」をクリックします。

② Google Cloudプロジェクトをプロビジョニングして構成する

「次へ」をクリックし、手順に沿ってアプリの構成ファイルをダウンロードします。

③ Firebase SDKを追加

「次へ」をクリックし、手順に沿って Firebase SDKをアプリに追加します。「次へ」をクリックします。

④ 初期化コードを追加(iOS のみ)

⑤ 通信チェック

アプリを実行してSDKのインストールをチェックし、アプリがGoogleのサーバーと通信していることを確認します。

⑥ 設定終了

「終了」をクリックします。アプリの設定を後回しにしたい場合、⑤の「アプリを実行してインストールを確認」を押すと表示される「このステップをスキップ」をクリックします。

データストリームは、GA4の1プロパティに最大50個まで登録できます。アプリとウェブの合計で最大50個、アプリのみは最大30個まで設置可能です。

データストリームは作成後の編集はできません。削除する場合は関連付けられているプロパティを削除します。

●ステップ3　データ収集の設定

データストリームで作成されたデータ収集をするための必要設定をします。

「プロパティ」列で作成したGA4プロパティが選択されていることを確認し、「データストリーム」から対象ウェブをクリックします。

「タグ設定手順」で「新しいページ上のタグを追加する」の「グローバルサイトタグ（gtag.js）」をクリックします。

●タグ設定手順画面

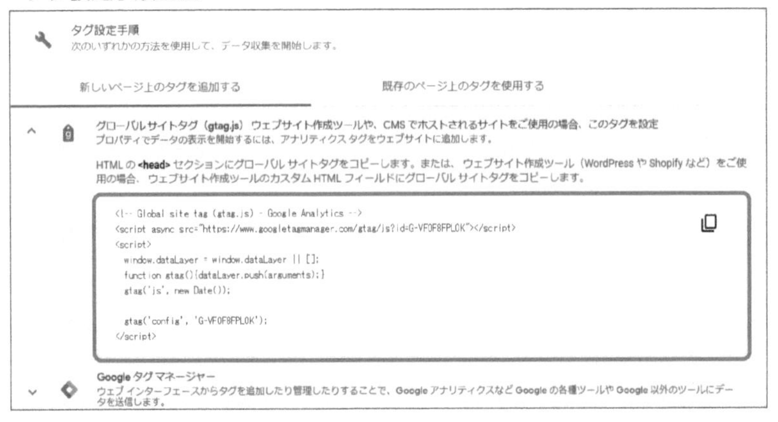

アナリティクスタグは、表示されるコードのセクション全体が、以下のコードで囲まれています。

```
<!-- Global site tag (gtag.js) - Google Analytics -->
 ⋮
</script>
```

このタグを対象ページに追加することで、データ収集が開始されます（アプリはデータストリーム作成時に設定済みです）。ただし、ウェブサイトによって設定方法が異なります。

ウェブサイト作成ツールまたはCMSでホストされるウェブサイトにタグを追加する

WordPress、WixやShopifyなどのCMSでは、カスタムHTML機能を使って、アナリティクスタグ全体をコピーしてウェブサイトに貼り付けます。手順については、ご利用のCMSヘルプなどでご確認ください。

ご利用のウェブプラットフォームでアナリティクス設定の際に「UA-形式」のIDしか使用できない場合、GA4プロパティは利用できない可能性があります。

ウェブページにタグを直接追加する

アナリティクスタグ全体をコピーして、ウェブサイトの各ページの<head>の直後に貼り付けます。

また、Googleタグマネージャーを利用する方法もあります（詳細は次節「Googleタグマネージャーを使った初期設定」を参照してください）。

●ステップ4　計測できているか確認する

ウェブサイトにアナリティクスのタグまたはアプリにSDKを追加したら、通常は10〜15分以内にプロパティへのデータ送信が開始されます。データを受信しているかは「リアルタイム レポート」で確認ができます。ただし、確認ができるまでには、最大30分程かかる場合があります。

タグが適切に設定されていれば、「現在のユーザー数」カードのユーザー数が約15秒ごとに更新されます。他のレポートでは、データ処理に24〜48時間かかります。

● リアルタイム レポート

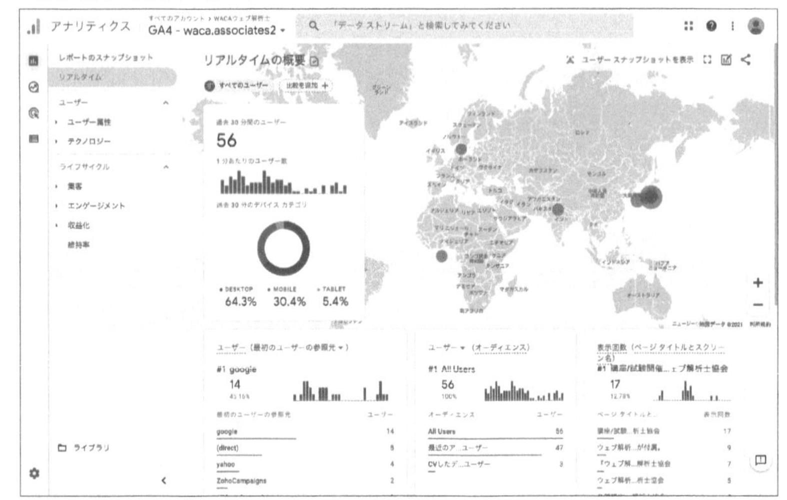

タグ設定時のよくある間違い

タグを設定してから24時間経ってもレポートにデータが表示されない場合は、次のいずれかの問題が発生している可能性があります。

・測定IDの設定間違い
　正しい「G-形式」のIDを使いましょう。
・タグ設定の間違い
　タグは、<head> 開始タグの直後に貼り付けてください。
・間違ったタグやアカウント、プロパティまたはデータストリームの使用
　正しい内容、参照先を確認します。
・不要な空白や文字が入っているタグ
　タグをコピーし直接ウェブサイトに貼り付けてください。

アナリティクス導入済みサイトにGA4を設定

ユニバーサルアナリティクスを使っているウェブサイトにGA4を設定する場合は、以下の2ステップで簡単にできます。

ステップ1　GA4プロパティの設定アシスタントを利用
ステップ2　計測できているかを確認

●ステップ1　GA4プロパティの設定アシスタントを利用

「GA4設定アシスタント」は、ユニバーサルアナリティクスプロパティページから利用できるウィザード機能です。この機能を使うと、使用中のユニバーサルアナリティクスプロパティと並行してデータを収集するGA4プロパティを新たに作成できます。

注意

「GA4設定アシスタント」と間違えやすい項目で、GA4プロパティの「設定アシスタント」があります。こちらはGA4プロパティ設定に役立つツールへのリンク集です。

① 管理画面

「プロパティ」列から対象となるユニバーサルアナリティクスプロパティを選択します。

●管理画面

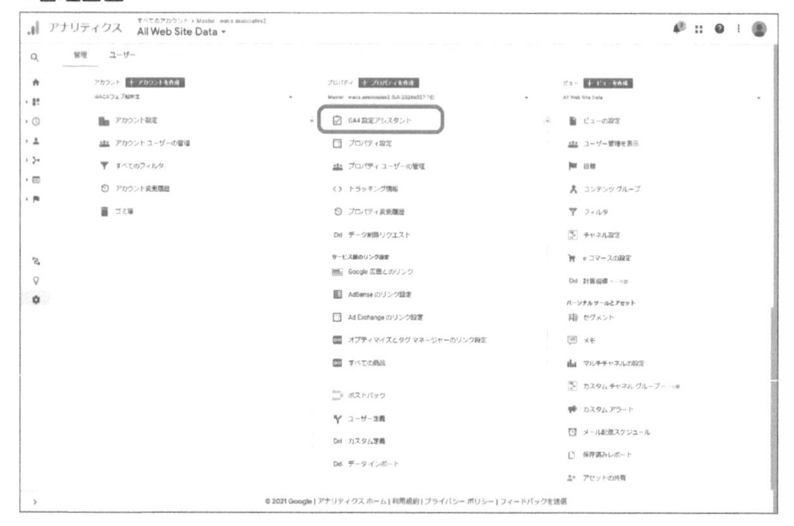

② GA4設定アシスタント

プロパティの「GA4設定アシスタント」をクリックします。続けて、「新しいGoogle アナリティクス4プロパティを作成する」の「ようこそ」をクリックします。

●GA4設定アシスタント画面

③ 新しいGA4プロパティの作成

ユニバーサルアナリティクスプロパティから基本設定をコピーしたGA4プロパティが作成されます。過去のデータは含まれません。また、元のユニバーサルアナリティクスプロパティには一切影響はありません。

「既存のタグを使用してデータ収集を有効にします。」の左にあるチェックボックスにチェックを入れて、「プロパティを作成」をクリックするとGA4プロパティが作成されます。この際、データストリームも設定されます。

●GA4設定アシスタントのプロパティ作成画面

●ステップ2　計測できているかを確認

設定が完了したら、データを受信しているか「リアルタイム レポート」で確認します。

重要

チェックボックスが使用できない場合、既存のアナリティクスタグを再利用できないため、手動でのタグ設定が必要となります。手動でのアナリティクスタグ設定方法は「データ収集の設定」でご確認ください。

その対象になるケースの例としては、以下のような場合が考えられます。

・ウェブサイト作成ツールやCMS（Wix、WordPress、Shopifyなど）を使用
・Googleタグマネージャーを使用
・ウェブサイトに設置したタグが「analytics.js」を使用

既存ユニバーサルアナリティクスから作成したGA4プロパティの場合、使用しているユニバーサルアナリティクスプロパティへの管理者権限を失ったり、参照元のプロパティが削除されたら、その後の変更を行うにはGA4プロパティのタグでページのタグを再設定する必要があります。

2 Googleタグマネージャーを使った初期設定

GA4を最大限に活かすためには、Googleタグマネージャーの利用を推奨します。本節でGoogleタグマネージャーによるGA4の設置方法を学習しましょう。

2-1 Googleタグマネージャーとは

POINT!

- Googleタグマネージャーは「タグ」を一元管理するツールである
- Googleタグマネージャーを導入する場合は、ウェブサイトの環境や二重計測に注意する

●Googleタグマネージャー ログイン画面

Googleタグマネージャーの概要

Google アナリティクスの基本計測やイベント測定、Google、Yahoo! JAPAN、Facebookなどの広告を活用する場合は、それぞれの管理画面で発行されるコードをウェブサイトのソースコードに直接記載する必要があります。このコードは一般的に「タグ」と呼ばれています。

タグの運用では、注意しなければならない点が多数あります。

例えば、GA4以前ではクリック回数を測定したいとき、ボタンやリンクに指定された書式のコードをソースコードに直接記載する必要がありました。計測箇所が少ない場合は問題はありませんが、ひとつのサイトで複数箇所のクリック数を計測する必要がある場合や、部署異動などでサイト管理者が頻繁に変わる場合には、どのタグをどこに入れているかなどの管理が複雑化してしまうといった問題が発生します。また、ソースコードを直接記載する際の操作ミスで、必要なソースコードを消してしまうなどの問題も起こりえます。

これらの問題を解決する有用なツールがGoogleタグマネージャーです。Googleタグマネージャー導入のメリットとして下記が挙げられます。

- 各ツールで発行される「タグ」をソースコードに直接記載する必要がなくなる。
- さまざまなタグをGoogleタグマネージャーに集約することで一元管理ができる。
- バージョン管理機能によって、「誰が、いつ、どのような設定をしたか」を管理することができ、設定を間違えた場合には前のバージョンに簡単に戻すことができる。
- 「プレビュー」と呼ばれる検証モードがあるため、設定した内容を本番公開する前に、意図したとおりの動作や計測ができているかチェックすることが可能である。

Googleタグマネージャーの注意点

●実装できない環境がある

ウェブサイトの環境によっては、Googleタグマネージャーを全部または一部のページに実装できない場合があります。例えば、ECサイトのレンタルカートやウェブサイトを簡単に作れるサービスなどによく見られるケースです。

また、Googleタグマネージャーで設定しても正常に動作しない場合があります。要因はさまざまですが、ウェブサイトに既存で実装されているシステムやプログラムと衝突しているケースなどが考えられます。

●二重計測に注意

ウェブサイトにすでに広告タグなどさまざまなタグを実装している状態で、新規でGoogleタグマネージャーを実装する場合は注意が必要です。

Googleタグマネージャーの設定画面で必要なタグを設定し、デバッグで問題ないことが確認できたら、**本番公開前にソースコードから不要なタグを削除するのを忘れないように**しましょう。

ソースコードに記載されているタグとGoogleタグマネージャーで設定したタグに重複がある場合、二重計測が発生します。一度間違えて取得してしまったデータは、**あとから削除や訂正をすることができない**ため、本番公開前には十分に注意してください。

2-2 Googleタグマネージャーの導入

POINT!

- Googleタグマネージャーはプレビュー機能で正しい設定ができているか確認可能
- GoogleタグマネージャーでGA4を導入する場合は測定IDが必要となる

Googleタグマネージャーを初めて導入する場合

初めてGoogleタグマネージャーを導入する手順を紹介します（すでに導入済みの方は本項は飛ばしてください）。

まず、Googleタグマネージャーを利用する場合は、Google Chrome上で操作するようにしてください。理由としては、他のブラウザでは正常に動作しないことがある点や、Google Chromeの拡張機能が充実している点が挙げられます。Google アナリティクスも同様にGoogle Chromeでの利用を推奨します。

① Googleタグマネージャーのサイト（https://tagmanager.google.com/?hl=ja）へアクセスし、ログインした後に「アカウントを作成」をクリックします。

●Googleタグマネージャーアカウント作成前の画面

② 以下のようにフォーム入力し、「作成」ボタンをクリックします。

- アカウント名：任意の名称（一般的には会社名や組織名）
- 国：主要な運用場所を選択
- コンテナ名：任意の名称（一般的にはドメイン名）
- ターゲット プラットフォーム：ウェブ

※「Googleや他の人と匿名でデータを共有」をチェックすると、ベンチマークサービスが利用可能となります※1。

●新しいアカウントの追加

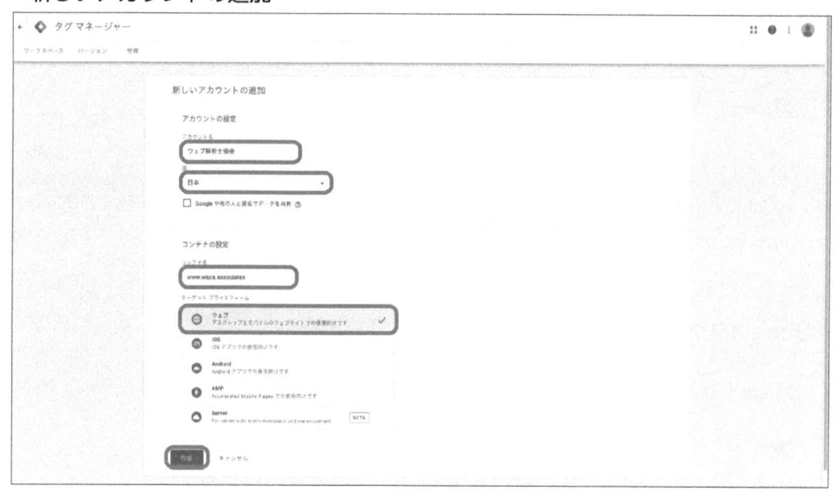

③ Googleタグマネージャー利用規約※2で、GDPRの同意事項をチェックし、「はい」ボタンをクリックします。

※1 https://support.google.com/analytics/answer/1011397?hl=ja
※2 https://marketingplatform.google.com/intl/ja/about/analytics/tag-manager/use-policy/

● 利用規約画面

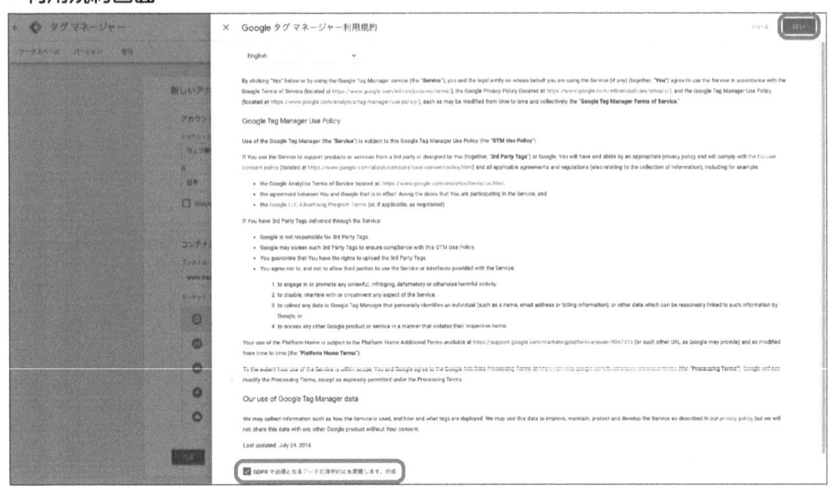

④ インストール用のコードが2つ表示されるので、ウェブサイトのすべてのページのソースコードに、指定された2つのコードを貼り付けます。

● Googleタグマネージャー インストール用コード画面

⑤ 正常に設置されているかを確認するために「プレビュー」ボタンをクリックします。

●プレビューボタン

⑥「プレビューするには公開する必要があります」と表示されるので、「空のバージョンを公開」をクリックします（初めて公開する場合のみ表示されます）。

●空のバージョンを公開

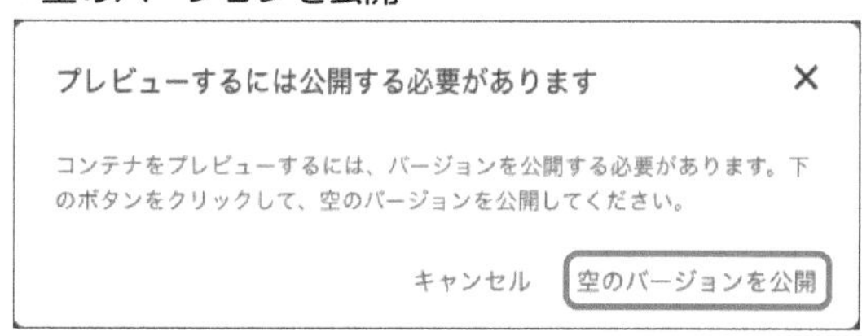

⑦「コンテナが公開されました」と表示されるので、「プレビュー」をクリックします（初めて公開する場合のみ表示されます）。

●プレビューの開始

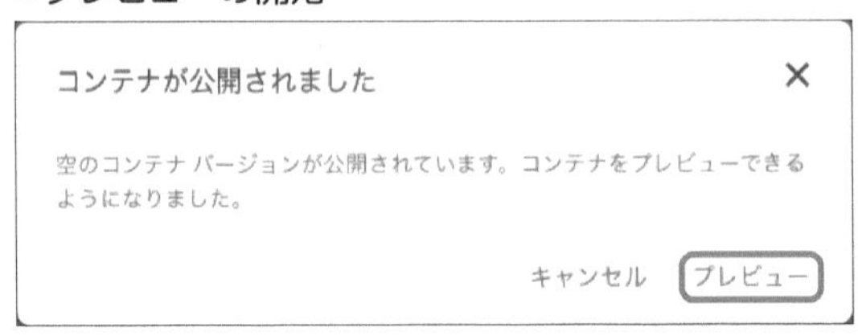

⑧ 新規ウィンドウでTag Assistantの画面に遷移するので、ウェブサイトのURLを入力し「Start」ボタンをクリックします。

●Tag Assistantの開始

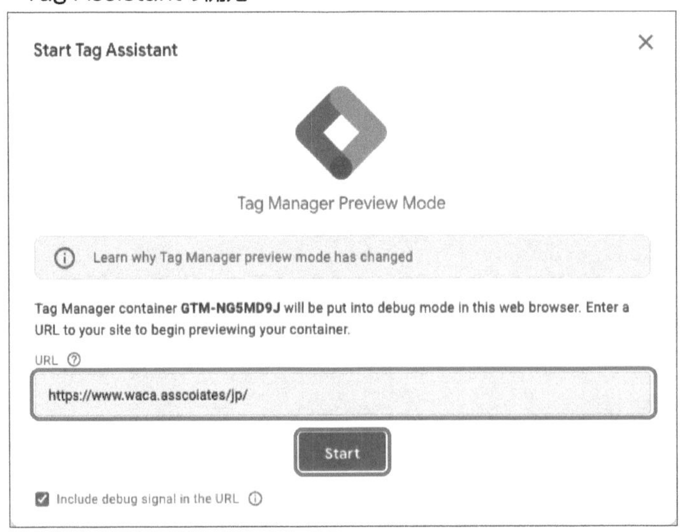

⑨ 新規ウィンドウでウェブサイトが表示されます。画面右下に「Debugger connected」と表示されていることを確認したあとに、⑧のTag Assistantの画面に戻り「Connected!」と表示されていれば、Googleタグマネージャーの導入は完了です。

● ウェブサイト上でのプレビュー接続確認

● Tag Assistant上でのプレビュー接続確認

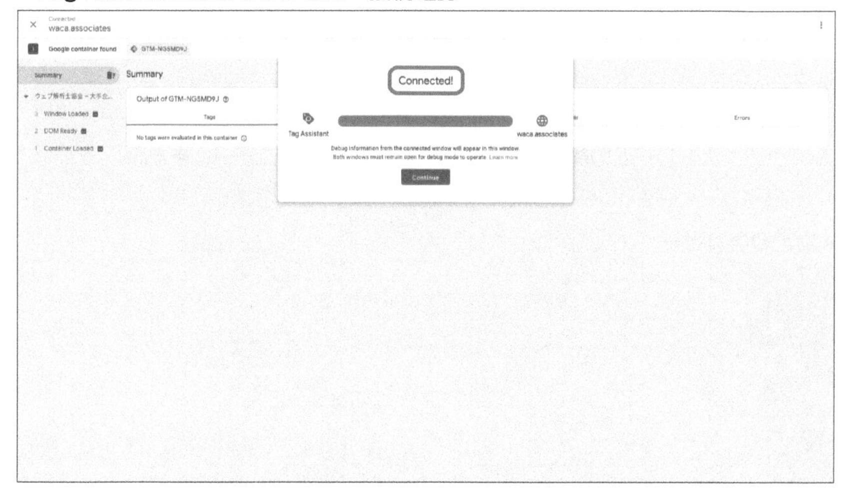

GA4の導入方法

Googleタグマネージャーで GA4の計測タグを設定する場合、GA4のプロパティを事前に準備する必要があります（詳細は前節の初期設定の手順を参照してください）。

① Google アナリティクスで、「管理」からプロパティ列にある「データストリーム」をクリックし、該当するウェブサイトをクリックします。

●GA4データストリーム画面

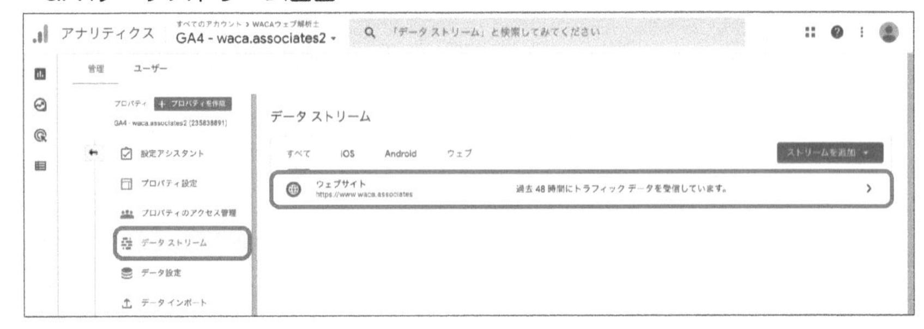

② 「ウェブストリームの詳細」画面内にある「測定ID」をコピーします。

●測定IDをコピー

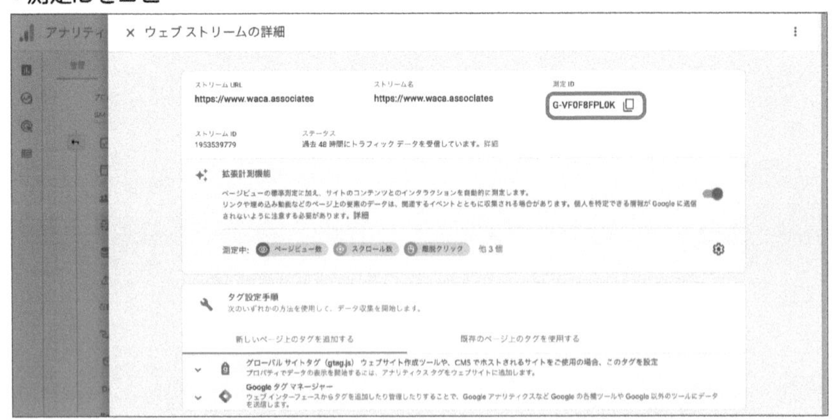

③ Googleタグマネージャーで、左メニューの「タグ」を選択し、「新規」ボタンをクリックします。

●新規タグの作成

④ タグの名称を「名前のないタグ」から任意の名称に変更し、「タグの設定」の白い枠内をクリックします。

●新規タグの名称変更とタグの設定

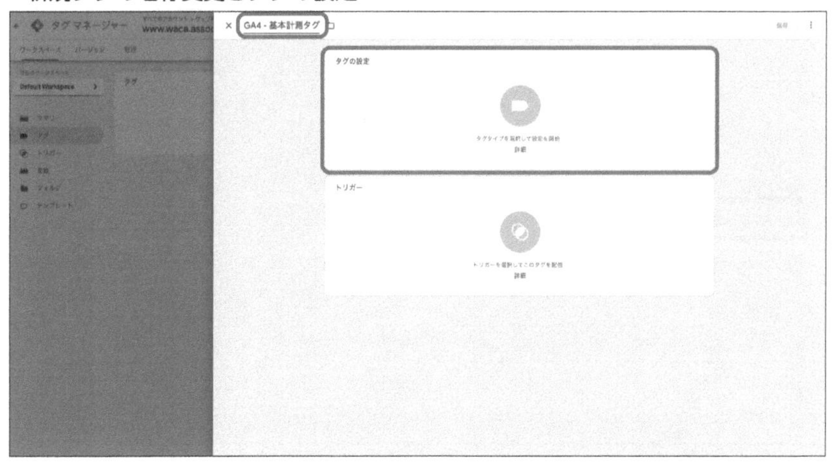

⑤ 右側のリストで「Google アナリティクス：GA4設定」をクリックします。

● タグタイプを選択

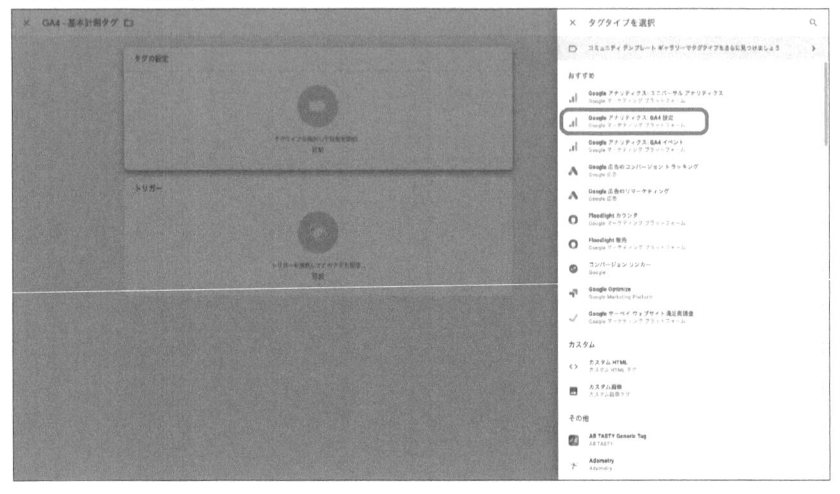

⑥ 測定IDの欄に、②でコピーした測定IDをペーストします。

● タグの設定

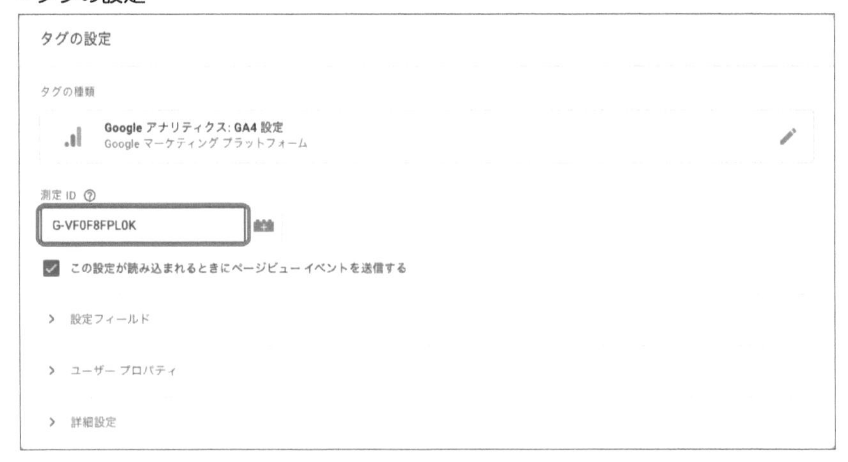

⑦「トリガー」の白い枠内をクリックし、「All Pages」をクリックします。

●トリガーの選択

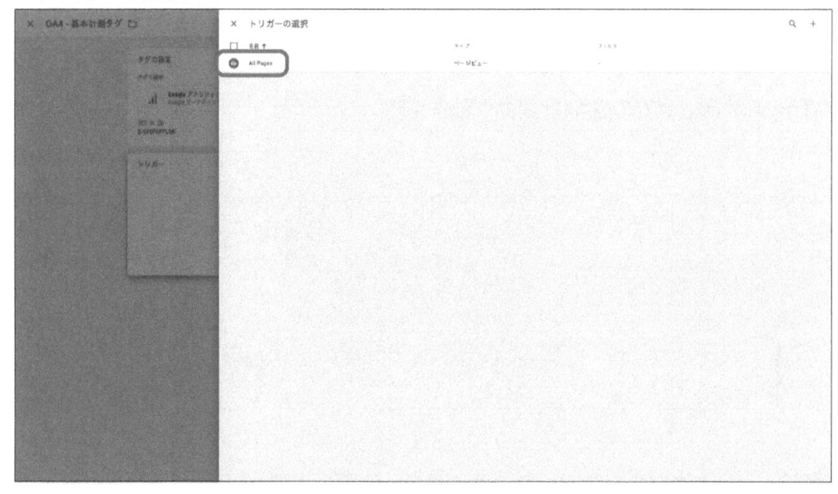

⑧ 内容を確認し、問題がなければ「保存」をクリックします。

●GA4計測用タグの設定完了

⑨ プレビューモードを実行してウェブサイトとGoogleタグマネージャーが正常に接続されていることを確認した後に、Tag Assistantの画面に戻り、「Summary」内の「Tags Fired」に作成したタグが表示されていれば正常に設定できています（※プレビューモードの操作は前項⑤～⑨を参照）。

●Tag AssistantでのGA4計測タグ動作確認

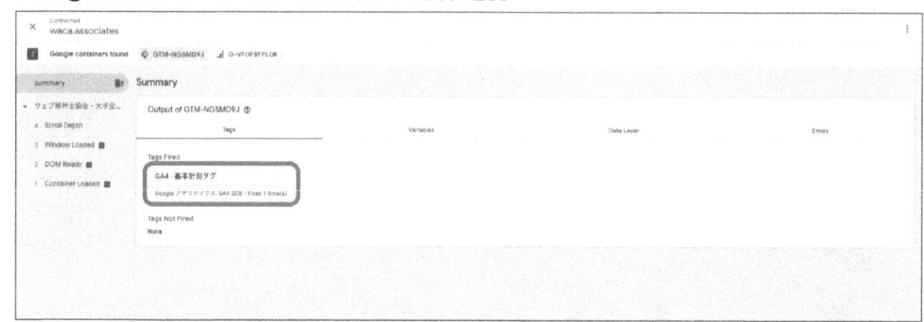

⑩ Googleタグマネージャーの画面に戻り、画面右上の「公開」ボタンをクリックします。バージョン名やバージョンの説明は任意ですが、変更内容がすぐに分かる内容を入力して「公開」ボタンをクリックします。これでGoogleタグマネージャーによるGA4の設定は完了です。

●GA4計測タグの公開

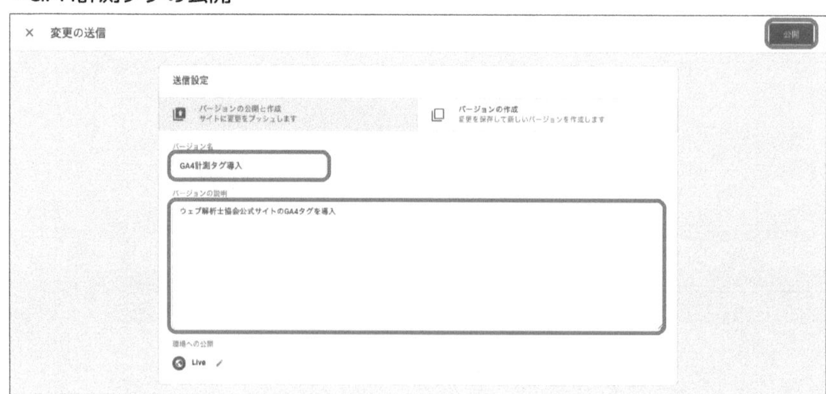

3 GA4のイベントの利用と設定

ユニバーサルアナリティクスからGA4へのアップデートにともない、イベントの概念が大きく変わりました。ユニバーサルアナリティクスとGA4のイベントに関する基礎とその違いを学習しましょう。

3-1 イベントの概念

POINT!

・GA4はイベントに基づいてデータを測定する
・GA4のイベントは「イベント名」と「パラメータ」のセット

ユニバーサルアナリティクスのイベント

前バージョンのユニバーサルアナリティクスでは、データとしてGoogle アナリティクスに送信される最小単位に「ヒット」と呼ばれるものがあります※3。代表的なヒットタイプには、以下のようなものがあります。

・ページトラッキングのヒット
・イベントトラッキングのヒット
・eコマーストラッキングのヒット
・ソーシャルインタラクションのヒット

ユニバーサルアナリティクスにおけるイベントとは、ヒットタイプのうち「イベ

※3 https://support.google.com/analytics/answer/6086082?hl=ja

ントトラッキングのヒット」を指します。「Aというページを見た（ページビューした）」場合、ページトラッキングのヒットがGoogle アナリティクスに送信されますが、ユーザーの挙動をより詳しく分析したい場合に用いられるのがイベントです※4。イベントでよく用いられるものとして下記が挙げられます。

・PDFのクリック数
・電話番号のタップ数
・ページのスクロール率
・外部ウェブサイトに遷移するリンクのクリック数

実際にイベントを測定するときは、ユニバーサルアナリティクスで指定された書式のコードをウェブサイトのコードに直接埋め込むか、Googleタグマネージャーを利用してイベントを設定する方法があり、どちらもイベントで最低限決めておく必要のある項目（イベントの型）があります。それが**「カテゴリ（必須）」**、**「アクション（必須）」**、**「ラベル（任意）」**、**「値（任意）」**の4項目です。実際に具体例を見てみましょう。

【具体例：PDFクリックの場合】
・カテゴリ：PDFクリック（イベントのカテゴリ名）
・アクション：sample.pdf（クリックしたPDFのファイル名）
・ラベル：/product（PDFをクリックしたページパス）
・値：1（イベントが1回発生したときに格納する値）

このようにして、ユニバーサルアナリティクスはイベントの計測を可能にしていました。しかし、GA4ではイベントの考え方が大きく変わりました。

GA4のイベント

GA4は、ユニバーサルアナリティクスとは異なり、ヒットとしてデータを測定

※4　https://support.google.com/analytics/answer/1033068?hl=ja

するのではなく、イベントとしてデータを測定する方法に変わりました※5。その違いを以下に例示します。

ユニバーサルアナリティクス	GA4
ページトラッキングのヒット	イベント
イベントトラッキングのヒット	イベント
eコマーストラッキングのヒット	イベント
ソーシャルインタラクションのヒット	イベント

このように、ユニバーサルアナリティクスでヒットとして区分されていたものが、GA4ではすべてイベントとして測定されていることが分かります。

また、ユニバーサルアナリティクスではイベントの型として「カテゴリ／アクション／ラベル／値」がありましたが、GA4ではこの型も変更されています。その比較が下記となります。

ユニバーサルアナリティクス	GA4
カテゴリ アクション ラベル 値	イベント名 パラメータ

GA4では**「イベント名」**と**「パラメータ」**というシンプルな形式になっています。また、イベントによってはパラメータが複数存在する場合もあります。実際に具体例を見てみましょう。

・イベント名：page_view
・パラメータ：page_location（ページのURL）
・パラメータ：page_referrer（前のページURL）

ユニバーサルアナリティクスでは、ページビューはヒットという単位でデータ測定されていましたが、GA4では「page_view」というイベントとして測定します。また、「page_view」のイベントでは「page_location」と「page_referrer」の2つ

※5 https://support.google.com/analytics/answer/9964640?hl=ja

のパラメータのデータを測定しています。

また、話が少し複雑になりますが、GA4にもイベントのカテゴリは存在します。ただ、ユニバーサルアナリティクスとは違い、任意のデータ（カテゴリの名前など）を格納するためのカテゴリではなく、あくまで設定上のイベントの種類としてGA4で区分されているものなので、この違いには注意してください。GA4のカテゴリとして以下が挙げられます。

・**自動収集イベント**
GA4の基本コードをウェブサイトに実装するだけで自動的に取得されるイベント
・**拡張計測機能イベント**
自動収集イベントと同様に自動的に取得されるが、GA4の管理画面で有効または無効にできるイベント
・**推奨イベント**
小売や求人などの目的に沿って、GA4で事前定義（テンプレート化）されているイベントで、自動的に収集されないためコードを追加する必要があるイベント
・**カスタムイベント**
上記3つのカテゴリで補えない場合に、自分で作成するイベント

先ほど例に挙げた「page_view」イベントは「自動収集イベント」カテゴリに含まれるため、自分でカスタムイベントを作成する必要はありません。GA4には多くのイベントやパラメータが標準で準備されているため、まずは下記のWebページを参照して「どのようなイベントやパラメータがあるのか？」の全体像を把握しましょう。

■アナリティクス ヘルプ（イベントについて）
https://support.google.com/analytics/answer/9322688?hl=ja&ref_topic=9756175

4 コンバージョン設定

GA4で収集したデータを最大限に活用するために欠かせないのが、サイトの目標であるコンバージョンの設定です。まずは基本的なコンバージョンであるサンクスページの目標設定を学習しましょう。

4-1 コンバージョンとイベント

POINT!

・イベントをコンバージョンとして指定する
・カスタムイベントは複数のイベントをカウントしないように設定に工夫が必要

GA4のコンバージョン設定

GA4では、ユニバーサルアナリティクスのように「目標」で直接コンバージョン設定をすることはできません。イベントをコンバージョンとして指定する方法を取ります。

イベントの計測方法には2通りの方法があります。

・デフォルトで計測されているもの
・カスタムイベントとして任意のイベントを作成する方法

また、ユニバーサルアナリティクスでよく使われていた「到達ページ」はパラメータという項目で「page_location」として記入するなど、選択肢が事前に用意されていたインターフェースに慣れている方にとってはやや困惑するかもしれません。ここではよく設定されるページ指定の方法を例に設定方法を紹介します。

イベントをコンバージョンとして設定する

前節で説明したように、イベントにはデフォルトで計測されているものがあります。左のメニューから「イベント」を選択すると、計測できている場合は下図のように「click、first_visit、page_view、scroll、session_start、view_search_results」などが表示されます。また「コンバージョンとしてマークを付ける」列の下にあるスライド式のボタンをオンにすることで、そのイベントをコンバージョンとしてマークを付けることができます。

ここまでが簡単なコンバージョン設定の流れですが、実際にコンバージョンとして計測したいものが、用意されているイベントに、デフォルトで含まれているケースは稀なので、「イベントを作成」からカスタムイベントを作成してコンバージョンとしてマークを付けることになります。

●イベントとコンバージョンの設定

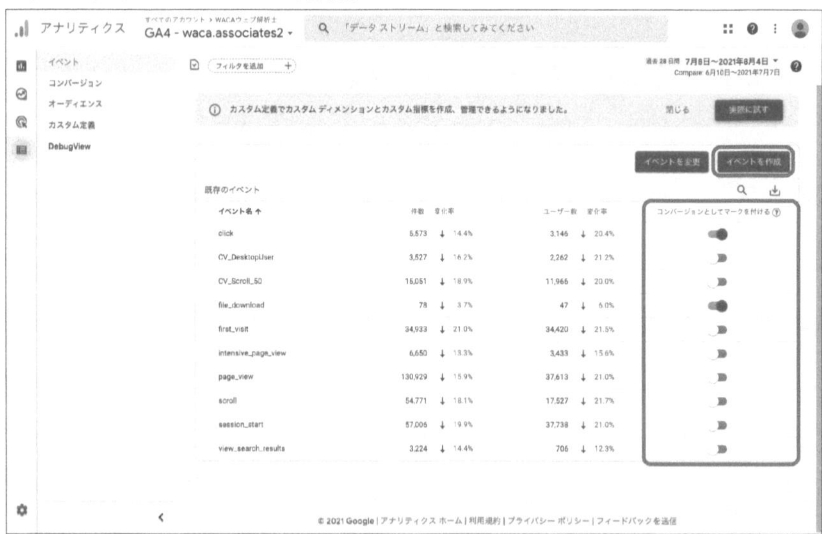

カスタムイベントの設定方法

カスタムイベントは、大まかに「パラメータ」「演算子」「値」という3つの要素で構成されています。

●「パラメータ」とは

イベントが発生した場所や方法などの情報を得られるものです。例えば、page_location（ページのURL）、page_referrer（前のページのURL）などの情報を得ることができます。

●「演算子」とは

パラメータの内容を条件決めするものです。「以上、以下、含む、次で始まる、次で終わる、次より大きい、等しい、等しくない、未満」の中から選択します。

●「値」とは

パラメータの中身です。

●カスタムイベントの設定例

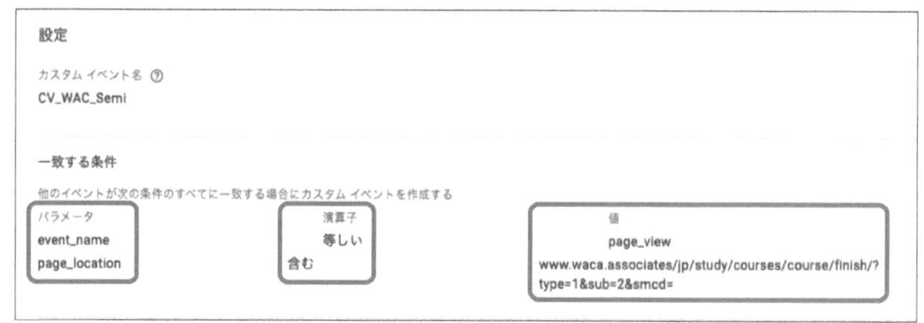

イベントの重複に注意しよう

カスタムイベントを自作する前に、同じ定義のイベントが存在していないことを確認しましょう。

・そのイベントは、すでにデフォルトでGA4に計測されていませんか？
・Googleの推奨イベント（小売※6、求人※7、旅行※8、ゲーム※9）に、同様のものが存在していませんか？

なぜイベントの重複を避ける必要があるかというと、同じ計測内容で複数のイベントが発生した場合、集計するときに統合する必要があったり、第三者が見たときに混乱を招いたりするためです。

実際に、ウェブ解析士協会のGA4で設定しているカスタムイベントの画面をお見せしましょう。次ページの画面はWAC（ウェブ解析士）の試験への申込ページ到達を計測する内容です。page_location（ページの URL）で試験申し込み後に表示されるサンクスページのURLに含まれる「www.waca.associates/jp/study/courses/course/finish/?type=1&sub=3&smcd=」という文字列を指定しています。

しかし、page_locationはページの指定だけでは、そのページで発生したデフォルトで計測できるイベントであるpage_viewのみならず、click、scrollなども計測してしまいます。これでは、到達数を計測したいという今回の意図よりも多くカウントされてしまいます。そのため、計測したいイベントを「event_name」というパラメータで「page_view」を指定することで、サンクスページに到達した数のみをカウントできるようにしています。

その他にも、カスタムイベント作成時に留意しておくこととして「表記揺れのルール」があります。下記はその一例です。

・イベント名では大文字と小文字が区別されること（例.「my_event」と「My_Event」は、2つの異なるイベントとして計測される）。
・英数字とアンダースコアのみ使用でき、スペースを使用することができない。

詳しくは、Google アナリティクスのヘルプ（https://support.google.com/analytics/answer/10085872?hl=ja）を参照してください。

※6　https://support.google.com/analytics/answer/9268036
※7　https://support.google.com/analytics/answer/9268037
※8　https://support.google.com/analytics/answer/9267738
※9　https://support.google.com/analytics/answer/9267565

●カスタムイベントの作成

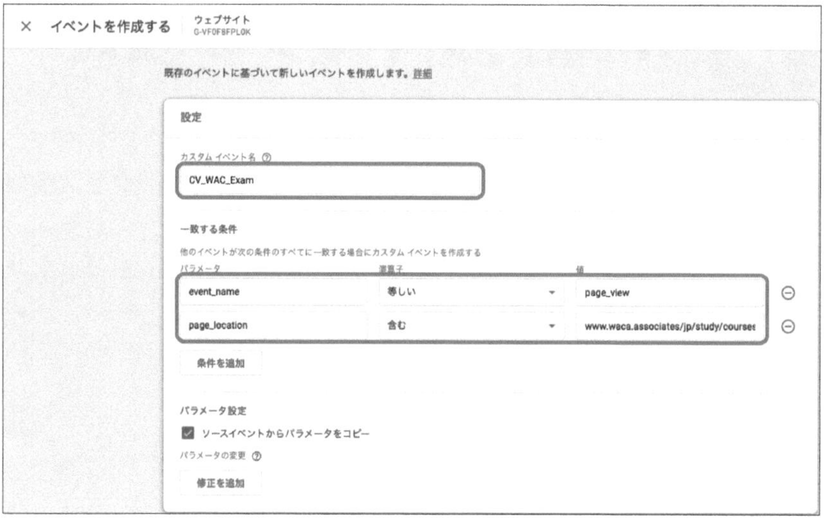

作成したカスタムイベントをコンバージョンとして表示

　作成したカスタムイベントは、デフォルトでは「コンバージョン」のレポートに表示されません。表示するには次のように操作します。

・イベントが発生した後に、「イベント」のレポート内から「コンバージョン」としてマークを付ける。

・発生後も表示されない場合は「コンバージョン＞新しいコンバージョンイベント」の「新しいイベント名」に、作成したカスタムイベント名を入力して保存する。

5 IP除外フィルタの設定

GA4で分析を行うためには、ノイズとなるアクセス情報を除外しておく必要があります。
IP除外フィルタ設定を行って、正しいデータが計測できる設定方法について学びます。

5-1 IP除外フィルタの設定方法

POINT!

- Google アナリティクス導入時に必須の設定
- IPアドレスの知識と適切な設定を心がけよう

IP除外フィルタとは

サイトにアクセスするデバイスには、アクセス時にIP情報が付与されています。その中から、不要となる特定のIP情報を除外する設定方法を解説します。

●IP除外フィルタが必要となる場面

例えば、急激にページビュー数が増えて喜んだのも束の間、実は「サービス担当者が、社内のパソコンを用いて、動作確認のために何度も表示していただけだった」といったケースです。

自社サービス担当者や外部ベンダーなど、本来のユーザーとは違う層のアクセスは分析時にはノイズとなります。ノイズを防ぐためには、特定のIP情報を把握しておき、事前に除外設定を行う必要があります。

IP除外フィルタの設定方法

① GA4の左メニュー「管理」をクリックして、プロパティ列の「データストリーム」をクリックします。

●GA4の管理画面

② データストリーム画面で、「すべて」タブを選び、「ウェブサイト」をクリック。続けて「タグ付けの詳細設定」をクリックします。

●データストリーム画面

●ウェブストリームの詳細画面

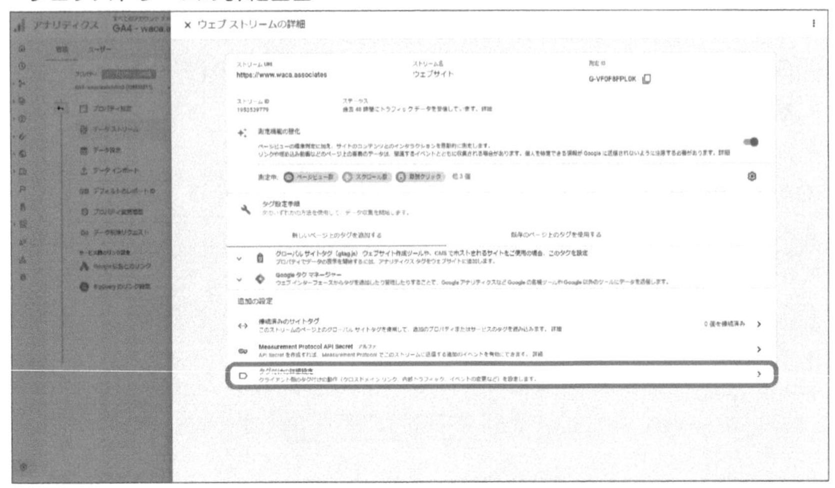

③ タグ付けの詳細設定画面で「内部トラフィックの定義」を選び、次の画面で「作成」をクリックします。

●タグ付けの詳細設定画面

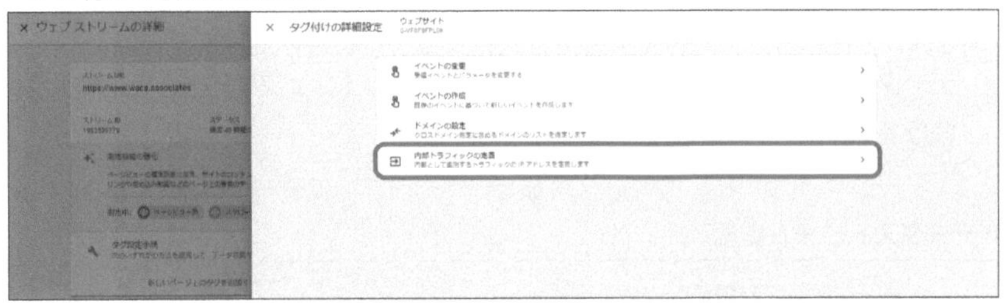

●内部トラフィックの定義画面

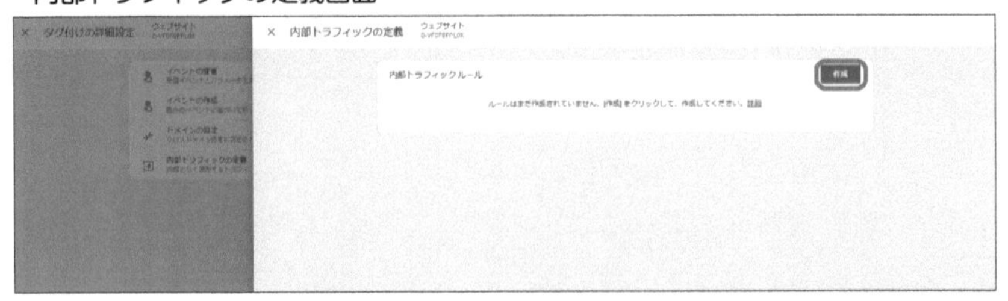

④ 内部トラフィックルールの作成画面で、ルール名を入力。さらにIPアドレスのマッチタイプを「IPアドレスが次と等しい」にセットして、Value欄に除外したいIPアドレスを入力し、保存を選択します。

マッチタイプは、除外したいIPアドレスが単一の場合は「IPアドレスが次と等しい」、除外したいIPアドレスが複数範囲の場合は「IPアドレスが範囲内」を選びましょう。複数範囲を指定することも可能で、例えばCIDR表記と呼ばれる形式で「192.168.1.0/24」と入力すると、「192.168.1.0〜192.168.1.255」の範囲を除外設定することが可能です。

●内部トラフィックルールの編集画面

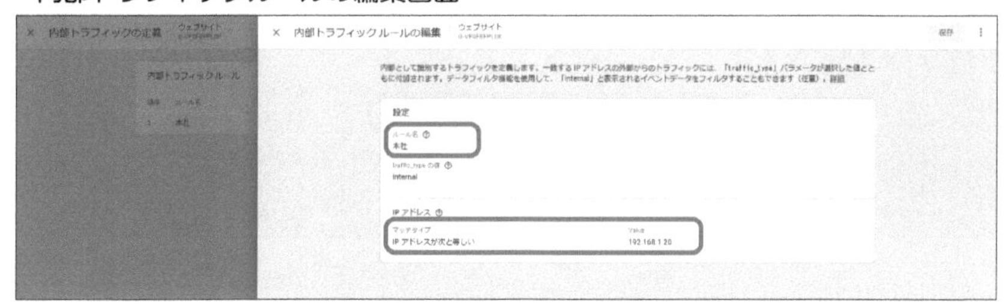

以上で内部トラフィックルールの作成は完了ですが、さらにフィルタ設定を有効にする必要があります。

⑤ プロパティ編集画面で「データフィルタ」を選び、内部トラフィックルールで設定したトラフィックタイプ（ここはInternal Traffic）を選択します。

●データフィルタ画面

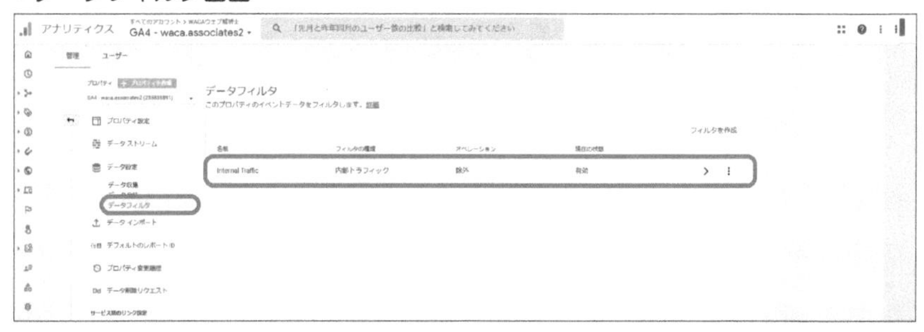

⑥ フィルタの状態が「テスト」となっているので、「有効」を選択して保存を選択すると、初めてフィルタリングが有効化されます。

●データフィルタの編集画面

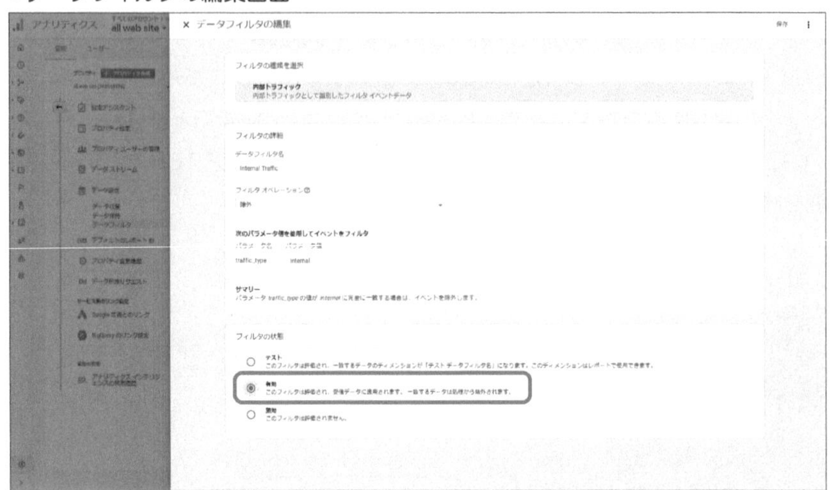

データのフィルタリング

GA4ではユニバーサルアナリティクスにあった**ビューの設定が廃止**されました。

今まではビューにおいてデータのフィルタリングを行っていましたが、今後はプロパティレベルでフィルタが適用でき、そのプロパティのデータすべてに適用されることになります。

現在のGA4では、内部トラフィックとデベロッパートラフィックを分析対象に含めるか、除外する機能が提供されています。

GA4とユニバーサルアナリティクスの機能比較を以下に記します。

	GA4	ユニバーサルアナリティクス
内部トラフィックの除外	1. 内部トラフィックを定義したルールを作成する。 2. 作成したルールに一致する内部トラフィックやデベロッパートラフィックを除外するフィルタを作成する。	IPアドレスフィルタを作成する。
botのフィルタリング	botやスパイダーのトラフィックは自動的に除外される。	botやスパイダーのトラフィックは設定によって除外ができる。
クロスドメイン測定	アナリティクスの管理画面でクロスドメイン測定が設定できる。	Googleタグマネージャーで変数を変更するか、測定コードの変更、ビューフィルタの作成、参照元除外リストの編集によってクロスドメイン測定が設定できる。
データの変換	UIを通して既存のイベントの内容(例:イベント名、パラメータの値)を変更することにより、データを変換する。	フィルタによってデータを変換する。 ・検索と置換フィルタ ・カスタムフィルタ

「bot」「スパイダー」とは?

「bot(ボット)」はインターネット上で特定のタスクを実行するためのプログラムのことです。そのbotの中でも、ウェブサイトを回遊して文章や画像の情報を収集するものを「クローラ」、Googleなどの検索エンジンが実行するクローラを「スパイダー」と呼んでいます(最近はスパイダーもbotやクローラと呼ぶことが多いです)。スパイダーは検索エンジンが検索結果の掲載順位を決めるための情報収集などで利用されています。どちらも人間ではないプログラムによるアクセスであり、解析ではノイズとなるため原則は除外するように設定します。

フィルタの種類

内部トラフィックとデベロッパートラフィックの2種類のデータフィルタがあり、イベントにパラメータを追加して設定します。

フィルタは、プロパティひとつにつき最大10個作成できます。

●データフィルタの作成画面

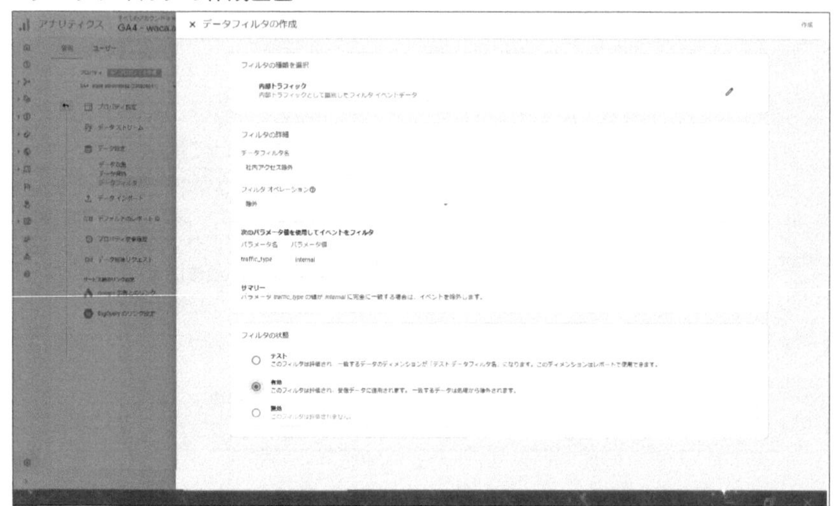

●内部トラフィック

内部トラフィックとは、管理者が指定したIPアドレスまたはアドレス範囲からのトラフィックのことです。ルールを設定すると、IPアドレスをカスタムパラメータ値と照合するようになります。

また、トラッキング用のgtag.jsコードを変更すると、イベントコードにtraffic_typeパラメータを手動でカスタマイズ追加することも可能です。

●デベロッパートラフィック

デベロッパートラフィックは、開発用デバイスにインストールしたアプリからのトラフィックで、イベントパラメータ debug_mode=1や debug_event=1 によって識別されます。

アプリ開発時の検証用に使用できる機能です。

フィルタオペレーション

フィルタオペレーションでは2種類のどちらかを選択します。「一致」は、そのフィルタに一致するデータを計測対象として処理します。「除外」は、そのフィルタに一致するデータをアナリティクスの計測から除外します。

両方のタイプのフィルタを指定した場合、アナリティクスは、まず結合されたすべての一致フィルタを優先評価し、次に除外フィルタをひとつずつ評価します。

●プロパティを作成した際に作られるデフォルトフィルタ

プロパティ作成時には内部トラフィックを除外するためのフィルタ設定がひとつだけ行われます。

名称：内部トラフィック
フィルタの種類：内部トラフィック
フィルタ オペレーション：除外
イベント パラメータ名：traffic_type
イベント パラメータの値：internal
フィルタモード：テスト

上記のように初期設定がされており、内部トラフィックの定義において連携がしやすいようになっています。開発環境などで、このイベントパラメータ名と値を送るように設定しておけばフィルタリングが行われます。

フィルタの作成方法

フィルタは、以下の手順で設定します。

① 「管理＞データ設定＞データフィルタ」を選択し、「フィルタ作成」をクリックします。

●データフィルタ設定画面

② フィルタの種類を選択します。ここでは内部トラフィックを選択しています。

●トラフィックの選択

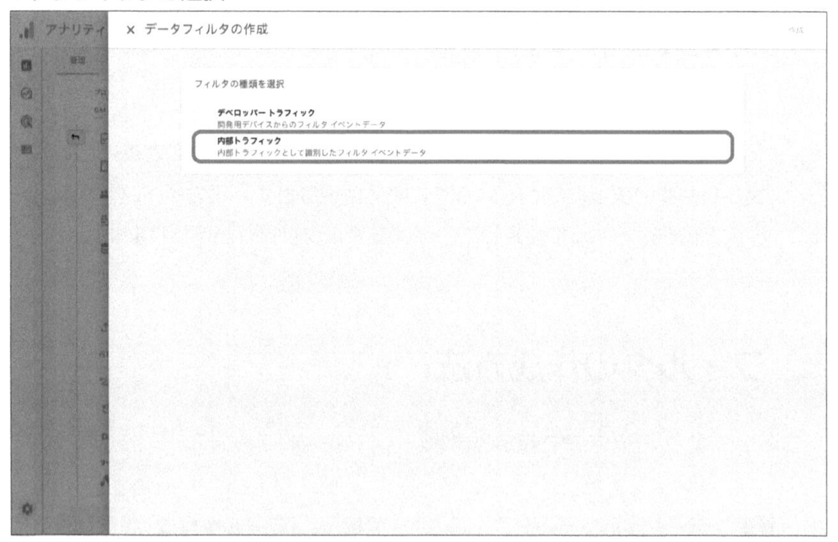

③ データフィルタの名前を入力します。入力する名前は、同じプロパティ内のフィルタの中で重複しないようにしましょう。

●データフィルタ名の設定

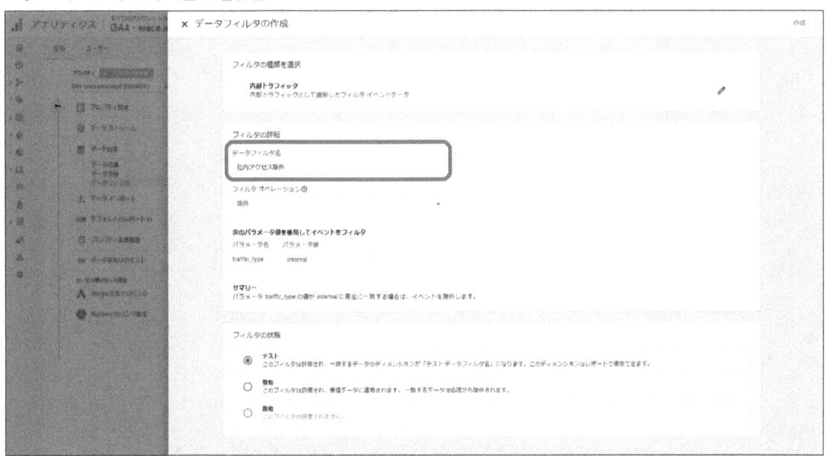

④ パラメータ値の名前を入力します（英数字）。内部トラフィックのイベントパラメータ名は現在traffic_typeに設定されており、変更できません。

※現在の設定内容でのフィルタの動作は、サマリーで確認できます。

●パラメータ値の設定

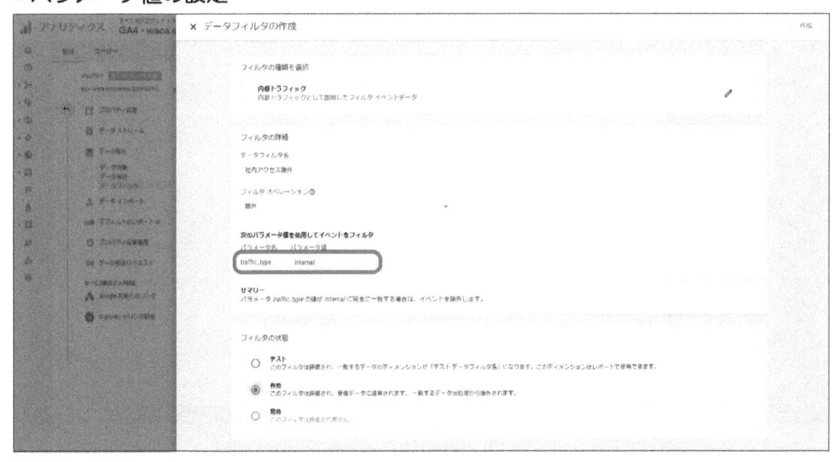

⑤ フィルタのモード（テスト、有効、無効）を選択します。

●フィルタの有効化

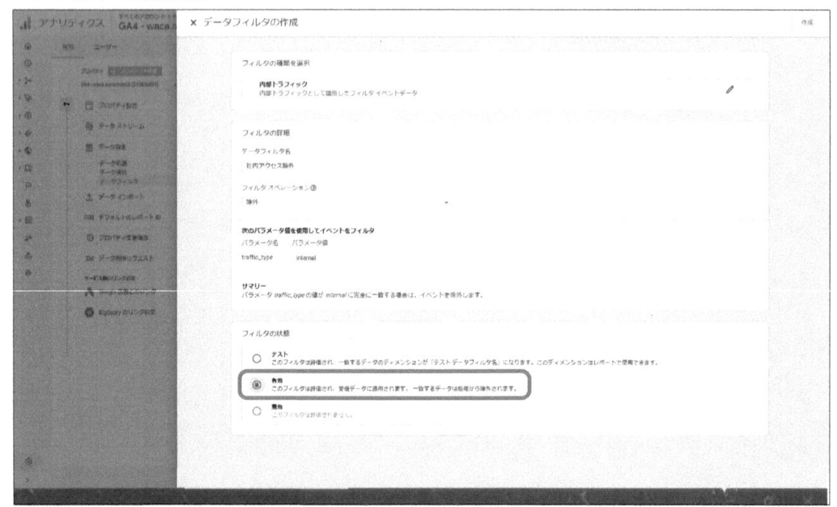

⑥「作成」をクリックして作成完了です。

●データフィルタの作成画面　保存選択

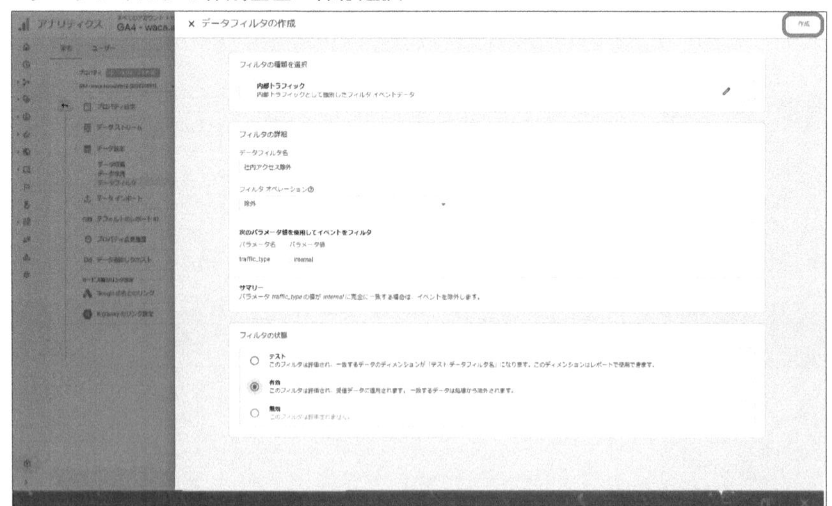

6 クロスドメイン トラッキング

クロスドメイントラッキングの設定を行うと、複数のサイト（複数のドメイン）をまたいだ計測ができるようになります。

6-1 クロスドメイントラッキングの概要

POINT!

・複数のドメインをまたいで、一貫した測定を行う必要がある場合に利用する
・サイト同士の遷移状況の把握に利用する

クロスドメインとは

クロスドメインとは、**異なるドメインにまたがる計測**を可能にする機能です。GA4はファーストパーティCookieを利用しており、異なったドメインのウェブサイトに訪問した場合に新しいCookieが保存されるため、異なるユーザーとしてカウントしてしまいます。そのため、クロスドメインを設定する必要があります。

クロスドメインが必要となる場面

クロスドメインの設定が必要となる代表的な場面を、2つご紹介します。ご自身が関わる環境と照らし合わせて、必要であれば設定を行ってください。

ショッピングサイト

外部のカートシステムを利用したショッピングサイトで、購入完了までの遷移を把握したい場合

(例)
ショッピングサイトのドメイン＝a.com
カートのドメイン（外部のカート）＝b.com

●ショッピングサイトにおけるクロスドメインのイメージ

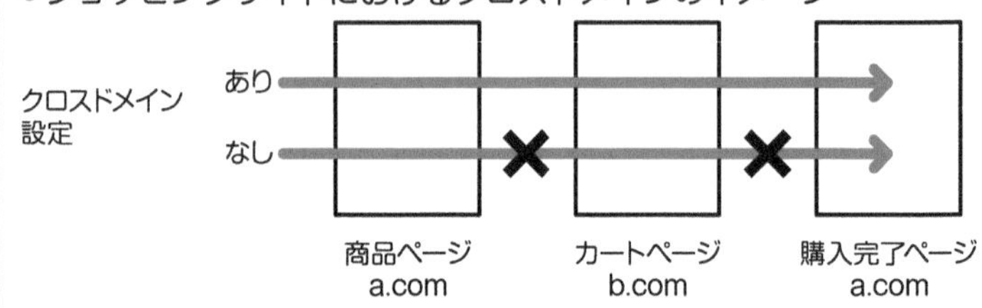

複数の関連サイト

自社に関連するサイトが複数あり、それぞれのサイト間の遷移を把握したい場合

(例)
自社サイト＝a.com
関連サイト＝b.com
関連サイト＝c.com

●クロスドメインのイメージ

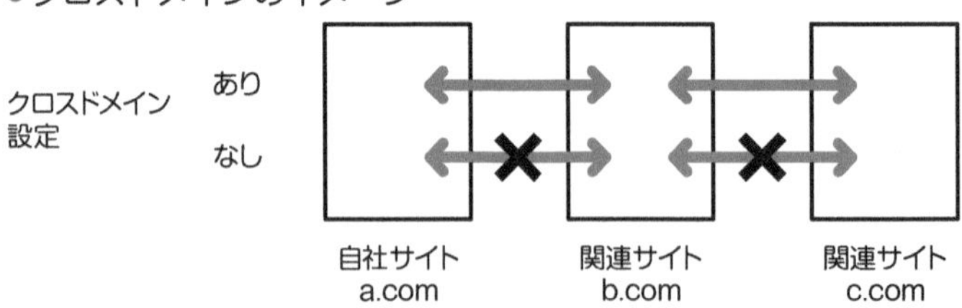

クロスドメインの設定方法

① 管理ページで対象のプロパティを表示し、プロパティ列の「データストリーム」をクリックします。

●管理ページ

② 「ストリームを追加」から「ウェブ」をクリックします。

●データストリーム

③ ウェブストリームの詳細画面の下部、「追加の設定」から「タグ付けの詳細設定」をクリックします。

● ウェブストリームの詳細

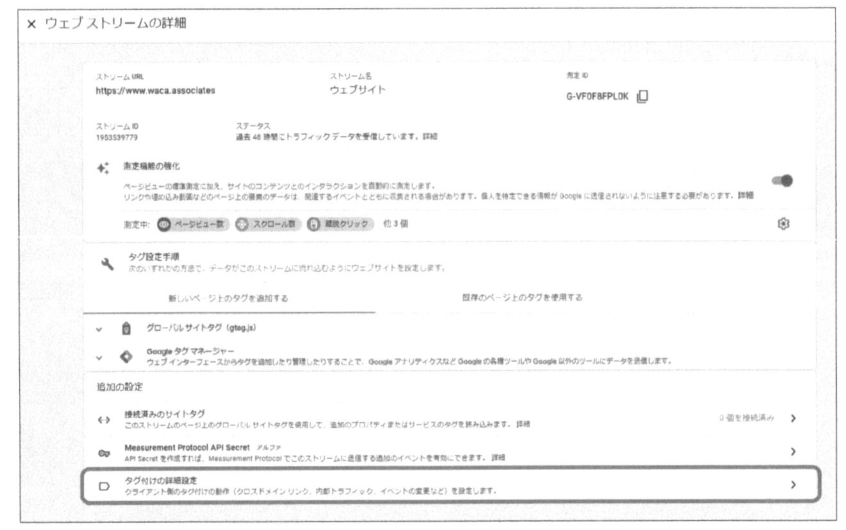

④ タグ付けの詳細設定画面で、「ドメインの設定」をクリックします。

● タグ付けの詳細設定

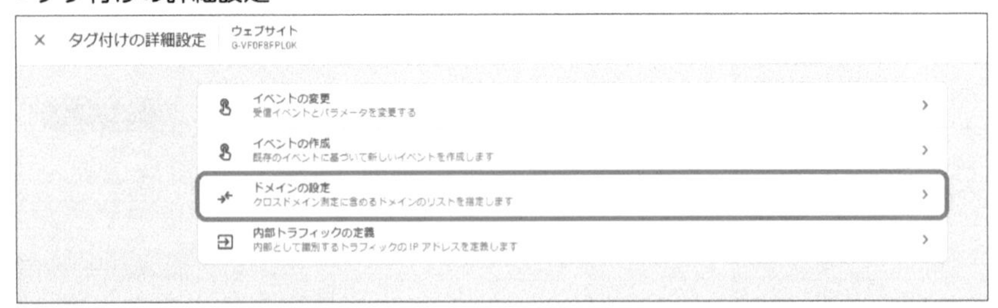

⑤ ドメインの設定画面で、「条件を追加」をクリックします。

● ドメインの設定

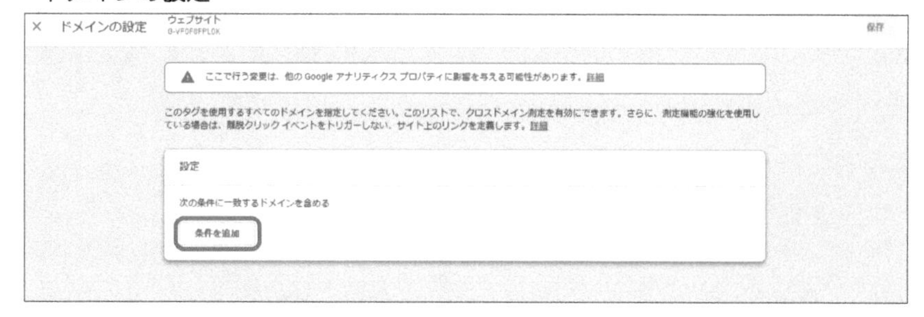

⑥ いずれかのマッチタイプ（完全一致、含む、次で終わる、正規表現に一致、先頭が一致）を選択し、対象に含めるドメインを入力して、次に表示される画面で「保存」ボタンをクリックします。なお、いずれもor条件となります。

● マッチタイプの選択

マッチタイプ
含む
完全一致
含む
次で終わる
正規表現に一致
先頭が一致

● マッチタイプの設定

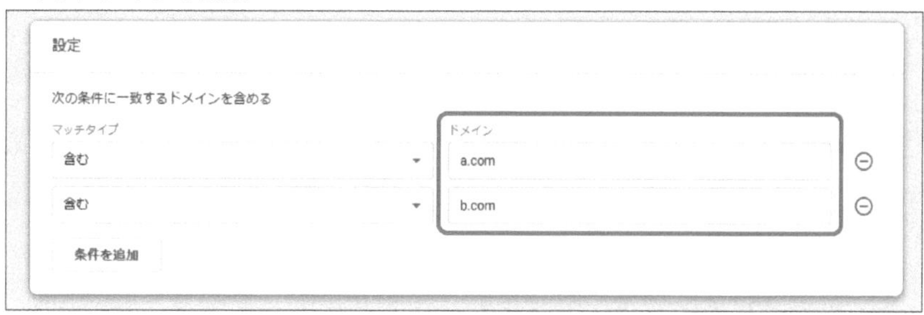

● 設定時のアラート

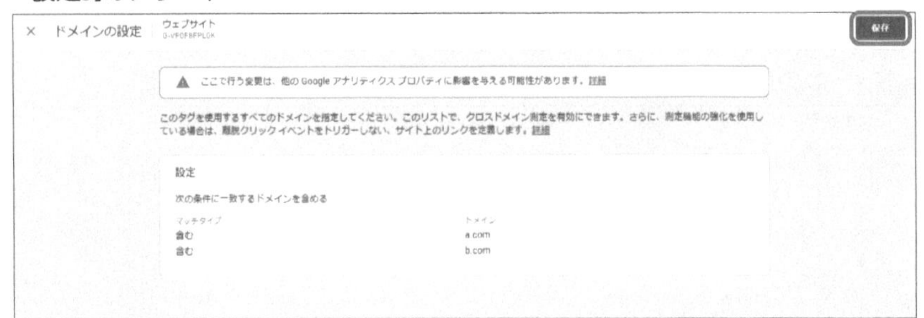

上の画像では「他のGoogle アナリティクスプロパティに影響を与える可能性があります」といった表記がありますが、これはユニバーサルアナリティクスがすでに存在する場合、GA4プロパティにもその設定が反映される可能性があることを意味しています。ユニバーサルアナリティクスをすでに設定している場合は、対象ドメインを合わせる必要がありますので注意してください。

⑦ 対象のウェブサイトにアクセスして、クロスドメインの対象に設定したページで設定状況を確認します。リンク先のページのURLにリンカーパラメーター「_gl」が含まれていれば、クロスドメインの設定は正しく完了しています。

(例) https://b.com/?_gl=*********

公式ヘルプ

「GA4」クロスドメイン測定のセットアップ

https://support.google.com/analytics/answer/10071811?hl=ja

2日目のおさらい

問題

Q1 GA4プロパティの設定について、正しいものをひとつ選んでください。

1. 「GA4設定アシスタント」を利用し、既存ユニバーサルアナリティクスプロパティからGA4を作成すると、GA4プロパティとユニバーサルアナリティクスプロパティを併用して持つことができる。
2. GA4プロパティを作成するには、新規作成する方法しかない。
3. WordPressを利用しているサイトのユニバーサルアナリティクスプロパティの場合、「GA4設定アシスタント」を使えばタグの再利用ができるので、自分でタグを設定する必要はない。
4. 「GA4設定アシスタント」を利用し、既存ユニバーサルアナリティクスプロパティからGA4を作成すると、過去のデータを取り込むことが可能である。

Q2 データストリームの設定について、正しいものをひとつ選んでください。

1. ひとつのデータストリームでウェブ・iOSアプリ・Androidアプリすべての設定が可能である。
2. ひとつのGA4プロパティには、最大100個までデータストリームを登録することが可能である。
3. GA4プロパティの新規作成の場合、データストリームは必ずしも設定しなくてよい。
4. データストリームには、ウェブ用、iOS アプリ用、Android アプリ用の3種類がある。

Q3

Googleタグマネージャーについて、正しいものをひとつ選んでください。

1. Googleタグマネージャーは、あらゆるウェブサイトに導入することができるので、必ず導入するべきである。
2. Googleタグマネージャーを導入する場合、ウェブサイトが複数ページある場合でも、発行されたコードをトップページにのみ導入すればサイト全体で動作する。
3. Googleタグマネージャーから発行されるコードは、ページのどの部分に導入しても正常に動作するため、導入箇所を気にする必要はない。
4. Google アナリティクスをすでに設置しているウェブサイトで、あとからGoogleタグマネージャーを設定する場合は、二重計測に注意する必要がある。

Q4

GA4とGoogleタグマネージャーの設定について、正しいものをひとつ選んでください。

1. Googleタグマネージャーの設定のみでGA4の導入が可能なため、Google アナリティクスでGA4プロパティの作成や設定をする必要はない。
2. GoogleタグマネージャーでGA4の基本的な計測を導入する場合は、Googleタグマネージャーで「Google アナリティクス: GA4タグ」のタグを設定する。
3. GoogleタグマネージャーでGA4の基本的な計測をする場合は、GA4のグローバルサイトタグのコードが必須である。
4. GoogleタグマネージャーでGA4の基本的な計測を導入する場合は、Googleタグマネージャーで「Google アナリティクス: GA4イベント」のタグを設定する。

Q5

GA4のイベントで取得できるデータの区分で、正しいものをひとつ選んでください。

1. カテゴリ
2. アクション
3. パラメータ
4. ラベル

Q6

GA4のイベントカテゴリの中で、誤っているものをひとつ選んでください。

1. カスタムイベント
2. マルチイベント
3. 推奨イベント
4. 自動収集イベント

Q7

GA4のコンバージョンを設定する際に、カスタムイベントを作成する上で必要な情報として、誤っているものをひとつ選んでください。

1. パラメータ
2. 条件
3. 演算子
4. 値

Q8 カスタムイベントの説明で、誤っているものをひとつ選んでください。

1. イベント名では大文字と小文字が区別されるため、my_eventとMy_Eventは、2つの異なるイベントになる。
2. 英数字のみ使用でき、アンダースコアやスペースは使用できない。
3. カスタムイベント作成前に、デフォルトで収集されるイベントで同じ条件のものがないか確認することが推奨されている。
4. パラメータのひとつでevent_nameを設定しておくと、複数のイベントがカウントされることを防ぐことができる。

Q9 GA4で「192.168.0.1」から「192.168.0.255」までの複数のIPアドレスを除外する場合の記載方法として、正しいものをひとつ選んでください。

1. 192.168.0.1-255
2. 192.168.0.1^8
3. 192.168.0.1:16
4. 192.168.0.1/24

Q10 GA4のフィルタの説明として、間違っているものをひとつ選んでください。

1. ビューに対してフィルタを設定することができる。
2. クロスドメインの測定はGA4の管理画面で設定ができる。
3. 管理画面上から既存のイベントの内容を変換することができる。
4. botやスパイダーの除外は自動的に除外される選択肢が入る。

Q11 クロスドメイントラッキングの説明について、正しいものをひとつ選んでください。

1. 社員などの関係者の自社サイトへのアクセスを除外して集計する方法である。
2. 複数のタグを一元管理するツールで、ウェブサイトを編集することなくタグを設定したりバージョン管理ができたりするものである。
3. 異なるドメインにまたがる計測を可能にする機能である。
4. 転換の意味で、ウェブサイトの訪問者が目標としているアクションを起こした状態を指す。

Q12 クロスドメイントラッキングが必要な場面について、誤っているものをひとつ選んでください。

1. ショッピングサイトのドメインはa.com、カートは外部ドメインのショッピングカートb.comを利用しており、購入完了までの遷移を把握したい場合。
2. 自社が管理する複数の関連サイトa.com、b.com、c.comがある。それぞれページには相互に遷移するリンクはなく、サイトごとの数値を把握したい場合。
3. ニュースサイトのドメインはa.com、会員登録フォームは外部ドメインのb.comを利用しており、会員登録完了までの遷移状況を把握したい場合。
4. 自社が管理する複数の関連サイトa.com、b.com、c.comがある。それぞれページには相互に遷移するリンクがあり、サイト同士の遷移を把握したい場合。

解答

A1 1

1. 適切です。
2. GA4は、既存のユニバーサルアナリティクスを利用して作成が可能です。
3. 「GA4設定アシスタント」を利用してWordPressなどCMSを利用しているサイトのユニバーサルアナリティクスプロパティからGA4プロパティを作成してもタグの再利用ができないため、測定のためのタグ設定は自分で設定する必要があります。
4. 既存のユニバーサルアナリティクスプロパティからGA4を作成しても、過去のデータを取り込むことはできません。GA4プロパティに保存されるのは設定後に発生したデータのみです。

A2 4

1. ひとつのデータストリームには、ウェブ・iOSアプリ・Androidアプリのどれかひとつしか設定できません。
2. GA4プロパティひとつには、最大50個まで登録できます。
3. GA4プロパティの新規作成の場合、「データストリーム」の設定は必須です。
4. 適切です。

A3 4

1. ECサイトのレンタルカートなどでは導入できないケースがあります。
2. 発行されたコードは全ページに導入する必要があります。
3. <head>内など指定された箇所に貼り付ける必要があります。
4. 適切です。

A4 2

1. Google アナリティクスで、必ずGA4プロパティを作成する必要があります。
2. 適切です。GA4の基本的な設定は、「Google アナリティクス: GA4 タグ」を用います。
3. グローバルサイトタグではなく、測定IDが必要です。
4. 2のとおり、「Google アナリティクス: GA4 タグ」を用います。

A5 3

1. ユニバーサルアナリティクスでの区分です。GA4にもイベントカテゴリはありますが、データを格納するために区分されたものではなく、設定上の種類を表します。
2. ユニバーサルアナリティクスでの区分です。
3. 適切です。
4. ユニバーサルアナリティクスでの区分です。

A6 2

1. イベントカテゴリです。
2. GA4においてマルチイベントと呼ばれるイベントカテゴリは存在しません。
3. イベントカテゴリです。
4. イベントカテゴリです。

A7 2

1. パラメータは何をもってイベント発生とするのかを定義するもので、ページのURLであれば「page_location」を選択するなどイベントの内容に合わせて選択します。
2. 適切です。
3. 演算子はイベントパラメータの発生を決める条件で、「以下・以上・含む・等しい…」などがあります。
4. 値はパラメータで決めた定義の値で、https://example.com/thanksというサンクスページをイベントで指定したい場合は、パラメータ＝page_location、演算子＝含む、値＝/thanksのように設定を行います。

A8 2

1. 大文字と小文字は別物と判断され、集計時に二重で計測されたり、集計時にデータを統合することになるため、初動での命名ルールは関係者内で共通認識化とすぐに参照できるようにしておくことが大切です。
2. 適切です。
3. 解説1と同様の理由で、別の名前で同じイベントが二重で計測される原因になるため、最初に確認しておくことが大切です。
4. 例えば「page_location」というURLを指定するパラメータでは、page_viewやscroll、clickなどのデフォルトで計測可能なイベントがカウントされてしまい、サンクスページなど特定のページ訪問数を計測したい場合に不都合な状態になります。この例の場合は、条件1：パラメータ=event_name、演算子=等しい、値=page_view、条件2：パラメータ=page_location、演算子=含む、値=※指定したいページURL、というような設定を行うことで意図した計測を行うことができます。

A9 4

1. 不適切です。
2. 不適切です。
3. 不適切です。
4. 複数範囲を指定する場合は、CIDR表記と呼ばれる形式で指定することが可能です。

A10 1

1. 適切です。GA4ではビューが廃止されたため、ビューにフィルタを設定することはできません。
2. 不適切です。
3. 不適切です。
4. 不適切です。

A11 3

1. フィルタの説明です。
2. Googleタグマネージャーの説明です。
3. 適切です。
4. コンバージョンの説明です。

A12 2

1. クロスドメイントラッキングが必要です。
2. クロスドメイントラッキングは不要です。それぞれのGoogle アナリティクスにて把握できます。
3. クロスドメイントラッキングが必要です。
4. クロスドメイントラッキングが必要です。

3日目

GA4のダッシュボード解説1

3日目に学習すること

新しくなったGA4のダッシュボードについて学びます。3日目ではレポート機能（スナップショット、リアルタイム、ユーザー、ライフサイクル、ライブラリ）について解説します。

レポートのスナップショット
リアルタイム
ユーザー
ユーザー属性
テクノロジー
ライフサイクル
集客
エンゲージメント
収益化
維持率
先輩は
わかります？
レポートの
メニューが
変わってる!!
どれから見れば
いいんだろう…
収益化？
維持率？
フンス
も、もちろん
だとも…

え〜っと
ユーザーの人生？
みたいな？
アハハ…
じゃあ
ライフサイクルって
なんですか？
しどろもどろ…

次のページに
利用頻度が高い項目を
ランキング形式で
まとめたから
「ライフサイクル」は
ユーザーの一連の行動にそった
メニューだよ
どこを見るべきか
迷ったときは
参考にしてみてね！
集客
コンバージョン
収益化
ユーザーの維持
礒崎先生!!
助かった…

1 ダッシュボード機能 利用頻度ランキング！

GA4では各ナビゲーションにダッシュボードの機能が新設されて、簡易的な分析ができるようになりました。まずは、ダッシュボード機能の中で利用頻度の高い項目から学びましょう。

1-1 まずはダッシュボードで利用頻度の高い項目を活用しよう

POINT!

- 迷ったときには逆引きランキングの順にレポートをチェック！
- 最初に必ず見るレポートについて、見るべきポイントを紹介

GA4を使ったアクセス解析で、実際に利用する頻度の高い分析は以下のようになります。

利用頻度順ランキング

1. ユーザーの種類や属性を見つける。
2. トラフィックからアクセス元を見つける。
3. コンバージョンの発生経路の分析をする。
4. イベントから計測しているイベントを確認する。
5. ページとスクリーンからアクセスしているページを見つける。

それぞれについて解説していきましょう。

ランキング1 ユーザーの種類や属性を見つける

　ダッシュボードのレポートの「ユーザー>ユーザー属性>ユーザー属性の詳細」で確認できるレポートです。ユーザー属性の詳細レポートは、トラフィックの発生エリアを①棒グラフ、②散布図、③表の3つの方法で表示されます。

●ユーザー属性の詳細レポート画面

　分析できるディメンションは下記のとおりです。

ディメンション	説明
国	アクセスがあった全世界の国名
地域	アクセスがあった地域名 日本では県名が該当
市区町村	アクセスのあった市区町村
言語	アクセスのあった言語
年齢	アクセスのあった年齢 年齢のカテゴライズはユニバーサルアナリティクス同様 18-24,25-34,35-44,45-54,55-64,65+,unknown
性別	アクセスのあった性別 性別のカテゴライズはユニバーサルアナリティクス同様 male,female,unknown
インタレストカテゴリ	購買意欲の強いセグメントなど

ディメンションは、下記の図のとおり、ユーザー属性の画面の③表で「国」の右側にある「▼」をクリックすると表示されます。

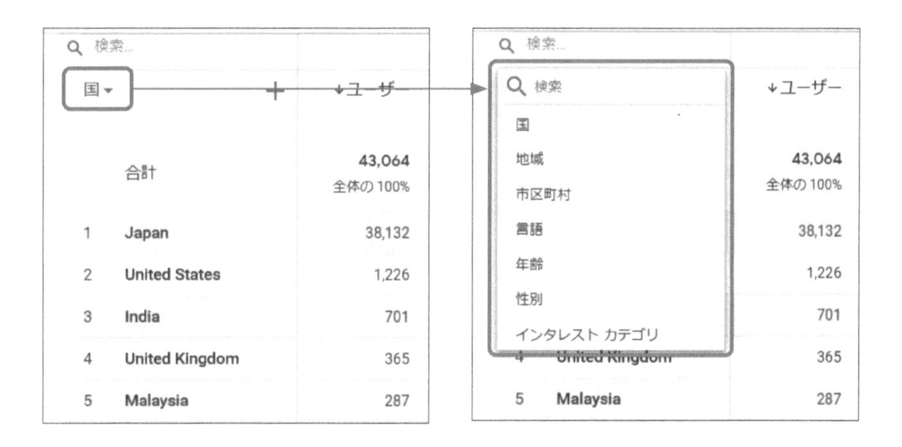

① 棒グラフ：ユーザー数（国や地域）

棒グラフには、ウェブサイトやアプリにアクセスした上位のデータが表示されます。横軸がユーザー数、縦軸が国や地域です。

視覚的に上位アクセスエリアが把握できます。

② 散布図：ユーザー数と新規ユーザー数（国や地域）

散布図には、縦軸に国や地域別のユーザー数、横軸に新規ユーザー数、それらを掛け合わせて数値の高いディメンションが表示されます。

新規ユーザーが多く、ユーザー数の総数も多い地域などが把握できます。

③ 表：ディメンションと指標

表では、ユニバーサルアナリティクスで見られたようなディメンションと指標のテーブルが表示されます。

地域・年齢・性別などのユーザー数やエンゲージメント数、コンバージョン数が確認できるので、デモグラフィックデータとアクセスやコンバージョンの数値が確認しやすいです。

表では、ユニバーサルアナリティクスにあったセカンダリディメンションと同じような分析が可能で、さまざまな掛け合わせで分析を行うことも可能です。

ランキング2 トラフィックからアクセス元を見つける

「ライフサイクル>集客>トラフィック獲得」で確認できるレポートです。

トラフィック獲得は、①ユーザーの流入元の推移グラフ、②ユーザーの参照元別上位表示グラフ、③表の3つの方法で表示されます。

●トラフィック獲得レポート画面

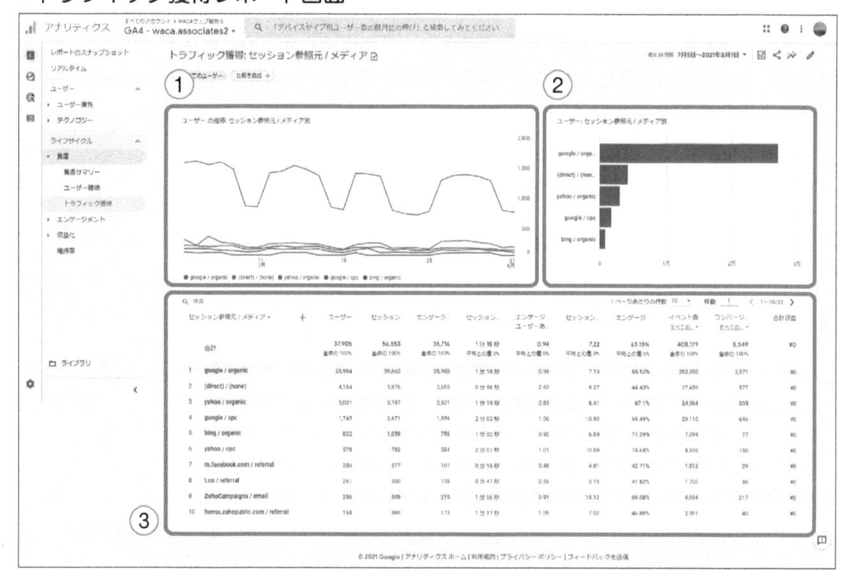

分析できるディメンションは下記のとおりです。

ディメンション	説明
参照元／メディア	参照元とメディアの掛け合わせたディメンションです。 例：google/organicなど
メディア	流入元のタイプ別で表示されます。 例：Organic、Display、cpc メディアではutm_mediumでパラメータ設定したものが計測されます。
ソース	流入元のドメインが表示されます。 ソースではutm_sourceでパラメータ設定したものが計測されます。
キャンペーン	utm_campaignでパラメータ設定したキャンペーン別のトラフィックが表示されます。
デフォルトチャネルグループ	デフォルトとなる各チャネルのトラフィックが表示されます。 例：Organic Search、Display、Direct

トラフィック獲得では、ユニバーサルアナリティクスにおける集客レポートに近い分析が行えます。デフォルトチャネルグループや参照元/メディアにおいて、経路別のアクセスを確認し、**流入元の流入量を分析したり、キャンペーン経由で現在運用している広告・キャンペーン施策において効果の高い施策を分析したり**など、さまざまな用途で活用することができます。

① 折れ線グラフ：ユーザーの推移：セッション参照元／メディア別

折れ線グラフには、参照元／メディア別でセッション数の多い5件が日別推移で表示されます。

参照元／メディア別でセッション推移が把握できます。横軸が日にち、縦軸がセッション数です。

② 棒グラフ：セッション参照元／メディア別

棒グラフには、期間内にウェブサイトやアプリにアクセスした上位の参照元／メディア別セッションデータが表示されます。

視覚的に参照元／メディア別で上位アクセス層が把握できます。

③ 表：ディメンションと指標

セッション参照元／メディア、セッションソース、セッションキャンペーンなど、メディアやキャンペーン別のユーザー数やエンゲージメント数、コンバージョン数が確認できるので**アクセスの多いチャネル、キャンペーンとコンバージョンの数値が確認しやすいです。**

また、新規ユーザー獲得数を見たい場合は「ライフサイクル＞集客＞ユーザー獲得」のレポートを確認することをお勧めします。

ランキング3 コンバージョンの発生経路の分析をする

「ライフサイクル＞エンゲージメント＞コンバージョン」で確認できるレポート

です。

　まず、コンバージョン画面の表から分析したいコンバージョン名を選択します。

※コンバージョンについてはあらかじめ「設定＞コンバージョン」から設定する必要があります。

※コンバージョン設定の方法は2日目のコンバージョン設定を参照してください。

●エンゲージメント＞コンバージョン

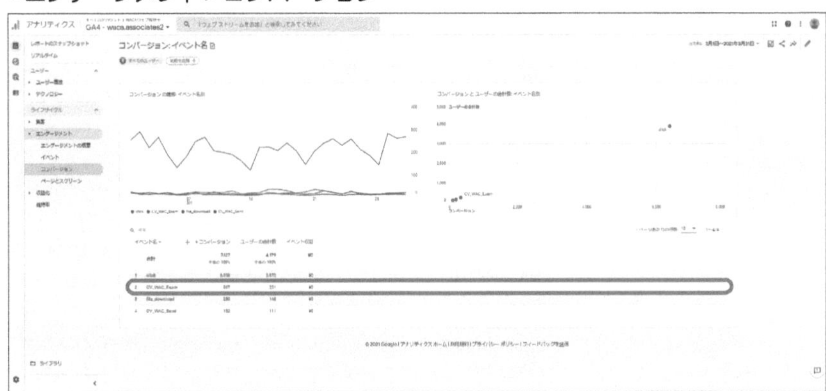

　ここでは「CV_WAC_Exam」を一例として解説していきます。

　コンバージョン画面の表から「CV_WAC_Exam」をクリックすると、「CV_WAC_Exam」単体のコンバージョンレポートが表示されます。

●コンバージョンレポート画面

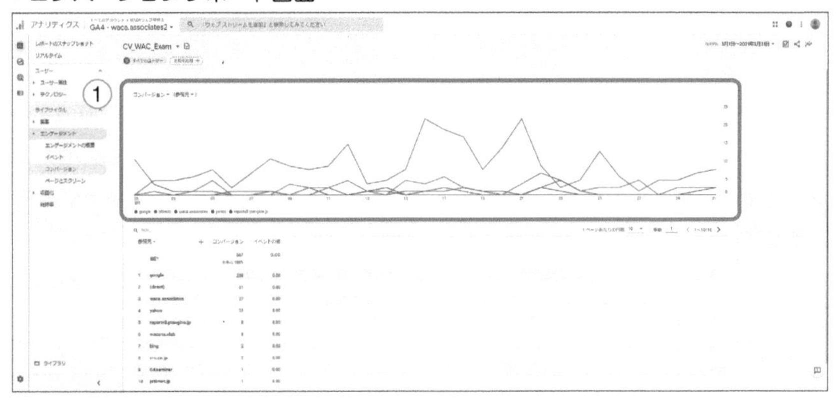

コンバージョンレポートでは、コンバージョンの発生数が折れ線グラフと表で表示されます。

① 折れ線グラフ：コンバージョン数の推移：イベントの参照元別

折れ線グラフには、イベントの参照元別にコンバージョン数の多い5件が日別推移で表示されます。横軸が日にち、縦軸がコンバージョン数です。

分析できるディメンションは下記のとおりです。

ディメンション	説明
イベントの参照元	トラフィックの流入元です。例えば、検索エンジン(Google)やドメイン(example.com)を指します。
イベントのメディア	参照元の一般的な分類です。オーガニック検索(organic)、クリック単価による有料検索(cpc)、ウェブサイトからの紹介(referral)などです。
イベントのキャンペーン	Google広告キャンペーンやutm_campaignパラメータを使用して、手動でタグ設定したカスタムキャンペーンの名前です。
イベント - Google広告の広告グループID	Google広告の広告グループIDです。
イベント - Google広告の広告グループ名	Google広告の広告グループの名前です。
イベント - Google広告の広告ネットワークタイプ	広告の表示場所です。
イベントのキャンペーンクリエイティブID	Google広告のキャンペーンクリエイティブIDです。

主にどの経路からコンバージョンが発生しているのかを、さまざまな粒度のディメンションで確認できます。ディメンションの右隣の「＋」を選択すると、セカンダリディメンションとして年齢、性別、デバイスなどさらに細かく分析することもできます。

また、レポート右上にある期間から「比較」を選択すると過去との比較もできます。

ランキング4 イベントから計測しているイベントを確認する

「ライフサイクル＞エンゲージメント＞イベント」で確認できるレポートです。

エンゲージメントのイベントレポートは、①イベント発生数を折れ線グラフ、②散布図、③表の3つの方法で表示されます。

●イベントレポートダッシュボード画面

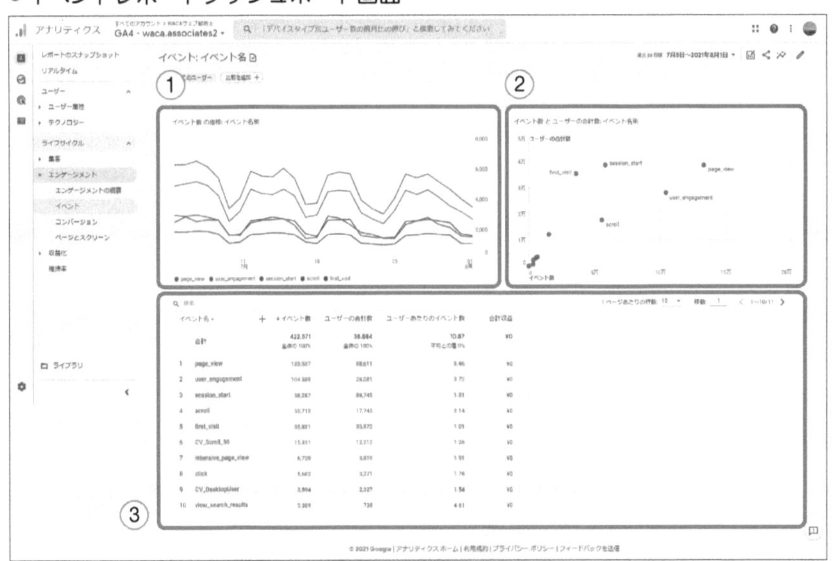

分析できるディメンションは、イベントのみとなります。

イベントレポートでは、デフォルトで適用されているpage_view、scrollやオリジナルで作成したイベントがイベント数、ユーザーの合計数、ユーザーあたりのイベント数、合計収益で表示されます。

GA4では大半のデータがイベントベースで計測されるので、データの集計が行われているかを調査するために必要なレポートとなります。

オリジナルの分析を行うためには、オリジナルのイベント設定を行うことが重要です。

① 折れ線グラフ：イベント数の推移：イベント名別

折れ線グラフには、イベント別でイベント発生数の多い5件が日別推移で表示されます。**イベント別にイベント発生数の推移が把握できるようになります。**横軸が日にち、縦軸がイベント数です。

② 散布図：イベント数とユーザーの合計数：イベント名別

散布図には、縦軸にユーザーの合計数、横軸にイベント数、それらを掛け合わせて数値の高いイベントが表示されます。

イベントの発生数が多く、ユーザー数の総数も多いイベントが把握できます。

③ 表：イベント名

GA4のデフォルト設定と事前に設定を行ったイベント数、ユーザーの合計数、ユーザーあたりのイベント数、eコマース設定をしていた場合は合計収益が表で確認できます。

イベント発生数を俯瞰で確認することができます。

ランキング5 ページとスクリーンからアクセスしているページを見つける

「ライフサイクル>エンゲージメント>ページとスクリーン」で確認できるレポートです。

ページとスクリーンレポートは、①ページの表示回数が棒グラフ、②ユーザーと表示回数の散布図、③表の3つの方法で表示されます。

●ページとスクリーンレポート画面

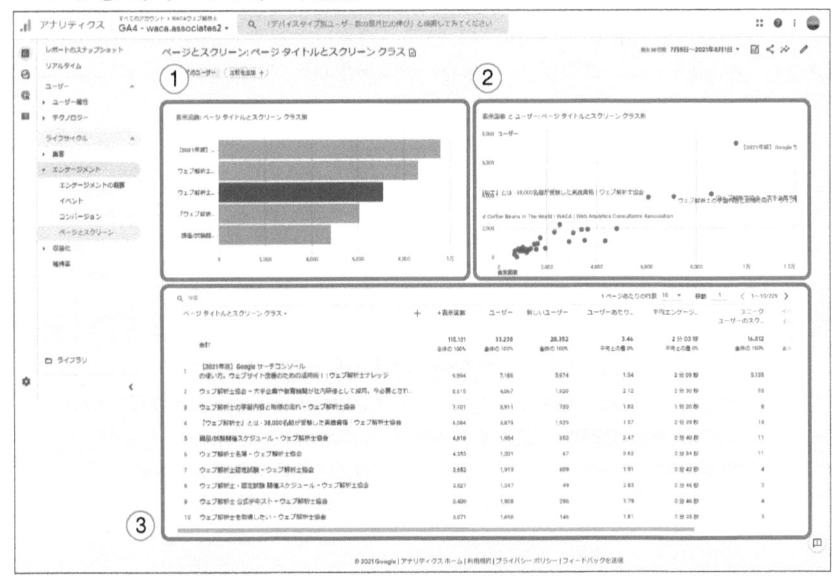

ユニバーサルアナリティクスにおける「行動＞サイトコンテンツ＞すべてのページやディレクトリレポート」と似たような分析が行えます。

① 棒グラフ：表示回数：ページタイトルとスクリーンクラス別

棒グラフには、期間内にウェブサイトやアプリにアクセスした上位のページタイトルかスクリーンクラスデータが表示されます。

上位アクセスとなるページを把握できます。

② 散布図：表示回数とユーザー：ページタイトルとスクリーンクラス別

散布図には、縦軸にユーザーの合計数、横軸に表示回数、それらを掛け合わせて数値の高いページタイトルやスクリーンクラスが表示されます。

表示回数が多く、ユーザー数の総数も多いイベントが把握できます。

③ 表：ディメンションと指標

ページタイトルとスクリーンクラス、ページ階層とスクリーンクラス、ページタイトルとスクリーン名、コンテンツグループなど、ページタイトルのような項目別のユーザー数や平均エンゲージメント時間、コンバージョン数が確認できるので、アクセスの多いページやスクリーンの数値が確認しやすいです。

分析できるディメンションは下記のとおりです。

ディメンション	説明
ページタイトルとスクリーンクラス	ウェブサイトのタイトル、またはアプリのスクリーンクラス
ページ階層とスクリーンクラス	ウェブページのパスと、アプリのデフォルトのスクリーンクラス
ソース	ウェブページのタイトルと、アプリのデベロッパー指定のスクリーン名
コンテンツグループ	ユーザー定義によるコンテンツの集まり

このようにページとスクリーンレポートでは、**ページ別の分析ができ主要ページの把握**が可能です。

まとめ

本項で紹介したダッシュボードでは、集客チャネル、訪問ページ、発生イベントなどを見て、分析対象サービスの現在を把握できます。これらのレポートを定期的に見ながら、サービスの現状を把握しましょう。

2 レポートーレポートのスナップショット

レポートのスナップショットは、主要となる指標を一目で把握できるダッシュボードとして利用することができます。

2-1 レポートのスナップショット

POINT!

- 主要指標が一目で把握できるダッシュボード機能
- 独自にカスタマイズすることも可能

レポートのスナップショットは、「レポート」の一番最初に表示される項目です。サイトやアプリの状況を一目で把握できます。

ダッシュボードとして活用

レポートのスナップショットではユーザー数やリアルタイム、セッションメディア、コンバージョンなど**重要な指標を一目で把握でき、全体のダッシュボードとして利用できます。**各カードの右下に表示されている「〜を表示」というテキストボタンをクリックすると詳細レポート画面に遷移します。

●レポートのスナップショット画面（デフォルト）

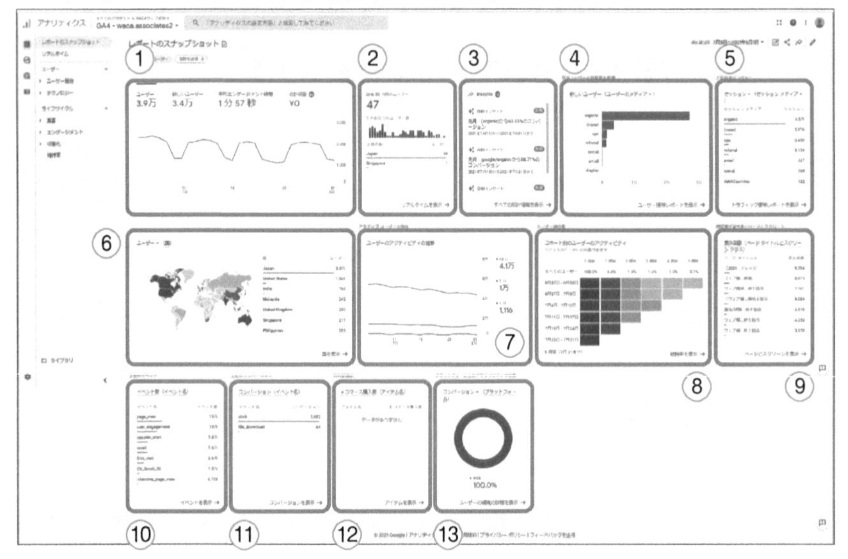

デフォルトで表示されるカードは下記の通りです。

① 概要

全ユーザー・新しいユーザー・平均エンゲージメント時間・合計収益の推移を確認できます。

② リアルタイム

過去30分間に訪問したユーザーを国別に確認できます。

③ 分析情報

データに異常な変化や新たな傾向があると検知されて自動的に通知されます。また、事前設定した条件に当てはまった場合にも通知されます。

④ 新しいユーザー（ユーザーのメディア）

新しいユーザー数をメディア別に確認できます。ユーザーの参照元や参照元／メディアに切り替えることも可能です。

⑤ セッション（セッションメディア）

　メディア別のアクセスをセッションで確認できます。エンゲージメントがあったセッション数の確認も可能です。

⑥ ユーザー（国）

　アクセスの多いユーザーの国が表示されます。ユーザーは新しいユーザー、リピーターに切り替えることも可能です。

⑦ ユーザーのアクティビティの推移

　ユーザーのアクティビティの推移を、1日、7日、30日別で確認できます。

⑧ コホート別のユーザーのアクティビティ

　ユーザーの維持率を1週間ごとで確認することができます。

⑨ 表示回数（ページタイトルとスクリーンクラス）

　ページタイトルとスクリーンクラス別の表示回数をランキング形式で確認できます。

⑩ イベント数（イベント名）

　イベントの発生回数をランキング形式で確認できます。

⑪ コンバージョン（イベント名）

　コンバージョンの発生回数をランキング形式で確認できます。

⑫ eコマース購入数（アイテム名）

　ユーザーが購入したアイテム名別の購入数を確認できます。

⑬ コンバージョン（プラットフォーム）

　コンバージョンの発生したプラットフォーム（ウェブやアプリ）を確認できます。

スナップショットのカスタマイズ

レポートのスナップショットは、独自のレポートにカスタマイズすることが可能です。

「レポートをカスタマイズ」をクリックしてレポートをカスタマイズします。レポートのカスタマイズについては、3日目の6節「ライブラリ」で詳しく解説するので、ここでは簡単に紹介します。

●レポートをカスタマイズ①

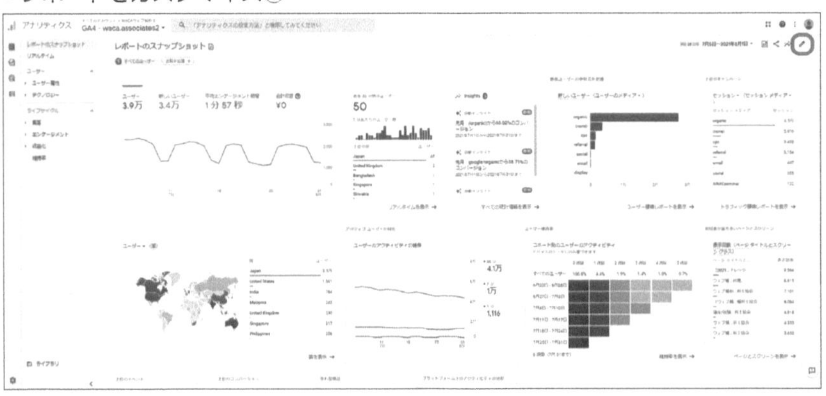

右側にある「鉛筆」ボタンをクリックすることでレポートをカスタマイズできます。

●レポートをカスタマイズ②

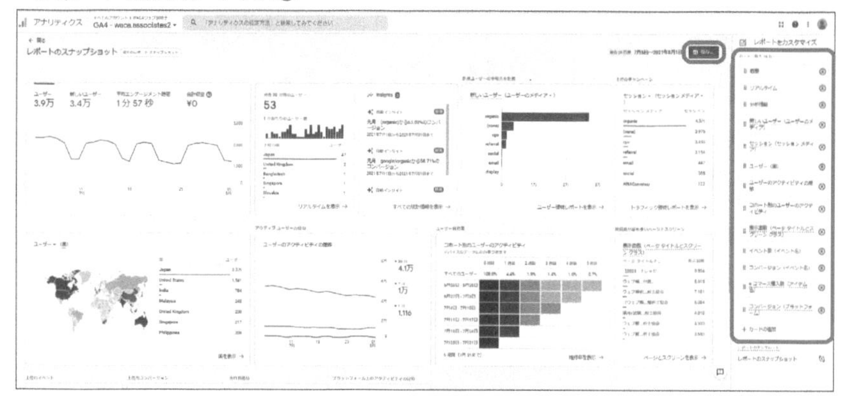

カスタマイズ画面では、既存のカードを削除したり、新しいカードを追加したりすることで、独自のスナップショットを作成することができます。作成できたら「保存」ボタンでレポートを保存できます。

3 レポート―リアルタイム

リアルタイムレポートでは、サイトやアプリに訪れているユーザーの行動データをリアルタイムで確認することができます。

3-1 リアルタイムの概要

POINT!

- 計測タグ設置後にデータが正しく計測できているか確認できる
- SNS投稿やキャンペーンの影響を瞬時に確認できる

リアルタイムレポートで参照できる情報

リアルタイムレポートを活用することで、今現在ウェブサイトに訪れているユーザーの数は何人か、表示されているページ、参照元、そしてコンバージョンを含めて発生したイベントが確認できます。

参照できるデータ一覧

1. 過去30分間のユーザー
2. ユーザー(参照元別)
3. ユーザー(オーディエンス別)
4. 表示回数(ページタイトルとスクリーン名別)
5. イベント数(イベント名別)
6. コンバージョン(イベント名別)
7. ユーザー(ユーザープロパティ別)

●リアルタイムレポートダッシュボード画面

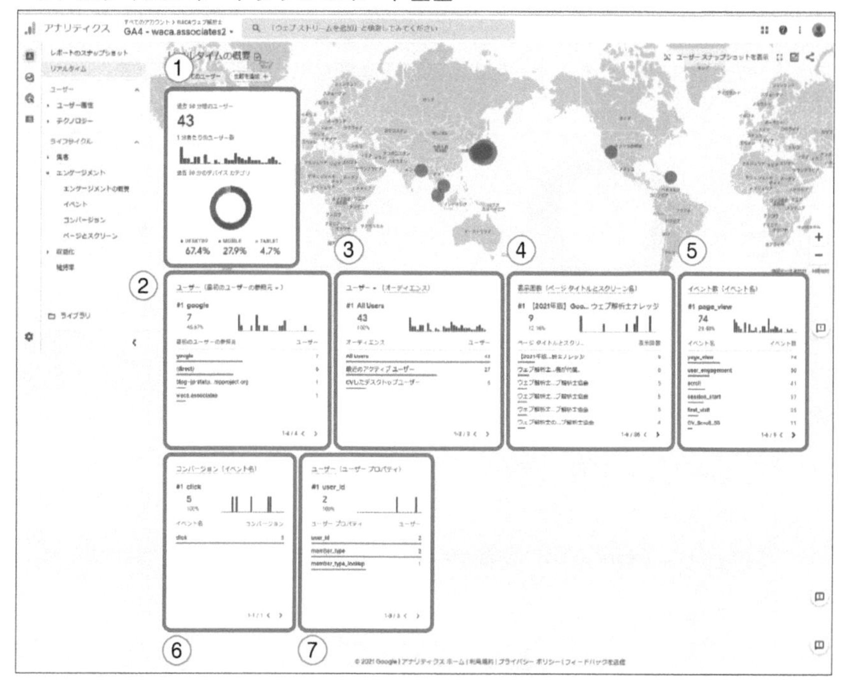

① 過去30分間のユーザー

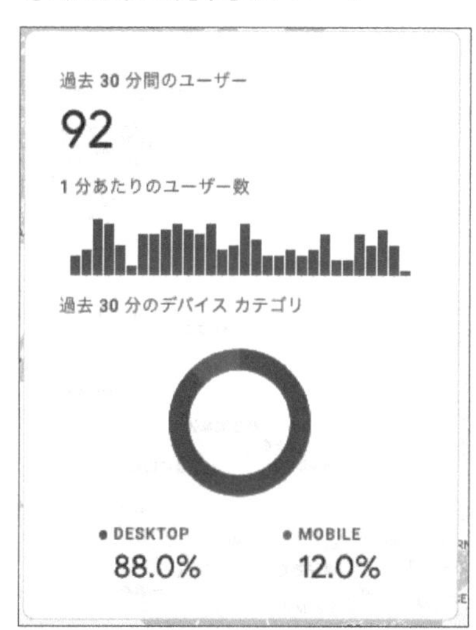

過去30分間における1分あたりのユーザー数の推移が見られるほか、見ているユーザーのデバイスの割合が確認できます。

グラフにマウスオーバーをすることで詳細な数の確認も可能です。

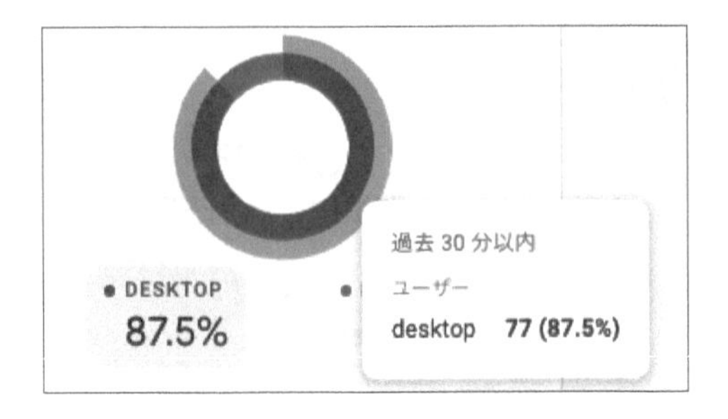

② ユーザー(参照元別)

ユーザーがサイトやアプリにどこから訪れたのかを確認できます。

また、[最初のユーザーの参照元] の横にある「▼」をクリックすると、参照元・メディア・キャンペーンに項目を切り替えることが可能です。

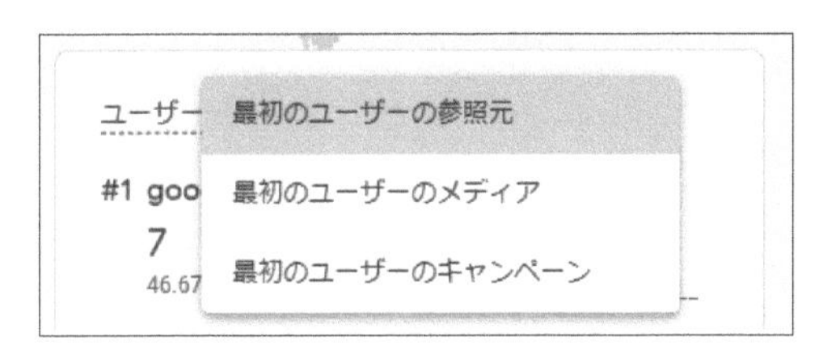

③ ユーザー（オーディエンス別）

ユーザーが属しているオーディエンスごとのユーザー数を確認できます。オーディエンスに関しては別途、「設定＞オーディエンスのレポート」で指定可能です。

④ 表示回数（ページタイトルとスクリーン名別）

ユーザーが表示したウェブページやアプリスクリーン表示回数、割合を、ページタイトルやスクリーン名別に確認できます。

⑤ イベント数（イベント名別）

ユーザーがイベントを発生させた回数や割合が、イベント名別に確認できます。

⑥ コンバージョン（イベント名別）

ユーザーがコンバージョンイベントを発生させた回数を確認できます。

⑦ ユーザー(ユーザー プロパティ別)

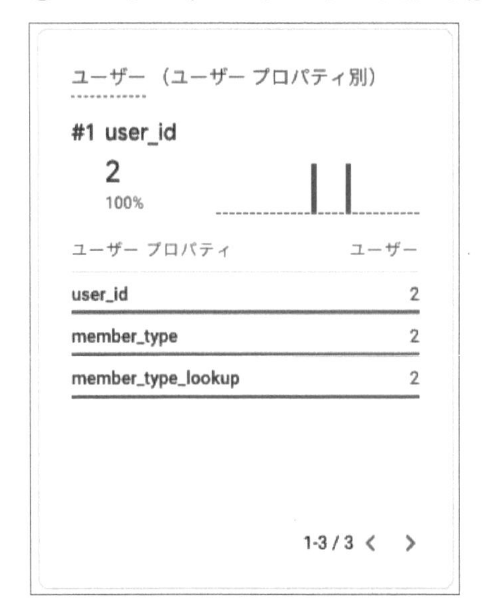

プロパティ別のユーザーの合計数を確認できます。

リアルタイムレポートは、初期設定時にデータが適切に取得されているか、新しいコンテンツが閲覧されているか、SNSの投稿やキャンペーンがトラフィックに影響を与えているか、などを瞬時に確認することができます。はじめてGA4プロパティを設置した際は、まずリアルタイムレポートを確認してみましょう。

4 レポート —ユーザー

ユーザーではサイト閲覧しているユーザーの年齢、性別、時間、場所、デバイス、ブラウザなどを確認できます。どのようなユーザーがアクセスし、閲覧やコンバージョンしているのかを分析しましょう。

4-1 ユーザー属性

POINT!

- 「ユーザー属性」では、ユーザーがアクセスしている場所や時間、年齢、性別、趣味嗜好など、全体像を把握できる
- 属性別に、ユーザーがどんなイベント（クリック、コンバージョン、エンゲージメント）をしているか把握することができる

「ユーザー属性」では、ユーザーの種類や属性を把握することができます。属性別にサイト上でどんな行動（イベント）をしているかを見ていきましょう。

ユーザー属性サマリー

ユーザー属性サマリーでは、以下のデータを確認できます。

1. ユーザー（国）
2. 過去30分間のユーザー
3. ユーザー（市区町村）

4. ユーザー(性別)
5. ユーザー(インタレストカテゴリ)
6. ユーザー(年齢)
7. ユーザー(言語)

●ユーザー属性サマリーの画面

① ユーザー(国)

ユーザーをクリックすると、「新しいユーザー」「リピーター」を選択することができ、それぞれのデータを表示することができます。

●ユーザー(国)拡大図(ユーザーにマウスポインタを合わせたときの表示)

地図上の任意の国の上にマウスポインタを合わせると、該当期間のその国のユーザー数が表示されます。

詳細データを見るときは、「国を表示」をクリックします。

●ユーザー(国)拡大図(日本にマウスポインタを合わせたときの表示例)

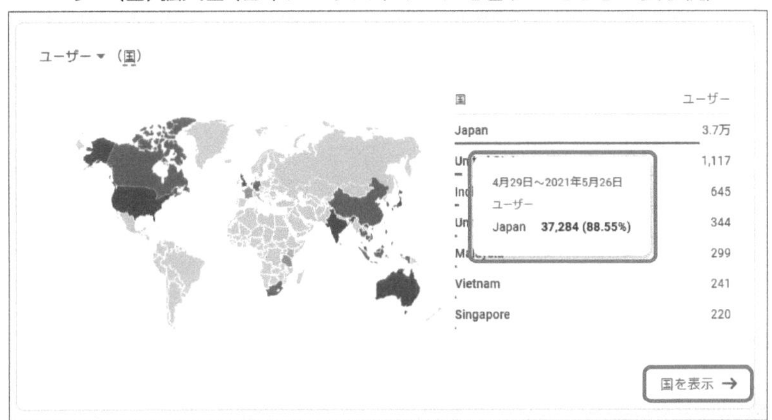

● ユーザー属性の詳細

「国を表示」をクリックすると表示されるユーザー属性の詳細では、概要で選択した「国」「言語」などのユーザーデータの詳細が表示されます。

「過去30分間のユーザー」については、詳細が表示されるのではなく、リアルタイムの概要が表示されます。

●ユーザー属性の詳細：国の画面

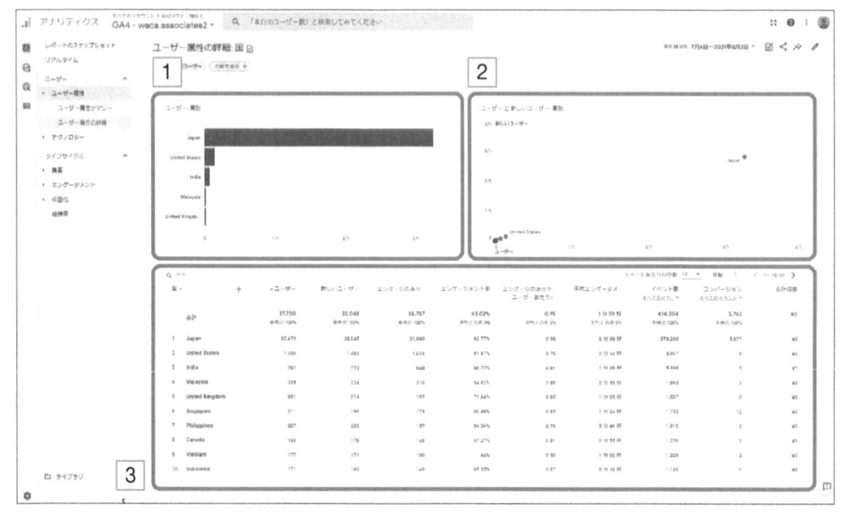

1 ユーザー：国別

国別のユーザー数（上位5位）が棒グラフで表示されます。

2 ユーザーと新しいユーザー：国別

ユーザー数と新しいユーザー数について、国別の分布が散布図で表示されます。

3 国別の表

ディメンションを国として、ユーザーに関するさまざまな指標（ユーザー数、エンゲージメントのあったセッション数、エンゲージメント率、イベント数、コンバージョン数など）を一覧で見ることができます。

この指標は、**「ユーザー属性」「テクノロジー」で見ることができる指標で、各データで共通**の内容になります。

例えば、「ユーザー（年齢別）」「ユーザー（ブラウザ別）」でも同じ指標でデータを見ることができます。

また、ディメンションの右にある青い「+」をクリックすると、セカンダリディメンションを設定することができます。

● ユーザー属性の詳細（国別）拡大図（セカンダリディメンション選択時の表示例）

検索　　1ページあたりの行数: 10　移動: 1　1〜10/31

ユーザー　検索
その他　オーディエンス
カスタム（イベント スコープ）　年齢
カスタム（ユーザー スコープ）　市区町村
デバイス　性別
ページ / スクリーン　言語
ユーザー獲得　地域
セッション獲得　ユーザー ID でログイン済み
言語コード

	国				エンゲージメン…	エンゲージのあっ…ユーザーあたり）	平均エンゲージ…	イベン… すべての
	合計				63.02% 平均との差 0%	0.95 平均との差 0%	1分 59 秒 平均との差 0%	414. 全体の
1	Japan				62.77%	0.98	2分 09 秒	37
2	United States				61.67%	0.70	0分 44 秒	[illegible]
3	India				66.77%	0.81	1分 06 秒	[illegible]
4	Malaysia				64.62%	0.89	0分 55 秒	[illegible]
5	United Kingdom	231	214	197	71.64%	0.85	1分 05 秒	[illegible]
6	Singapore	211	196	179	60.68%	0.85	1分 04 秒	[illegible]
7	Philippines	207	203	157	64.34%	0.76	0分 46 秒	[illegible]
8	Canada	183	178	148	67.27%	0.81	0分 55 秒	[illegible]
9	Vietnam	177	171	160	64%	0.90	1分 03 秒	[illegible]
10	Indonesia	171	163	149	65.35%	0.87	0分 48 秒	[illegible]

② 過去30分間のユーザー

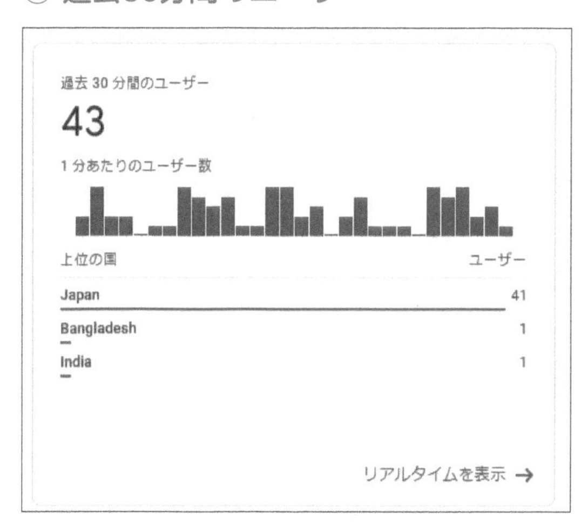

過去30分間に訪れたユーザー数を国別に確認できます。

③ ユーザー（市区町村）

ユーザー ▾ （市区町村）

市区町村	ユーザー
Yokohama	4,898
Osaka	3,964
Shinjuku City	2,171
Minato City	2,071
Nagoya	1,741
Chiyoda City	1,611
Setagaya City	1,258

都市を表示 →

市区町村別のユーザー数を確認できます。「都市を表示」をクリックすると、「ユーザー属性の詳細：市区町村」が表示されます。

●ユーザー属性の詳細：市区町村の画面

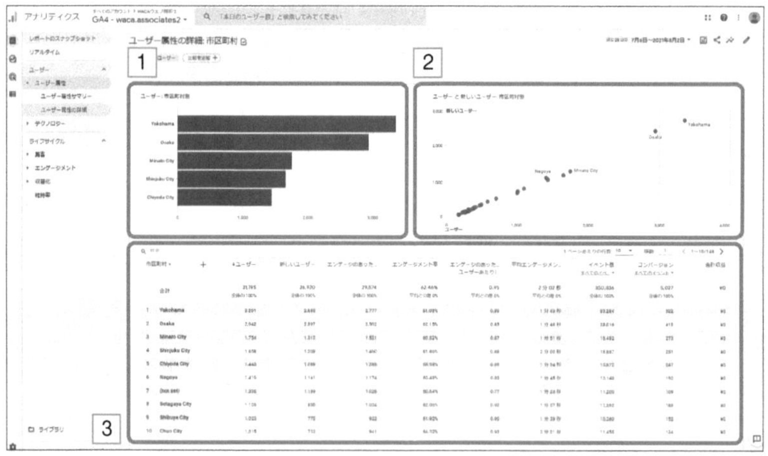

1 ユーザー：市区町村別

市区町村別のユーザー数（上位5位）が棒グラフで表示されます。

2 ユーザーと新しいユーザー：市区町村別

ユーザーと新しいユーザーについて、市区町村別の人数が散布図で表示されます。

3 市区町村別の表

ディメンションを市区町村として、ユーザーに関するさまざまな指標（ユーザー数、エンゲージメント数・率、イベント数、コンバージョン数など）を一覧で見ることができます。任意のセカンダリディメンションも設定できます。

④ ユーザー（性別）

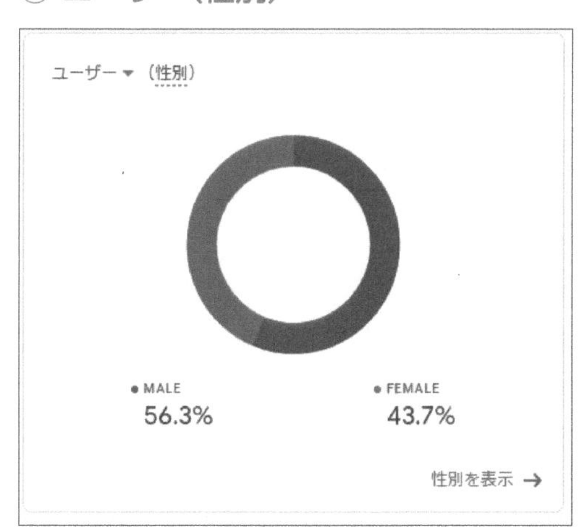

判別できた男性と女性のユーザーの割合を確認できます。「性別を表示」をクリックすると、「ユーザー属性の詳細：性別」が表示されます。

●ユーザー属性の詳細：性別の画面

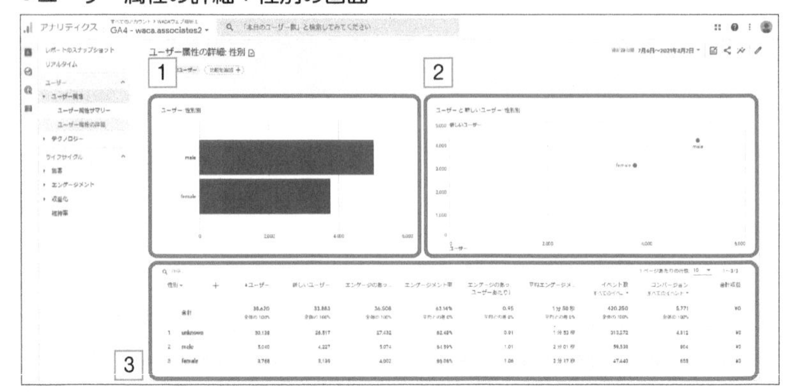

1 ユーザー：性別別

男女別のユーザー数が棒グラフで表示されます。

2 ユーザーと新しいユーザー：性別別

ユーザーと新しいユーザーについて、男女別の人数が散布図で表示されます。

3 性別の表

ディメンションを性別（不明、男性、女性）として、ユーザーに関するさまざまな指標（ユーザー数、エンゲージメント数・率、イベント数、コンバージョン数など）を一覧で見ることができます。任意のセカンダリディメンションを設定することもできます。

⑤ ユーザー（インタレストカテゴリ）

ユーザー ▾ （インタレスト カテゴリ）

インタレスト カテゴリ	ユーザー
Shoppers/Value Shoppers	6,464
Media & Entert.../Movie Lovers	6,229
Technology/Technophiles	6,117
Lifestyles & H...ng Enthusiasts	5,829
Technology/Mobile Enthusiasts	5,494
Lifestyles & H...s/Shutterbugs	5,490
Travel/Business Travelers	5,401

インタレスト カテゴリを表示 →

Googleが、ユーザーに対して分類した興味や関心のあるジャンルをユーザー数別に確認できます。「インタレストカテゴリを表示」をクリックすると、「ユーザー属性の詳細：インタレストカテゴリ」が表示されます。

●ユーザー属性の詳細：インタレストカテゴリの画面

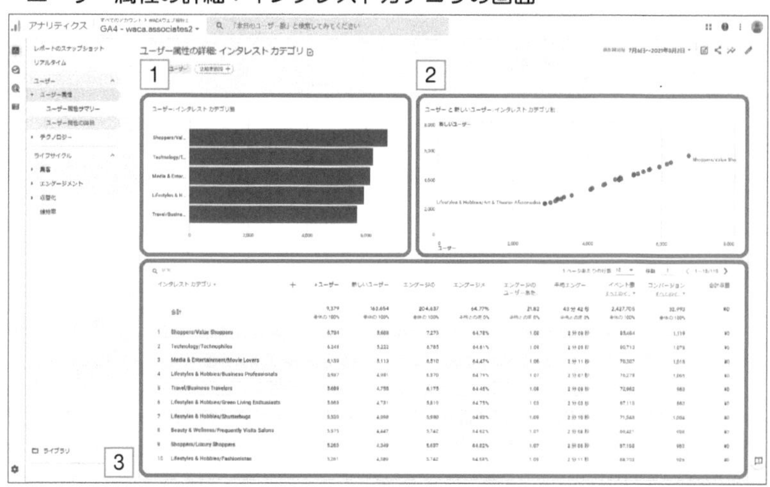

1 ユーザー：インタレストカテゴリ別

インタレストカテゴリ別のユーザー数（上位5位）が棒グラフで表示されます。

2 ユーザーと新しいユーザー：インタレストカテゴリ別

ユーザーと新しいユーザーについて、インタレストカテゴリ別の人数が散布図で表示されます。

3 インタレストカテゴリ別の表

ディメンションをインタレストカテゴリ別として、ユーザーに関するさまざまな指標（ユーザー数、エンゲージメント数・率、イベント数、コンバージョン数など）を一覧で見ることができます。任意のセカンダリディメンションを設定することもできます。

⑥ ユーザー（年齢）

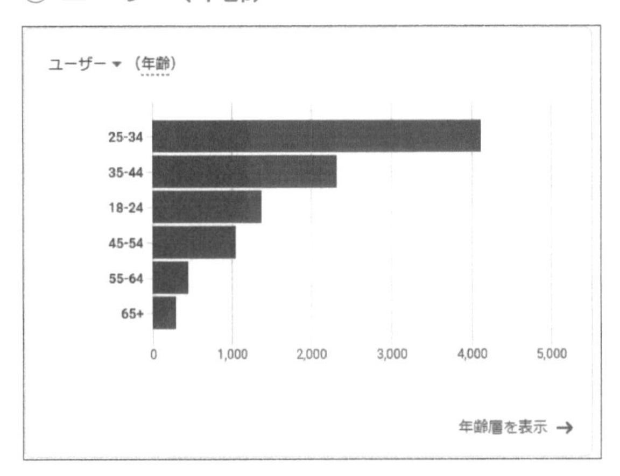

18～24、25～34、35～44、45～54、55～64、65歳以上の年齢層別のユーザー数を確認できます。「年齢層を表示」をクリックすると、「ユーザー属性の詳細：年齢」が表示されます。

●ユーザー属性の詳細：年齢の画面

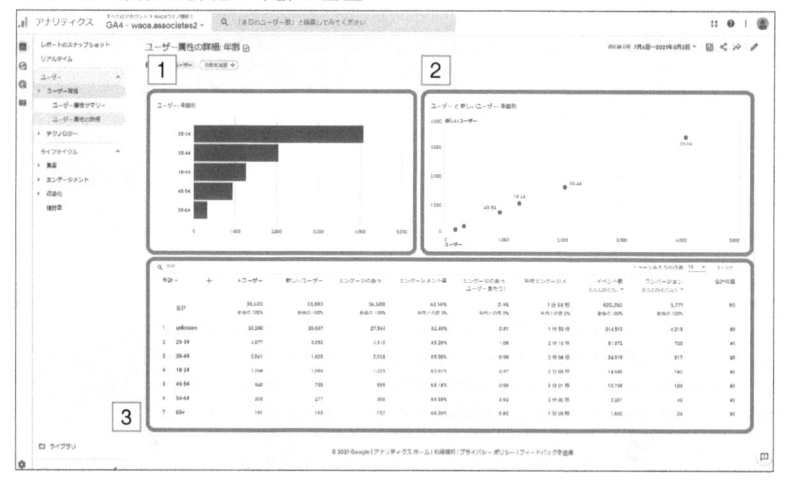

1 ユーザー：年齢別

年齢層別のユーザー数（上位5位）が棒グラフで表示されます。

2 ユーザーと新しいユーザー：年齢別

ユーザーと新しいユーザーについて、年齢層別の人数が散布図で表示されます。

3 年齢別の表

ディメンションを年齢層別として、ユーザーに関するさまざまな指標（ユーザー数、エンゲージメント数・率、イベント数、コンバージョン数など）を一覧で見ることができます。任意のセカンダリディメンションを設定することもできます。

⑦ ユーザー(言語)

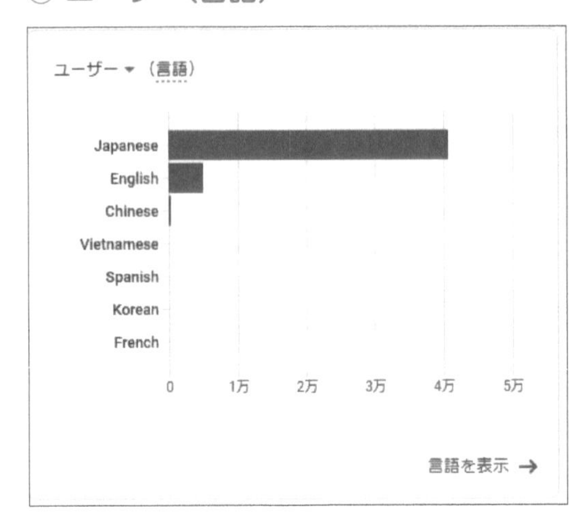

訪れたユーザーのブラウザの言語設定から、言語を取得して表示します。「言語を表示」をクリックすると、「ユーザー属性の詳細：言語」が表示されます。

●ユーザー属性の詳細：言語の画面

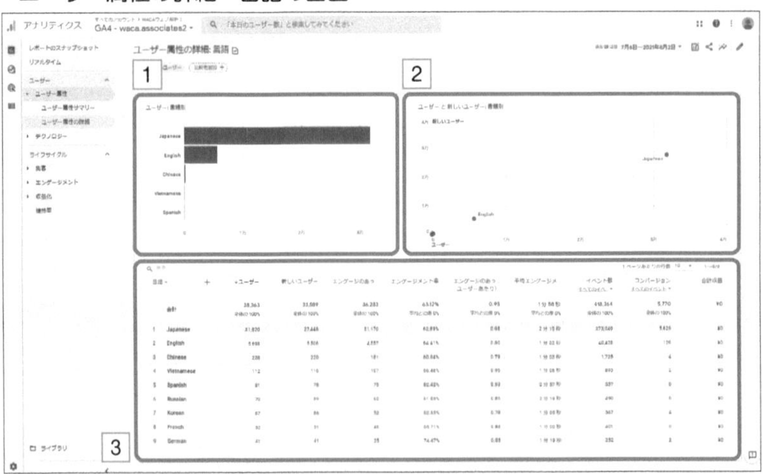

1 ユーザー：言語別

言語別のユーザー数（上位5位）が棒グラフで表示されます。

2 ユーザーと新しいユーザー：言語別

ユーザーと新しいユーザーについて、言語別の人数が散布図で表示されます。

3 言語別の表

ディメンションを言語別として、ユーザーに関するさまざまな指標（ユーザー数、エンゲージメント数・率、イベント数、コンバージョン数など）を一覧で見ることができます。任意のセカンダリディメンションを設定することもできます。

4-2 テクノロジー

POINT!

・「テクノロジー」では、ユーザーがどんなデバイス、ブラウザ、アプリのバージョンでアクセスしているかを確認できる
・ユーザーがどの環境からアクセスしているのか、どんなイベント（クリック、コンバージョン、エンゲージメント）をしているかも把握できる

「テクノロジー」では、ユーザーがどんな環境（デバイス、ブラウザ等）からアクセスし、どんな行動（イベント）をしているかを見ていきましょう。

ユーザーの環境と概要

ユーザーの環境と概要では、ユーザー環境についてのデータが分かります。具体的には、下記のデータが確認できます。

1. ユーザー（プラットフォーム）
2. 過去30分間のユーザー
3. ユーザー（オペレーティングシステム）
4. ユーザー（プラットフォーム/デバイスカテゴリ）
5. ユーザー（ブラウザ）
6. ユーザー（デバイスカテゴリ）
7. ユーザー（画面の解像度）
8. ユーザー（アプリのバージョン）
9. 最新のアプリのリリース概要
10. アプリの安定性の概要
11. ユーザー（デバイスモデル）

「プラットフォーム」は、「ウェブ（PC、タブレット、スマートフォン）」「Android

(アプリ)」「iOS (アプリ)」の3種で、「データストリーム」に設定をしたものが表示されます。

● ユーザーの環境の概要の画面 (アプリあり)
GoogleのDemo Acount GA4 - Flood-It!より

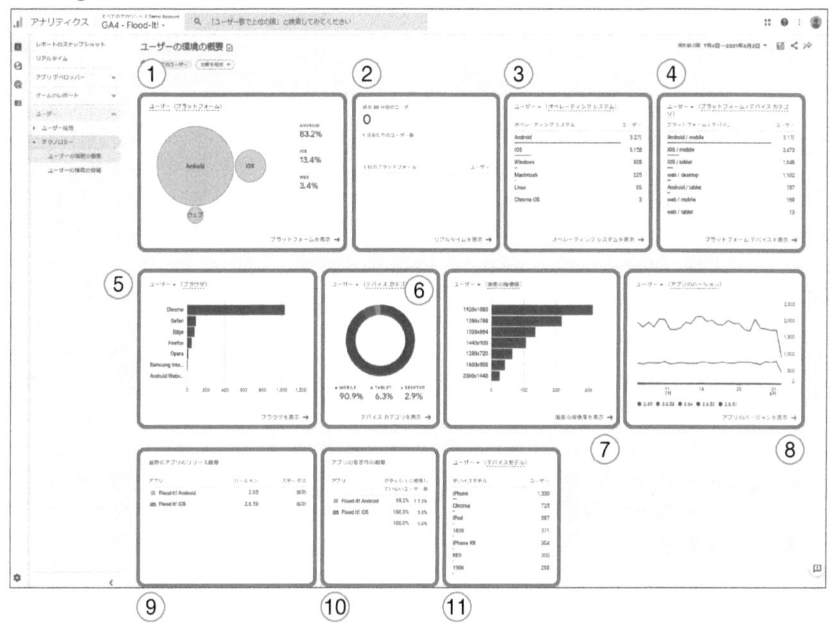

レスポンシブで表示できるスマートフォンサイト (ブラウザで表示) はありますが、「アプリはない」というようなサービスの場合は、プラットフォームが「ウェブ」のみとなるので、アプリに関する情報は表示されません。

下図の例のように、「1.ユーザー (プラットフォーム」) は「ウェブ」が100%となり、「8.ユーザー (アプリのバージョン)」「9.最新のアプリのリリース概要」「10.アプリの安定性の概要」は取得できるデータがないので、データが表示されません。

● ユーザーの環境の概要の画面（アプリなし）

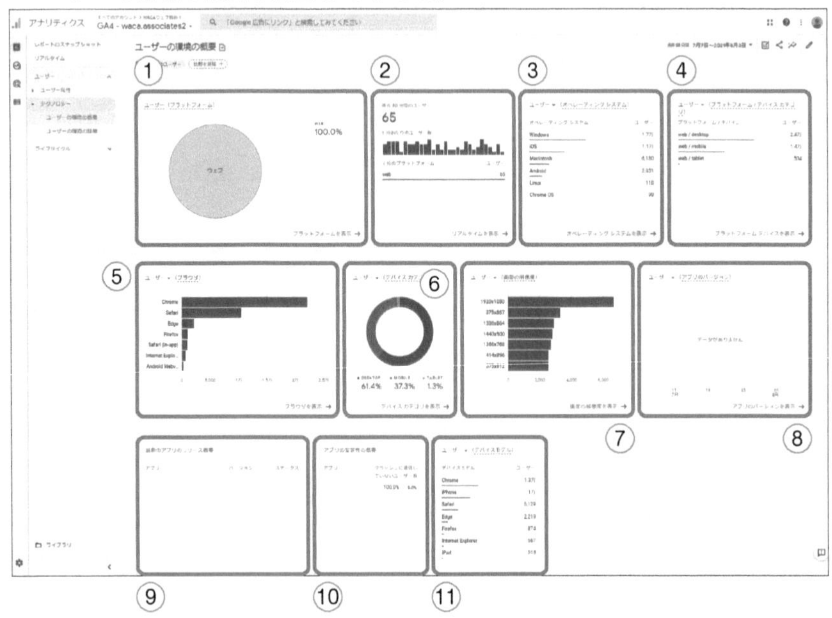

① ユーザー（プラットフォーム）

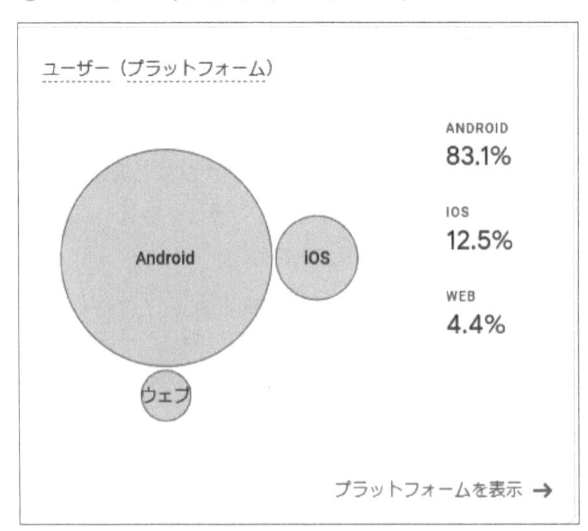

「ウェブ(PC、タブレット、スマートフォン)」「Android(アプリ)」「iOS(アプリ)」のユーザー数の割合が表示されます。

● ユーザー環境の詳細

「プラットフォームを表示」をクリックすると、「ユーザーの環境の詳細：プラットフォーム」が表示されます。

●ユーザーの環境の詳細：プラットフォームの画面

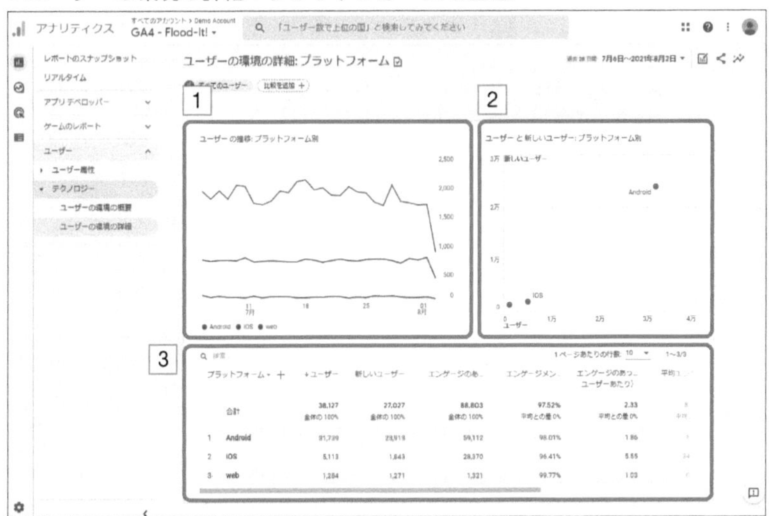

1 ユーザーの推移：プラットフォーム別

プラットフォーム別のユーザー数の推移が折れ線グラフで表示されます。

2 ユーザーと新しいユーザー：プラットフォーム別

ユーザーと新しいユーザーについて、プラットフォーム別の人数が散布図で表示されます。

3 プラットフォーム別の表

ディメンションをプラットフォーム別として、ユーザーに関するさまざまな指標（ユーザー数、エンゲージメント数・率、イベント数、コンバージョン数など）を一覧で見ることができます。任意のセカンダリディメンションを設定することもできます。

② 過去30分間のユーザー

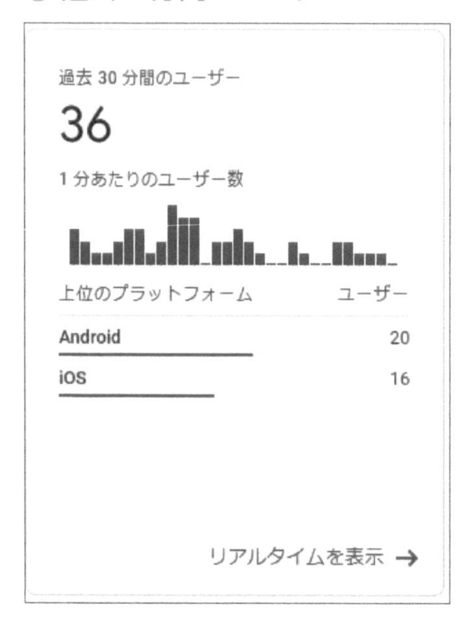

全プラットフォームについて、過去30分間の期間における1分あたりのユーザー数が、棒グラフで表示されます。プラットフォーム別のユーザー数は、過去30分間の合計数が表示されます。

「リアルタイムを表示」をクリックすると、「リアルタイムの概要」が表示されます。

③ ユーザー（オペレーティングシステム）

ユーザー ▾（オペレーティング システム）

オペレーティング システム	ユーザー
Windows	1.8万
iOS	1.5万
Android	6,878
Macintosh	6,704
Linux	237
Chrome OS	107

オペレーティング システムを表示 →

ユーザーがどのOSで訪れたかが表示されます。「オペレーティングシステムを表示」をクリックすると、「ユーザーの環境の詳細：オペレーティングシステム」が表示されます。

●ユーザーの環境の詳細：オペレーティングシステムの画面

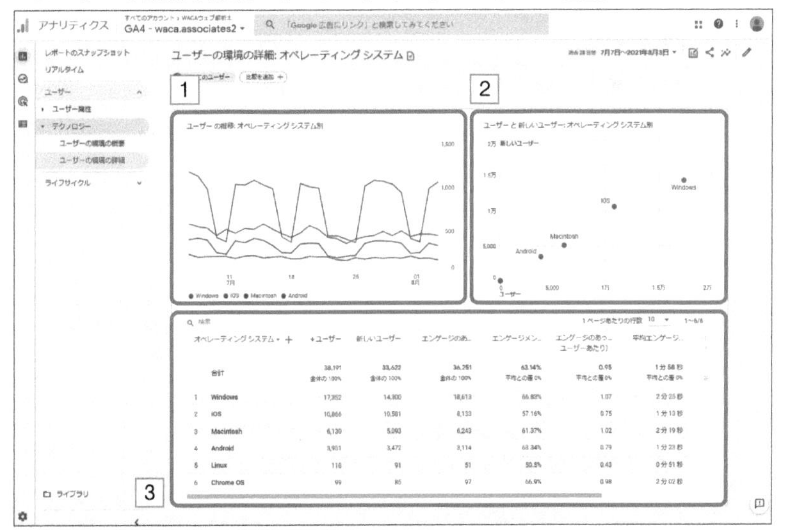

1 ユーザーの推移：オペレーティングシステム別

オペレーティングシステム別のユーザー数の推移が、折れ線グラフで表示されます。

2 ユーザーと新しいユーザー：オペレーティングシステム別

ユーザーと新しいユーザーについて、オペレーティングシステム別の人数が散布図で表示されます。

3 オペレーティングシステム別の表

ディメンションをオペレーティングシステム別として、ユーザーに関するさまざまな指標（ユーザー数、エンゲージメント数・率、イベント数、コンバージョン数など）を一覧で見ることができます。任意のセカンダリディメンションを設定することもできます。

④ ユーザー（プラットフォーム/デバイスカテゴリ）

ユーザー ▾（プラットフォーム / デバイス カテゴリ）

プラットフォーム / デバイ...	ユーザー
Android / mobile	2.5万
iOS / mobile	3,085
web / desktop	1,209
iOS / tablet	854
Android / tablet	801
web / mobile	185
web / tablet	6

プラットフォーム デバイスを表示 →

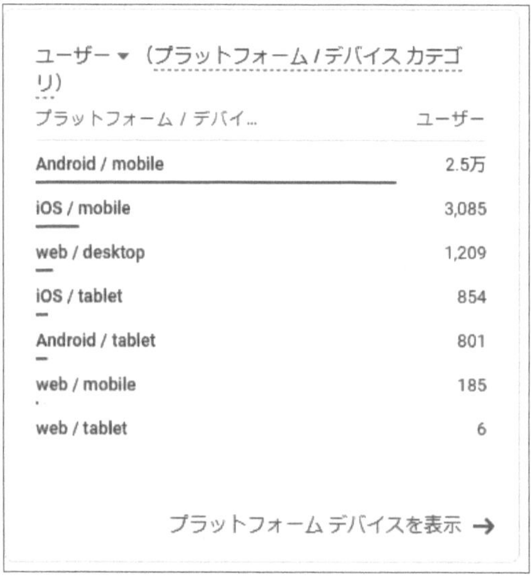

プラットフォームとデバイスカテゴリ（デスクトップ・タブレット・モバイル）の組み合わせでのユーザー数が表示されます。「プラットフォームデバ

イスを表示」をクリックすると、「ユーザーの環境の詳細：プラットフォーム/デバイスカテゴリ」が表示されます。

● ユーザーの環境の詳細：
プラットフォーム/デバイスカテゴリの画面

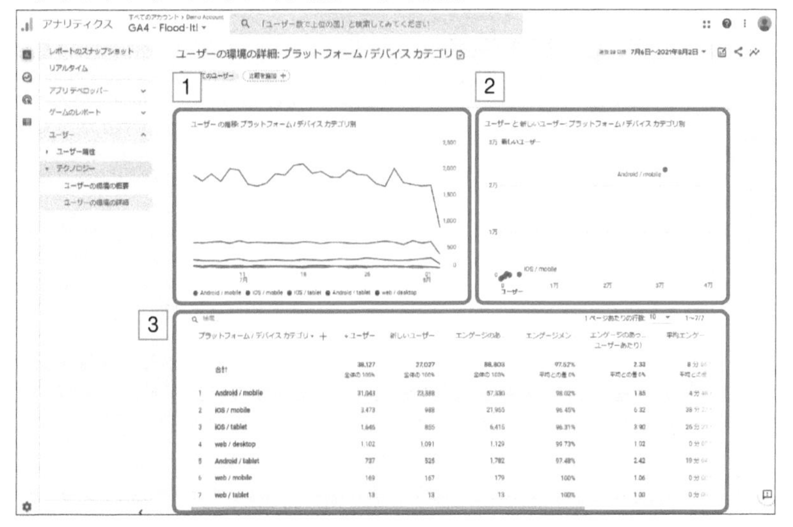

1 ユーザーの推移：プラットフォーム/デバイスカテゴリ別

プラットフォームとデバイスカテゴリの掛け合わせ別（プラットフォーム/デバイスカテゴリ別）のユーザー数の推移が、折れ線グラフで表示されます。

2 ユーザーと新しいユーザー：プラットフォーム/デバイスカテゴリ別

ユーザーと新しいユーザーについて、プラットフォーム/デバイスカテゴリ別の人数が散布図で表示されます。

3 プラットフォーム/デバイスカテゴリ別の表

ディメンションをプラットフォーム/デバイスカテゴリ別として、ユーザーに関するさまざまな指標（ユーザー数、エンゲージメント数・率、イベント数、コンバージョン数など）を一覧で見ることができます。任意のセカンダリディメンションを設定することもできます。

⑤ ユーザー(ブラウザ)

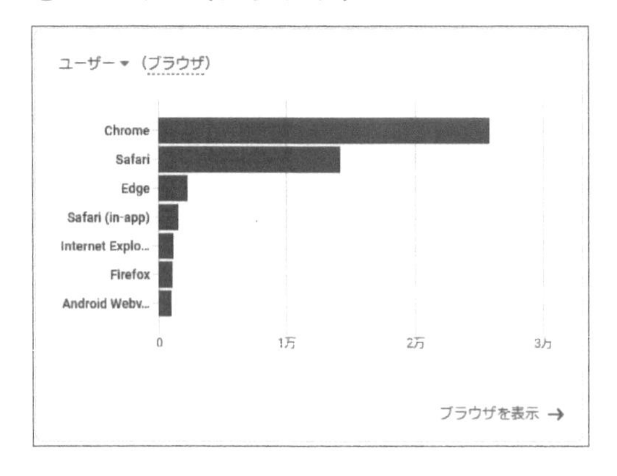

ユーザーが訪れたときに利用していたブラウザが表示されます。「ブラウザを表示」をクリックすると、「ユーザーの環境の詳細：ブラウザ」が表示されます。

●ユーザーの環境の詳細：ブラウザの画面

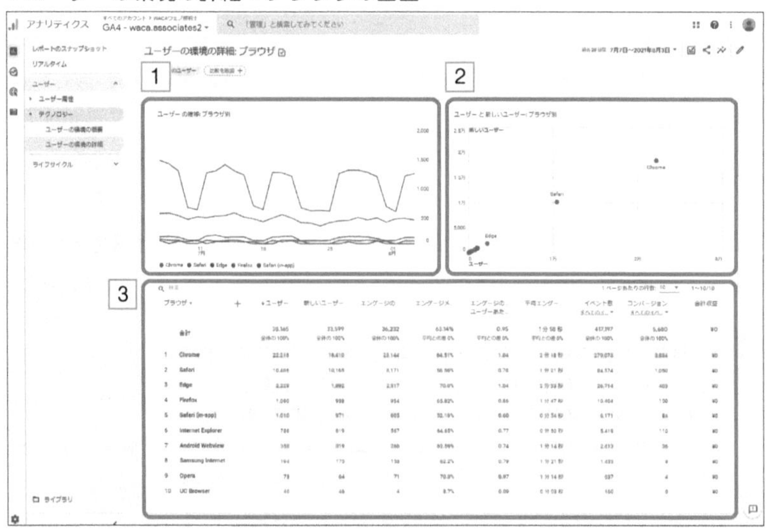

1 ユーザーの推移：ブラウザ別

ブラウザ別のユーザー数の推移が、折れ線グラフで表示されます。

2 ユーザーと新しいユーザー：ブラウザ別

ユーザーと新しいユーザーについて、ブラウザ別の人数が散布図で表示されます。

3 ブラウザ別の表

ディメンションをブラウザ別として、ユーザーに関するさまざまな指標（ユーザー数、エンゲージメント数・率、イベント数、コンバージョン数など）を一覧で見ることができます。任意のセカンダリディメンションを設定することもできます。

⑥ ユーザー（デバイスカテゴリ）

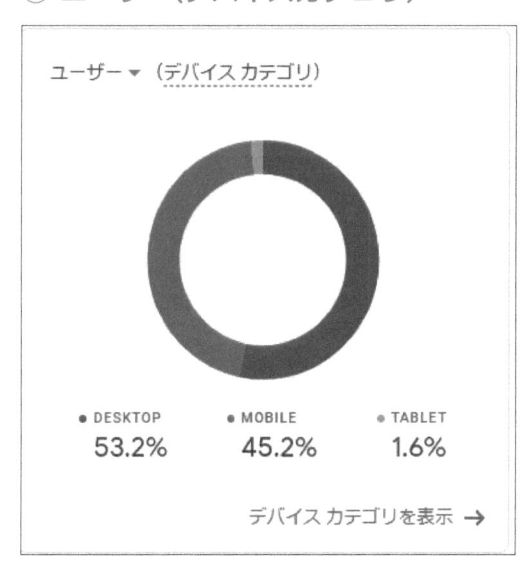

デバイス種別ごとのユーザー比率が表示されます。「デバイスカテゴリを表示」をクリックすると、「ユーザーの環境の詳細：デバイスカテゴリ」が表示されます。

●ユーザーの環境の詳細：デバイスカテゴリの画面

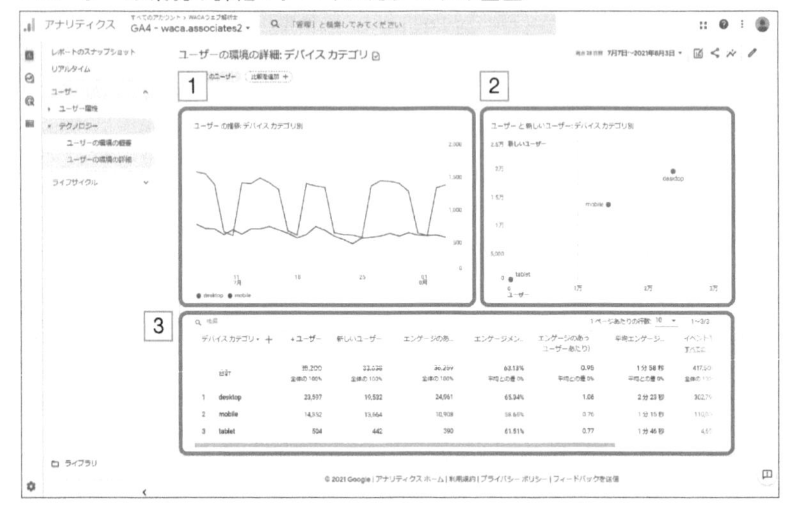

1 ユーザーの推移：デバイスカテゴリ別

デバイスカテゴリ別のユーザー数の推移が、折れ線グラフで表示されます。

2 ユーザーと新しいユーザー：デバイスカテゴリ別

ユーザーと新しいユーザーについて、デバイスカテゴリ別の人数が散布図で表示されます。

3 デバイスカテゴリ別の表

ディメンションをデバイスカテゴリ別として、ユーザーに関するさまざまな指標（ユーザー数、エンゲージメント数・率、イベント数、コンバージョン数など）を一覧で見ることができます。任意のセカンダリディメンションを設定することもできます。

⑦ ユーザー(画面の解像度)

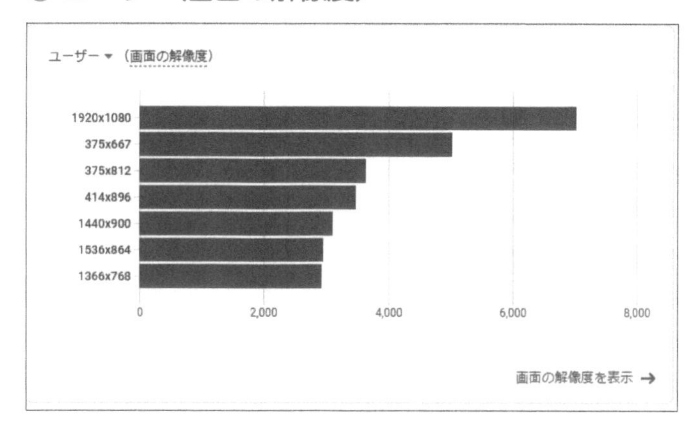

ユーザーが訪問したときの画面の解像度(横ピクセル数×縦ピクセル数)が表示されます。「画面の解像度を表示」をクリックすると、「ユーザーの環境の詳細：画面の解像度」が表示されます。

●ユーザーの環境の詳細：画面の解像度の画面

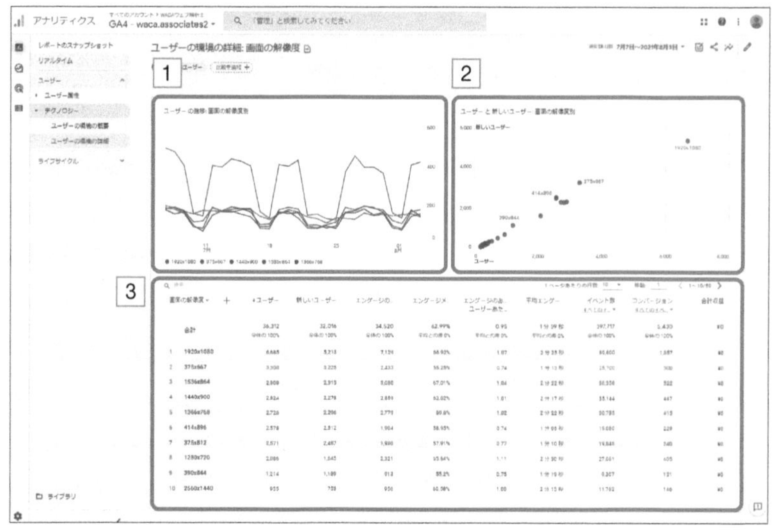

①ユーザーの推移：画面の解像度別

画面の解像度別のユーザー数の推移が、折れ線グラフで表示されます。

②ユーザーと新しいユーザー：画面の解像度別

ユーザーと新しいユーザーについて、画面の解像度別の人数が散布図で表示されます。

③画面の解像度別の表

ディメンションを画面の解像度別として、ユーザーに関するさまざまな指標（ユーザー数、エンゲージメント数·率、イベント数、コンバージョン数など）を一覧で見ることができます。任意のセカンダリディメンションを設定することもできます。

⑧ユーザー（アプリのバージョン）

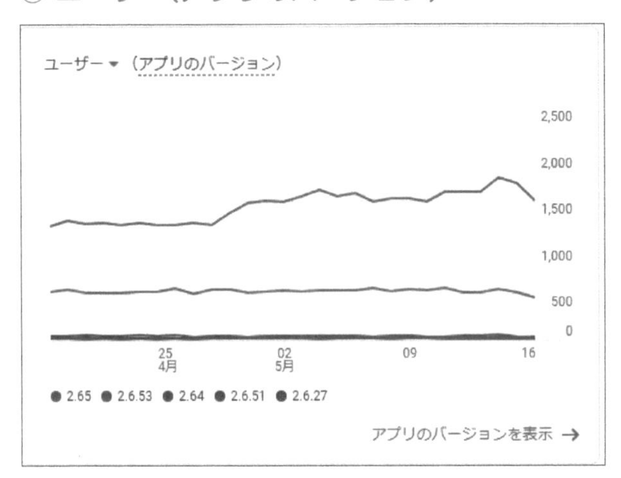

ユーザーが現在利用しているアプリのバージョンが表示されます（アプリの計測をしていない場合は何も表示されません）。「アプリのバージョンを表示」をクリックすると、「ユーザーの環境の詳細：アプリのバージョン」が表示されます。

●ユーザーの環境の詳細：アプリのバージョンの画面

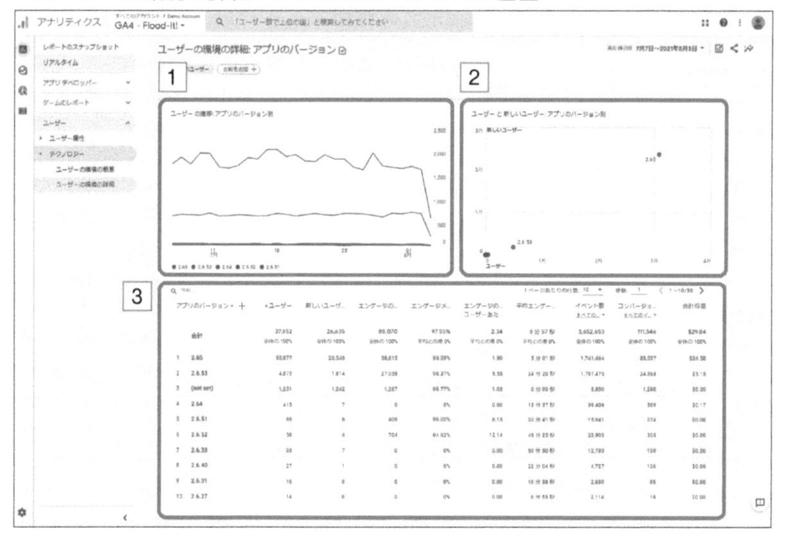

1 ユーザーの推移：アプリのバージョン別

アプリのバージョン別のユーザー数の推移が、折れ線グラフで表示されます。

2 ユーザーと新しいユーザー：アプリのバージョン別

ユーザーと新しいユーザーについて、アプリのバージョン別の人数が散布図で表示されます。

3 アプリのバージョン別の表

ディメンションをアプリのバージョン別として、ユーザーに関するさまざまな指標（ユーザー数、エンゲージメント数・率、イベント数、コンバージョン数など）を一覧で見ることができます。任意のセカンダリディメンションを設定することも可能です。

⑨ 最新のアプリのリリース概要

最新のアプリのリリース概要

アプリ	バージョン	ステータス
Flood-It! Android	2.65	調査が必要
iOS Flood It! iOS	2.6.53	成功

アプリの現在の最新バージョンと反映ステータスが表示されます。

⑩ アプリの安定性の概要

アプリの安定性の概要

アプリ	クラッシュに遭遇していないユーザー数	
iOS Flood It! iOS	99.2%	↓ 0.0%
Flood-It! Android	98.3%	↑ 0.0%
	100.0%	0.0%

アプリでクラッシュに遭遇していないユーザーの割合が表示されます。

⑪ ユーザー（デバイスモデル）

ユーザー ▾ （デバイスモデル）

デバイスモデル	ユーザー
iPhone	1.5万
Chrome	1.4万
Safari	6,713
Edge	2,312
Internet Explorer	1,037
Firefox	835
iPad	419

デバイスのモデルを表示 →

「デバイスのモデルを表示」をクリックすると、「ユーザーの環境の詳細：デバイスモデル」が表示されます。

●ユーザーの環境の詳細：デバイスモデルの画面

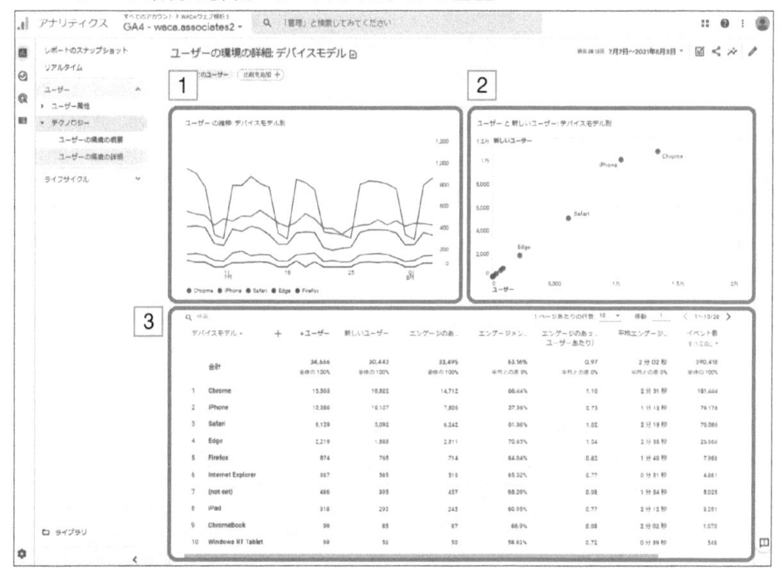

	デバイスモデル	ユーザー	新しいユーザー	エンゲージのあ…	エンゲージメン…	エンゲージのあっ…ユーザーあたり）	平均エンゲージ…	イベント数
	合計	34,666	30,443	33,495	63.16%	0.97	2分02秒	390,418
1	Chrome	13,303	10,822	14,712	66.44%	1.10	2分31秒	181,444
2	iPhone	10,380	10,107	7,806	37.36%	0.73	1分12秒	79,178
3	Safari	6,129	5,092	6,242	61.30%	1.02	2分19秒	70,086
4	Edge	2,219	1,888	2,811	70.65%	1.34	2分38秒	25,666
5	Firefox	874	768	714	64.04%	0.82	1分40秒	7,988
6	Internet Explorer	567	565	516	65.32%	0.77	0分51秒	4,861
7	(not set)	486	305	457	68.29%	0.98	1分54秒	5,028
8	iPad	318	292	245	60.95%	0.77	2分12秒	3,251
9	ChromeBook	99	85	97	66.9%	0.98	2分02秒	1,073
10	Windows RT Tablet	69	52	50	58.82%	0.72	0分39秒	548

1 ユーザーの推移：デバイスモデル別

デバイスモデル別（Chrome、iPhone、Pixel4aなど）のユーザー数の推移が折れ線グラフで表示されます。

2 ユーザーと新しいユーザー：デバイスモデル別

ユーザーと新しいユーザーについて、デバイスモデル別の人数が散布図で表示されます。

3 デバイスモデル別の表

ディメンションをデバイスモデル別として、ユーザーに関するさまざまな指標（ユーザー数、エンゲージメント数・率、イベント数、コンバージョン数など）を一覧で見ることができます。任意のセカンダリディメンションを設定することもできます。

5 レポート ーライフサイクル

ライフサイクルは、GA4で新しく追加された新メニューです。集客からエンゲージメント、収益化、維持率のメニューがあり、ユーザーがサイトやアプリに訪れてリピートするまでの一連の行動サイクルを分析できます。

5-1 集客

POINT!

- ユーザーのアクセス状況や行動が把握できる
- 新規ユーザー獲得数やキャンペーン別のトラフィック数が把握できる

「集客」は、流入元別にユーザー分析ができる項目です。

集客サマリー

集客サマリーでは、ユーザー数・過去30分間のユーザー・新しいユーザー・セッション/メディア別・セッション／キャンペーン別など、複数の概算指標が確認可能です。

概要では初期表示で以下のデータが確認できます。

1. 全ユーザー・新規ユーザーのアクセス推移
2. 過去30分間のユーザー

3. 新しいユーザーのメディア別アクセス
4. セッション／メディア別アクセス
5. セッション／キャンペーンや広告別アクセス
6. ライフタイムバリュー

集客サマリーは、期間内のユーザー数やアクセスのあったメディア、キャンペーン別でのセッション数などを俯瞰で把握したいときに活用します。

まずはサイトの状況を大まかに把握したい、そんなときに確認するとよいでしょう。

●集客サマリー画面

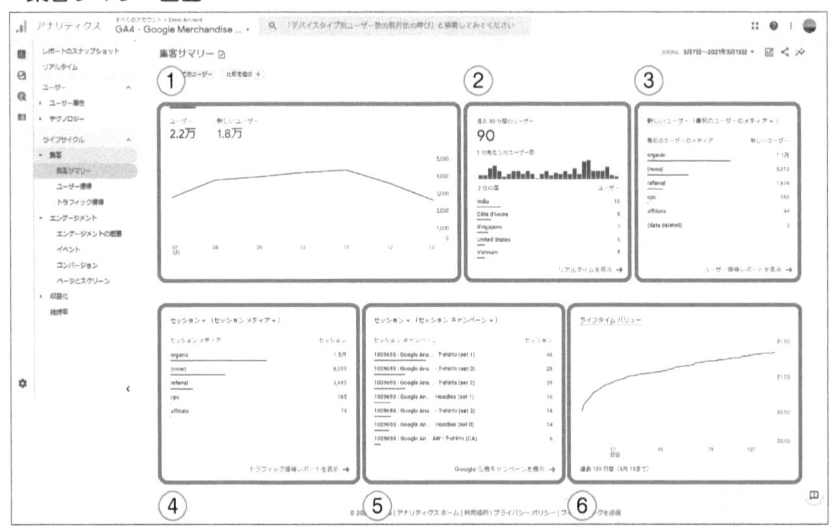

① 全ユーザー・新規ユーザーのアクセス推移

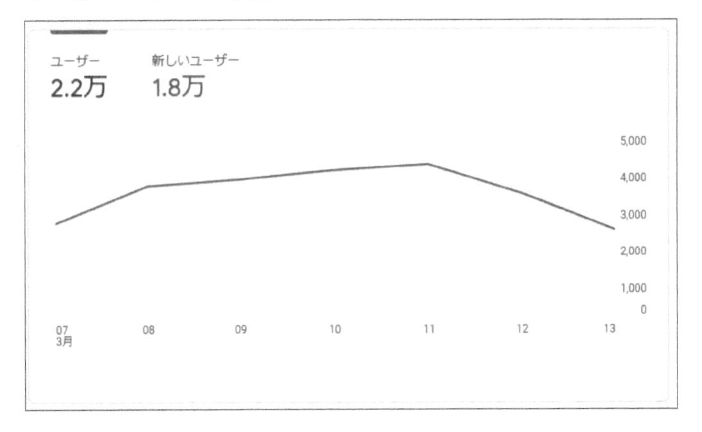

全ユーザーと新規ユーザーのアクセス推移が確認できます。

ユーザー・新しいユーザー推移表記説明

名称	説明
ユーザー	集計期間内の全ユーザー数
新しいユーザー	集計期間内の新しいユーザー数

② 過去30分間のユーザー

過去30分に訪問したユーザーの国別上位が確認できます。

③ 新しいユーザーのメディア別アクセス

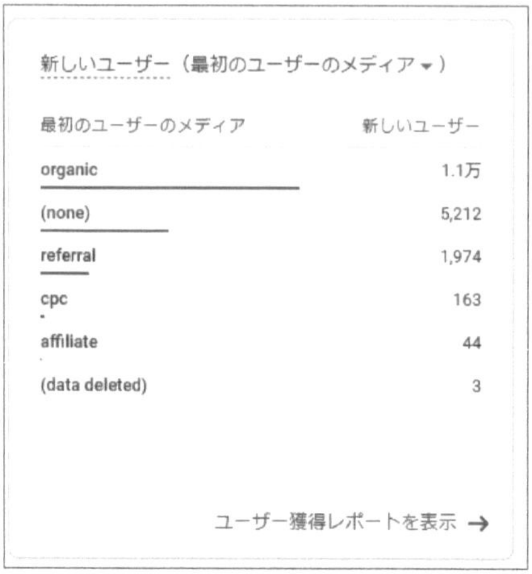

新しいユーザー（最初のユーザーのメディア ▾ ）

最初のユーザーのメディア	新しいユーザー
organic	1.1万
(none)	5,212
referral	1,974
cpc	163
affiliate	44
(data deleted)	3

ユーザー獲得レポートを表示 →

新しいユーザー数をメディア別で確認できます。表示されるのは上位7件までです。ユーザーの参照元、参照元/メディアなど、把握している情報を切り替えて確認することが可能です。

新しいユーザーのメディア別表記説明

名称	説明
organic	自然検索からのアクセス
(none)	流入元不明のアクセス（いわゆる直接流入）
referral	参照元サイトからのアクセス
(not set)	データ取得が行えなかった流入元
cpc	有料検索からのアクセス
affiliate	アフィリエイトサイトからのアクセス
(data deleted)	データ削除を行ったアクセス
email	メールからのアクセス

※上記のメディア名は一例となります。

④ セッション／メディア別アクセス

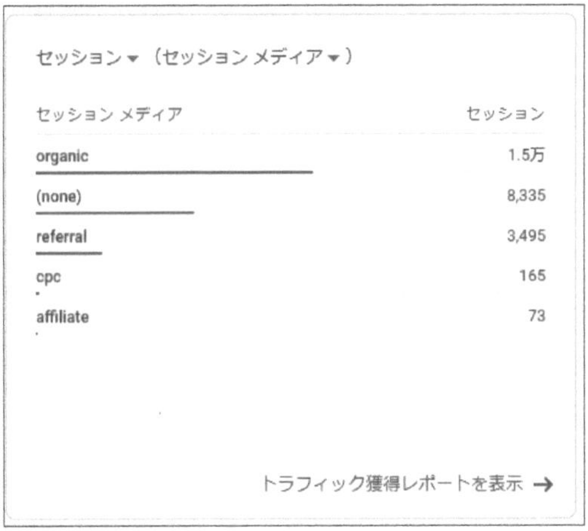

セッション▼（セッション メディア▼）

セッション メディア	セッション
organic	1.5万
(none)	8,335
referral	3,495
cpc	165
affiliate	73

トラフィック獲得レポートを表示 →

メディア別のアクセスがセッションで確認できます。確認できるメディアは前述の「新しいユーザーのメディア別表記説明」と同様です。また、セッションの右にある「▼」をクリックすると「エンゲージメントのあったセッション数」に切り替えることができます。

⑤ セッション／キャンペーンや広告別アクセス

セッション▼（セッション キャンペーン▼）

セッション キャンペーン	セッション
1009693 | Google Ana... - T-shirts (set 1)	48
1009693 | Google Ana... - T-shirts (set 0)	29
1009693 | Google Ana... - T-shirts (set 2)	29
1009693 | Google An... - Hoodies (set 1)	16
1009693 | Google Ana... - T-shirts (set 3)	16
1009693 | Google An... - Hoodies (set 0)	14
1009693 | Google An... AW - T-shirts (CA)	6

Google 広告キャンペーンを表示 →

キャンペーン別のアクセスをセッションで確認できます。キャンペーン名はutm_campaignのパラメータに設定した値が集計されます。

⑥ ライフタイムバリュー

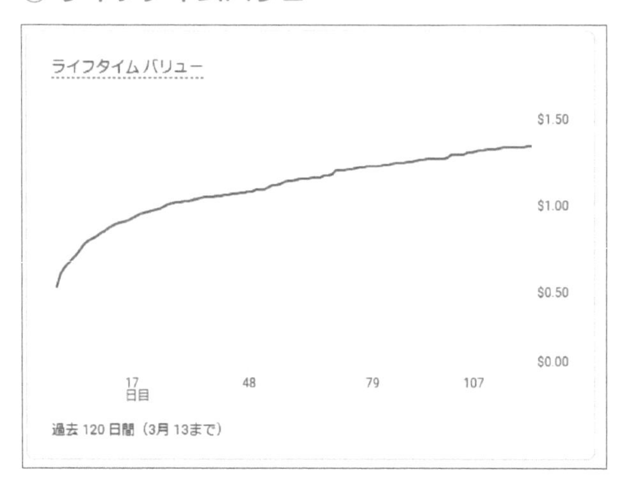

対象期間内において、ユーザーがサービスの収益に貢献している数値が初回訪問からの日単位で算出されます。

ユーザー獲得

●ユーザー獲得レポート画面

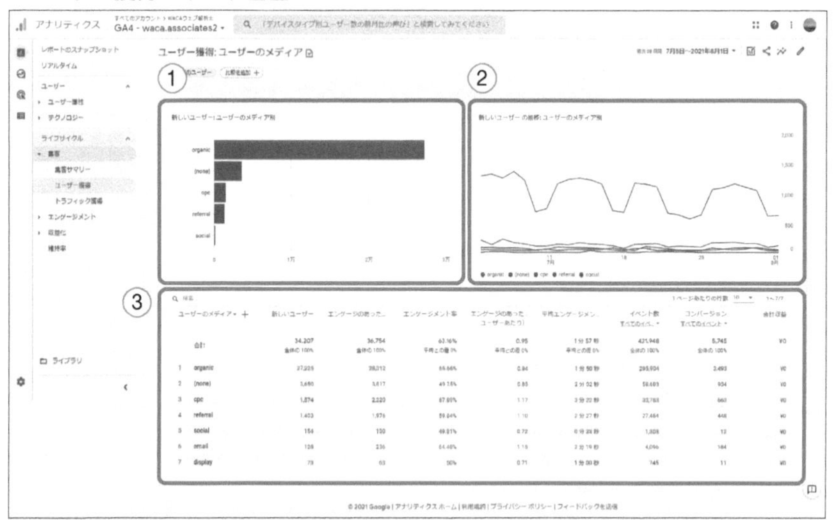

ユーザー獲得では、メディア・ユーザー・エンゲージメント・イベント数・コンバージョンなど、複数の指標を確認することが可能です。

デフォルトでは、①新しいユーザーのメディア別の棒グラフ、②メディア別で新しいユーザー数の推移グラフ、③ディメンションと指標を組み合わせた表を確認することができます。

ユーザー獲得では下記のデータが確認できます。

1. 新しいユーザー：ユーザーのメディア別
2. 新しいユーザーの推移：ユーザーのメディア別
3. ユーザーのメディア：新規ユーザー数やエンゲージメントのあったセッション数などの各種指標

ユーザー獲得は、主にどの参照元・メディアで集客ができたのかを確認する際に使用します。新規ユーザー獲得のチャネルを把握したいときに確認するとよいでしょう。

① 新しいユーザー：ユーザーのメディア別

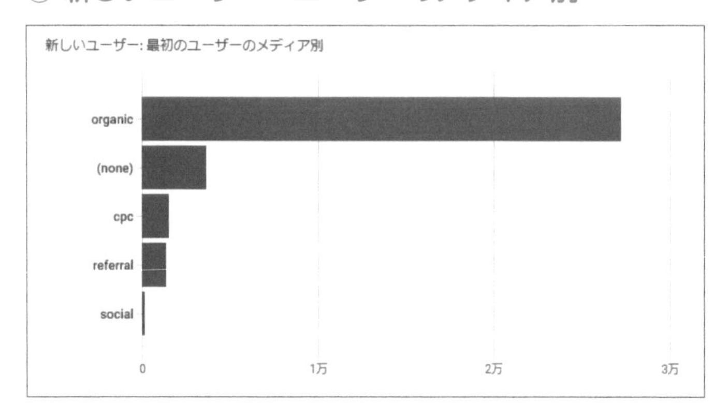

新しいユーザーの期間内総数を、メディア別に確認できます。

② 新しいユーザーの推移：ユーザーのメディア別

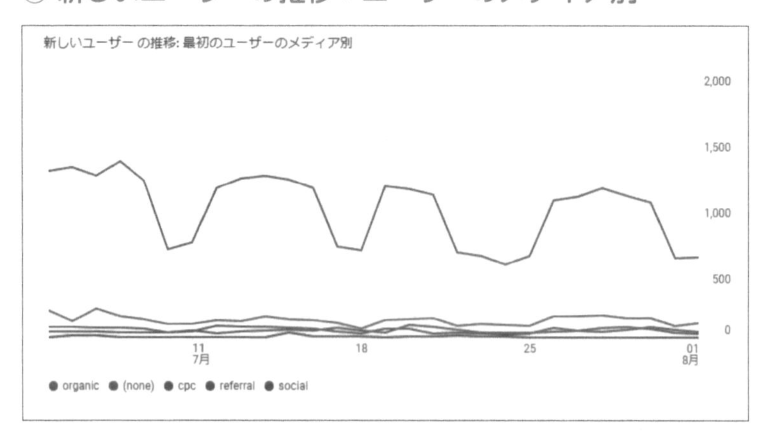

期間内における新規ユーザーのアクセス推移をメディア別で確認できます。

③ ユーザーのメディア：新規ユーザー数やエンゲージメントのあったセッション数などの各種指標

Q 検索　　1ページあたりの行数 10 ▼　1～7/7

	最初のユーザーのメディア ▼ ＋	新しいユーザー	エンゲージのあっ...	エンゲージメント率	エンゲージのあっ...ユーザーあたり)	平均エンゲージメ...	イベント数 すべてのイベ... ▼	コンバージョン すべてのイベント ▼	合計収益
	合計	34,207 全体の100%	36,754 全体の100%	63.16% 平均との差 0%	0.95 平均との差 0%	1分57秒 平均との差 0%	421,948 全体の100%	5,745 全体の100%	¥0
1	organic	27,225	28,812	65.66%	0.94	1分50秒	295,904	3,498	¥0
2	(none)	3,650	3,817	49.25%	0.85	2分02秒	58,683	934	¥0
3	cpc	1,574	2,220	67.89%	1.17	3分22秒	33,768	663	¥0
4	referral	1,403	1,976	59.84%	1.10	2分27秒	27,454	448	¥0
5	social	154	130	49.81%	0.72	0分33秒	1,308	12	¥0
6	email	128	236	64.48%	1.15	2分19秒	4,096	184	¥0
7	display	73	63	50%	0.71	1分00秒	745	11	¥0

ユーザーを最初に獲得したメディア情報をディメンションとして、新規ユーザー数やエンゲージメント指標、イベント数、コンバージョン数などを確認することができます。

選択できるディメンション

ディメンション	説明
ユーザーのメディア	ユーザーを最初に獲得したメディア。
ユーザーの参照元	ユーザーを最初に獲得した参照元。
ユーザー参照元／メディア	ユーザーを最初に獲得した参照元とメディア。
ユーザーのキャンペーン	ユーザーを最初に獲得したキャンペーン。
ユーザー - Google広告の広告ネットワーク タイプ	ユーザーを最初に獲得した広告ネットワーク。
ユーザーのキャンペーンのクリエイティブID	ユーザーを最初に獲得した広告クリエイティブID。
ユーザー - Google広告の広告グループ名	ユーザーを最初に獲得した広告グループID。

※各ディメンションはクロスチャネルのラストクリックアトリビューションモデルに基づいて、ユーザーを最初に獲得したものになります。

掲載される指標

指標名	説明
新しいユーザー	サイトと初めて接触した、またはアプリを初めて起動したユーザーの数です。
エンゲージのあったセッション	10秒以上継続したセッション、コンバージョンイベントが発生したセッション、または2回以上のスクリーンビューやページビューが発生したセッションの回数です。
エンゲージメント率	エンゲージのあったセッションの割合（エンゲージのあったセッション数をセッション数で割った値）です。
エンゲージのあったセッション/1ユーザーあたり	エンゲージのあったセッション数（1ユーザーあたり）です。
平均エンゲージメント時間	アプリの場合はフォアグラウンド表示されていた時間の平均値、ウェブサイトの場合はブラウザ上でフォーカス状態にあった時間の平均値です。
イベント数	ユーザーがイベントを発生させた回数です。
コンバージョン	ユーザーがコンバージョンイベントを発生させた回数です。
合計収益	購入、定期購入、広告掲載によって発生した収益の合計（購入による収益、定期購入による収益、広告収益を足したもの）です。 ※eコマース設定が必要

クロスチャネルのラストクリックアトリビューションモデル

アトリビューションとはユーザーがコンバージョンを達成するまでにたどった経路やタッチポイントに貢献度を割り当てることです。経路やタッチポイントに対してどのように貢献度を割り当てるかを定めたルールのことをアトリビューションモデルと言います。

ラストクリックアトリビューションモデルとは、コンバージョン経路で最後にクリックされた参照元に貢献度を割り当てたアトリビューションモデルのことを指します。GA4のユーザー獲得のレポートのディメンションはラストクリックアトリビューションモデルが適用されています。

トラフィック獲得

● トラフィック獲得レポート画面

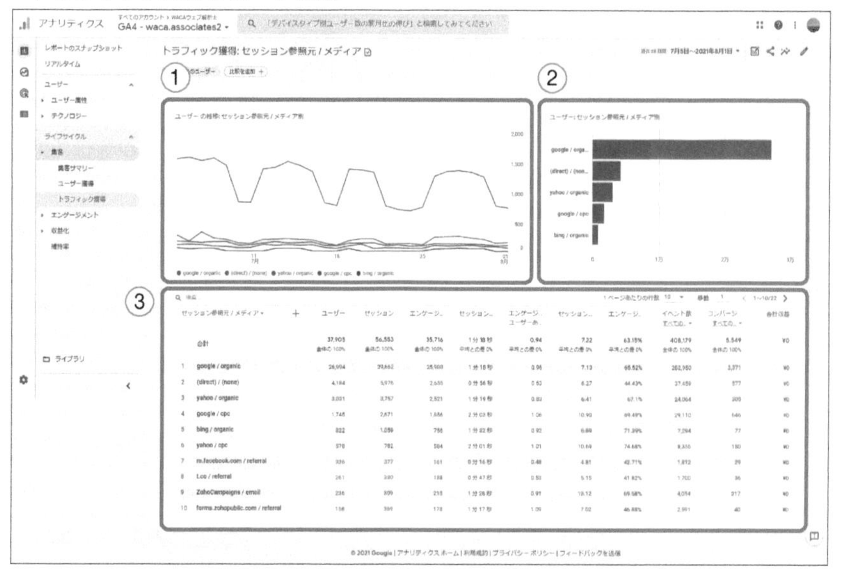

トラフィック獲得では、メディア・ユーザー・エンゲージメント・イベント数・コンバージョンなど、複数の指標を確認することが可能です。

デフォルトではユーザーの参照元／メディア別にユーザー数の推移グラフ、ディメンションと指標を組み合わせた表を確認することができます。

● ユーザー獲得とトラフィック獲得との違い

ユーザー獲得はユーザー軸、トラフィック獲得はセッション軸の違いがあります。

トラフィック獲得では下記のデータを確認できます。

1. ユーザーの推移：セッション参照元/メディア別
2. ユーザー：セッション参照元/メディア別
3. セッション参照元/メディア：ユーザー数やセッション数などの各種指標

トラフィック獲得では、セッションベースでチャネルやメディアから集客が行われたかを確認する際に使用します。広告などのキャンペーン施策を行った際の効果を測るために確認するとよいでしょう。

① ユーザーの推移：セッション参照元/メディア別

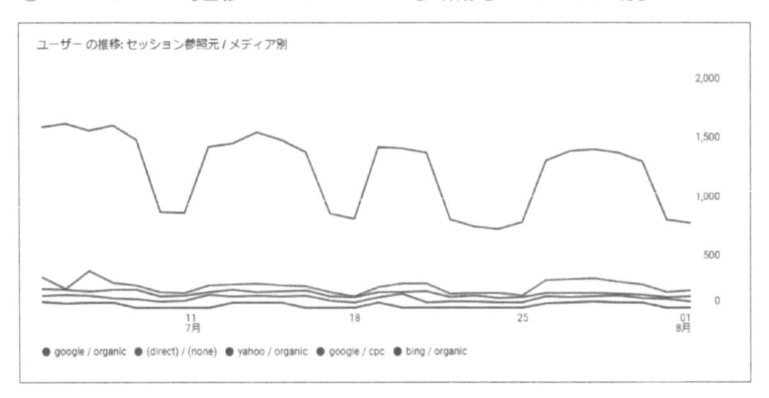

セッション参照元/メディア別におけるアクセスユーザーの推移が確認できます。また、縦軸の単位はセッション数となります。

② ユーザー：セッション参照元/メディア別

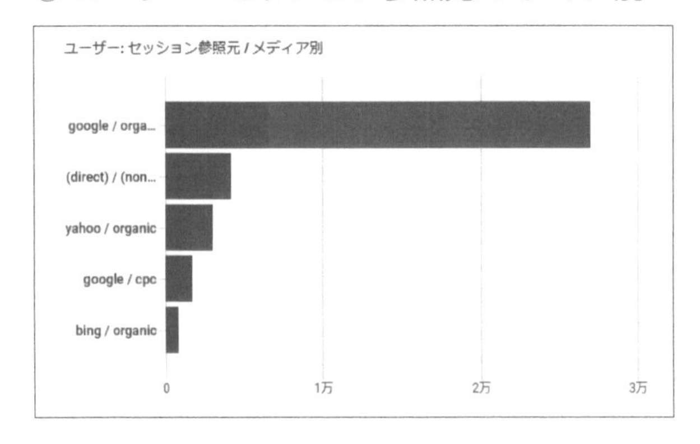

セッション参照元/メディア別におけるアクセスユーザーの合計数が、グラフで確認できます。また、横軸の単位はセッション数となります。

③セッション参照元/メディア：ユーザー数やセッション数などの各種指標

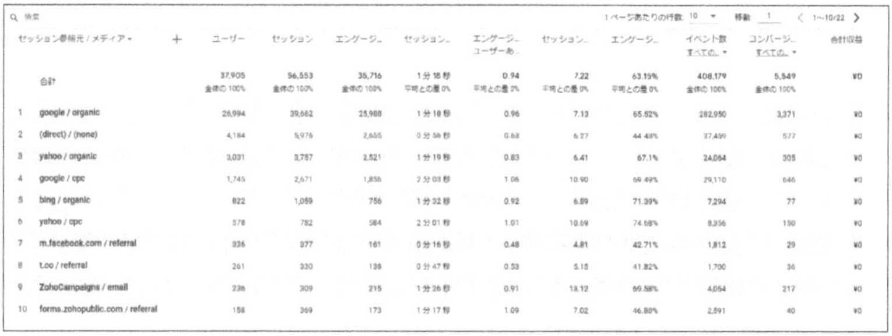

検索　1ページあたりの行数: 10　移動: 1　1～10/22

	セッション参照元 / メディア	ユーザー	セッション	エンゲージ…	セッション…	エンゲージ… ユーザーあ…	セッション…	エンゲージ…	イベント数 すべての…	コンバージ… すべての…	合計収益
	合計	37,905 全体の100%	56,553 全体の100%	35,716 全体の100%	1分18秒 平均との差0%	0.94 平均との差0%	7.22 平均との差0%	63.15% 平均との差0%	408,179 全体の100%	5,549 全体の100%	¥0
1	google / organic	26,994	39,662	25,988	1分18秒	0.96	7.13	65.52%	282,950	3,371	¥0
2	(direct) / (none)	4,184	5,976	2,655	0分56秒	0.63	6.27	44.48%	37,459	577	¥0
3	yahoo / organic	3,031	3,757	2,521	1分19秒	0.83	6.41	67.1%	24,064	305	¥0
4	google / cpc	1,745	2,671	1,856	2分03秒	1.06	10.90	69.49%	29,110	646	¥0
5	bing / organic	822	1,059	756	1分32秒	0.92	6.89	71.39%	7,294	77	¥0
6	yahoo / cpc	578	782	584	2分01秒	1.01	10.69	74.68%	8,356	150	¥0
7	m.facebook.com / referral	336	377	161	0分16秒	0.48	4.81	42.71%	1,812	29	¥0
8	t.co / referral	261	330	138	0分47秒	0.53	5.15	41.82%	1,700	36	¥0
9	ZohoCampaigns / email	236	309	215	1分26秒	0.91	13.12	69.58%	4,054	217	¥0
10	forms.zohopublic.com / referral	158	369	173	1分17秒	1.09	7.02	46.88%	2,591	40	¥0

セッション参照元/メディア別からのアクセスをディメンションとし、セッションやエンゲージメント指標を確認することができます。

テーブルでは、ディメンションの切り替えが可能です。

選択できるディメンション

ディメンション	説明
セッション参照元／メディア	セッションにつながった参照元とメディアです。参照元は流入元のことで、例えば検索エンジン(google) やドメイン(example.com)などがあります。メディアは参照元の一般的な分類のことで、例えばオーガニック検索(organic)、有料検索(cpc)などがあります。
セッションメディア	セッションにつながったメディアです。メディアとは参照元の一般的な分類のことで、例えばオーガニック検索 (organic)、有料検索 (cpc) などがあります。
セッションソース	セッションにつながった参照元のことです。参照元は流入元のことで、例えば検索エンジン(google)やドメイン(example.com)などがあります。
セッションキャンペーン	セッションにつながったキャンペーン名です。キャンペーン名は任意でパラメータ設定することができます。
セッションのデフォルトチャネルグループ	セッションにつながったデフォルトチャネルグループです。デフォルトチャネルグループとはGoogle アナリティクスが最初から定義している流入元のグループのことを指します。

掲載される指標

指標名	説明
ユーザー	アクティブユーザーの合計数です。
セッション	サイトやアプリで開始したセッション数です（発生イベント：session_start）。
エンゲージのあったセッション数	10秒を超えて継続したセッション、コンバージョンイベントが発生したセッション、または2回以上のスクリーンビューもしくはページビューが発生したセッションの数。
セッションあたりの平均エンゲージメント時間	セッションあたりのユーザーエンゲージメント時間です。
エンゲージのあったセッション数（1ユーザーあたり）	ユーザーあたりのエンゲージされたセッション数です（エンゲージされたセッション数をユーザー数で割った数）。
セッションあたりのイベント数	セッションあたりのイベント数です。
エンゲージメント率	エンゲージのあったセッションの割合（エンゲージのあったセッション数をセッション数で割った値）です。
イベント数	ユーザーがイベントを発生させたイベント数です。
コンバージョン	ユーザーがコンバージョンイベントを発生させた回数です。
合計収益	購入、定期購入、広告掲載によって発生した収益の合計（購入による収益、定期購入による収益、広告収益を足したもの）です。 ※eコマース設定が必要

5-2 エンゲージメント

POINT!

- page_view、scrollなどのイベント集計データが把握できる
- アクセスの多いページ群の確認ができる

エンゲージメント軸での集計データやイベント別、ページとスクリーン別の集計データを閲覧できます。

下記の条件を満たしたセッションが「エンゲージメントがあったセッション」として集計されます。

・10秒以上継続したセッション、コンバージョンイベントが発生したセッション、または2回以上のスクリーンビューやページビューが発生したセッションの回数です。

これらは、「ユーザーがサイトにとって有益となる行動」をエンゲージメントと捉えて計測していると考えます。

エンゲージメントの概要

● エンゲージメント概要レポート画面

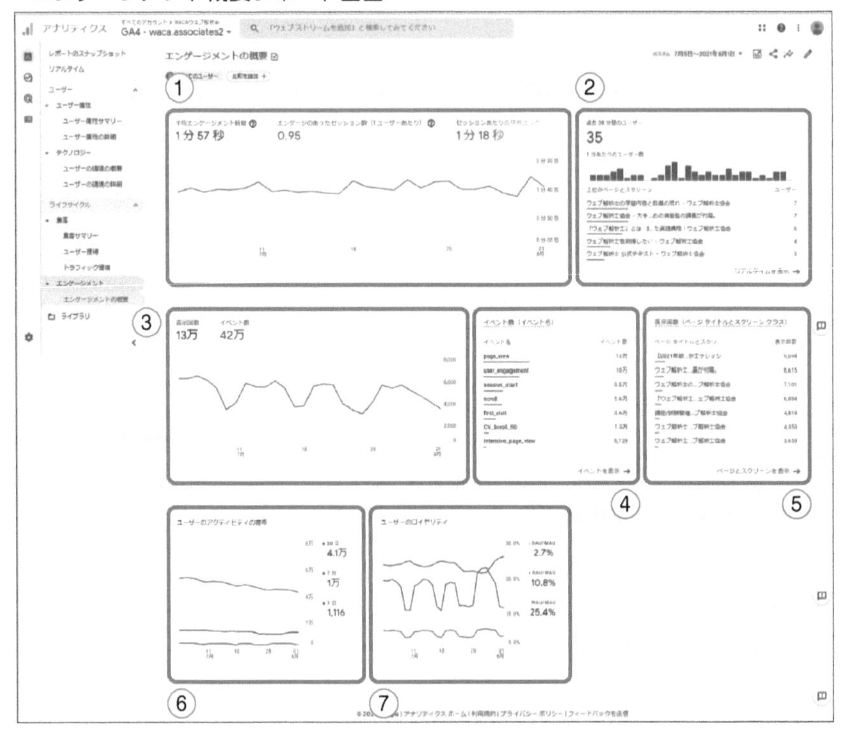

概要では下記の情報が閲覧可能です。

1. エンゲージメントベースの時間やセッション数
2. 過去30分間のユーザー
3. 表示回数、イベント数
4. イベント数
5. 表示回数
6. ユーザーのアクティビティの推移
7. ユーザーのロイヤリティ

概要では、期間内にアクセスしたユーザーの滞在時間、訪れたページ、発生したイベント数などを把握したいときに活用します。

ユーザー行動を大まかに把握したい、そんなときに確認するとよいでしょう。

① エンゲージメントベースの時間やセッション数

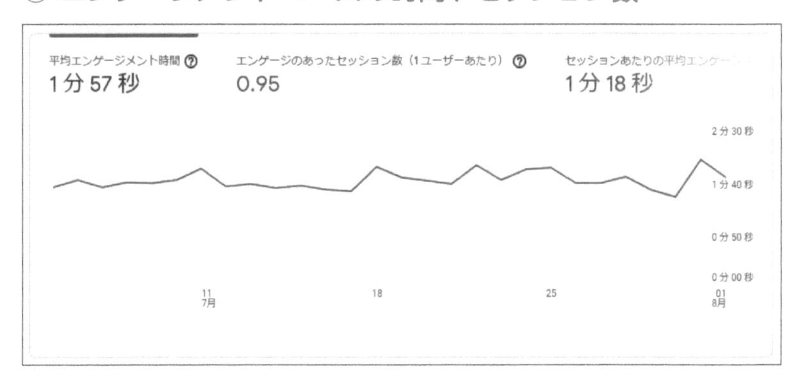

エンゲージメントのあった時間・ユーザーあたりの平均エンゲージメント数・平均エンゲージメント時間の推移を確認できます。

エンゲージメントベース推移表記

名称	説明
平均エンゲージメント時間	ユーザーあたりの平均エンゲージメント時間
エンゲージメントのあったセッション数	1ユーザーあたりの平均エンゲージメント回数
セッションあたりの平均エンゲージメント時間	セッションあたりの平均エンゲージメント時間

② 過去30分間のユーザー

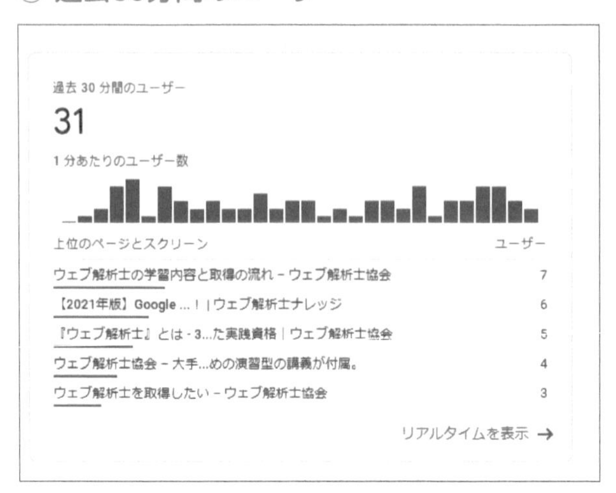

過去30分間のユーザーを、1分ごとの推移とページタイトルの上位に分けて確認できます。

③ 表示回数、イベント数

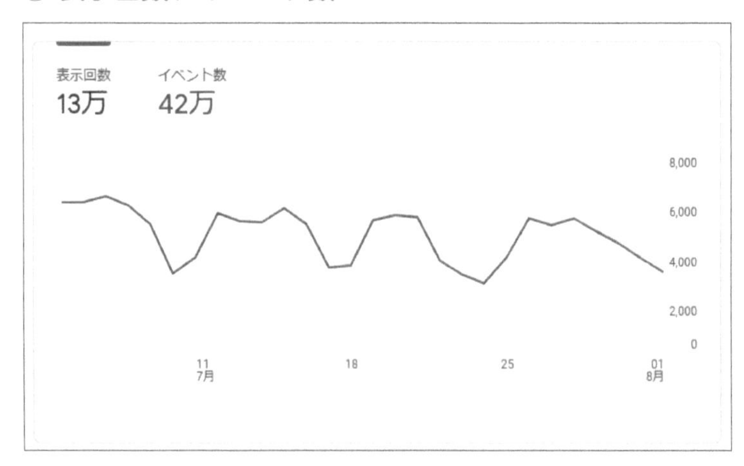

画面の表示回数（ページビュー数）とすべてのイベントの計測数の推移を確

認できます。

④ イベント数

イベント数（イベント名）

イベント名	イベント数
page_view	13万
user_engagement	10万
session_start	5.8万
scroll	5.6万
first_visit	3.6万
CV_Scroll_50	1.5万
intensive_page_view	6,729

イベントを表示 →

イベントの発生回数をランキング形式で確認できます。

⑤ 表示回数

表示回数（ページ タイトルとスクリーン クラス）

ページ タイトルとスクリ…	表示回数
【2021年版…析士ナレッジ	9,594
ウェブ解析士…義が付属。	8,615
ウェブ解析士の…ブ解析士協会	7,101
『ウェブ解析士…ェブ解析士協会	6,084
講座/試験開催…ブ解析士協会	4,818
ウェブ解析士…ブ解析士協会	4,353
ウェブ解析士…ブ解析士協会	3,653

ページとスクリーンを表示 →

ページタイトルとスクリーンクラス別の表示回数をランキング形式で確認できます。

⑥ ユーザーのアクティビティの推移

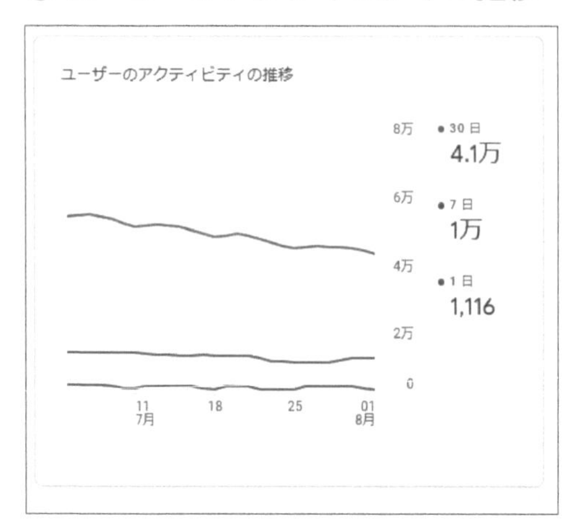

ユーザーのアクティビティの推移を、1日、7日、30日別で確認できます。

グラフは計測終了日を起点として30日間、7日間、1日単位のユニークなアクティブユーザー数の推移を表してします。

⑦ ユーザーのロイヤリティ

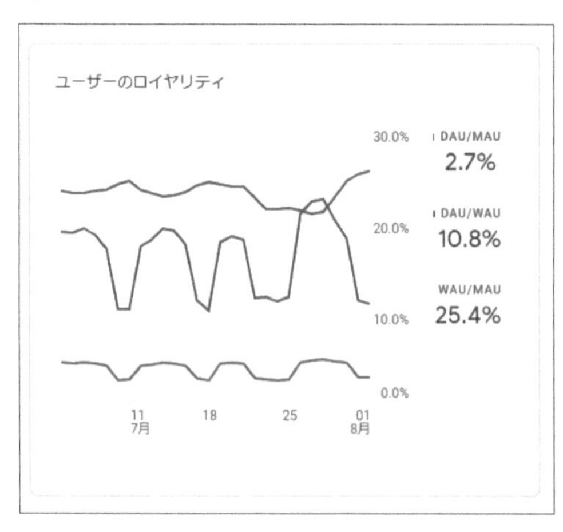

ユーザーのロイヤリティの推移を確認できます。

ユーザーのロイヤリティとは、月間、週間などでどれくらいアクセスしているかで判断されています。ユーザーのロイヤリティの指標であるDAU/MAUなどは、日常的にどのくらいの頻度でサイト訪問もしくはアプリ利用されているかを示すアクティブ率を測る指標のことで、数値が高いほうがアクティブ率が高いと言えます。

ユーザーのロイヤリティ推移表記説明

名称	説明
DAU/MAU	日別ユーザー数/月間ユーザー数で割り出した数値になります。
DAU/WAU	日別ユーザー数/週間ユーザー数で割り出した数値になります。
WAU/MAU	週間ユーザー数/月間ユーザー数で割り出した数値になります。

イベント

●イベントレポート画面

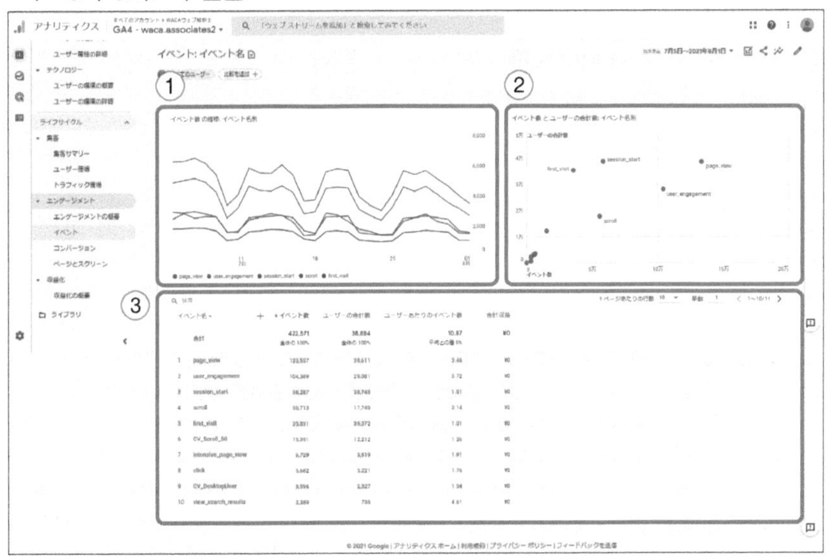

GA4のレポートに表示されるデータは、ウェブサイトやアプリに対するユーザー行動を「イベント」として集計されます。

例として、ユーザーがウェブサイトにアクセスすると「page_view」イベントが発生し、データが集計されます。これらの集計データはイベントレポートで確認が可能です。「page_view」などイベントの多くは設定をせず自動で収集されます。自動取得されるイベントだけでも必要な情報が得られるケースも珍しくありません。より詳細な情報を取得したい場合は、コードを追加してほかのイベントを収集することも可能です。

イベントでは以下の情報が閲覧できます。

1. イベント数の推移：イベント名別
2. イベント数とユーザーの合計数：イベント名別
3. イベントディメンションと各種指標

イベントでは、事前に設定したイベントにおいて期間内で発生した数を把握することができます。設定したイベントが正しく計測されているかを確認したいときに見るとよいでしょう。

① イベント数の推移：イベント名別

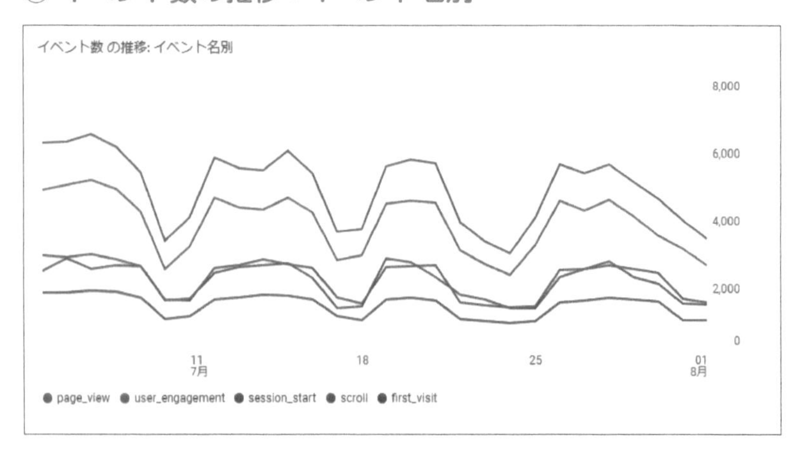

イベント数上位5件の日別推移を確認できます。

② イベント数とユーザーの合計数：イベント名別

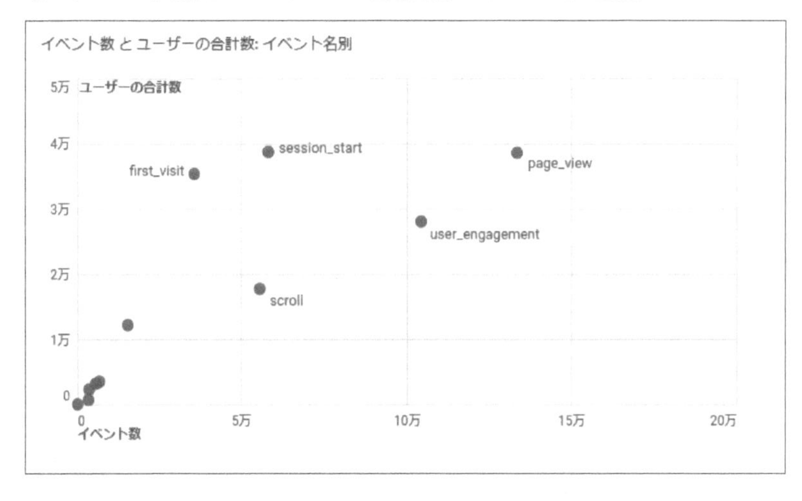

イベント種別ごとのユーザー合計数、イベント数を掛け合わせた散布図を確認できます。

③ イベントディメンションと各種指標

検索　　1ページあたりの行数 10　移動 1　〈 1～10/11 〉

	イベント名	↓イベント数	ユーザーの合計数	ユーザーあたりのイベント数	合計収益
	合計	422,571 全体の 100%	38,884 全体の 100%	10.87 平均との差 0%	¥0
1	page_view	133,537	38,611	3.46	¥0
2	user_engagement	104,389	28,081	3.72	¥0
3	session_start	58,287	38,745	1.51	¥0
4	scroll	55,713	17,746	3.14	¥0
5	first_visit	35,831	35,372	1.01	¥0
6	CV_Scroll_50	15,351	12,212	1.26	¥0
7	intensive_page_view	6,729	3,519	1.91	¥0
8	click	5,682	3,221	1.76	¥0
9	CV_DesktopUser	3,594	2,327	1.54	¥0
10	view_search_results	3,389	735	4.61	¥0

● イベント名と各種指標

イベント名別に下記の指標を確認できます。

テーブルに表示される指標

指標名	説明
イベント数	イベントを発生させた回数
ユーザーの合計数	該当イベントを発生させたユーザー数
ユーザーあたりのイベント数	1ユーザーあたりの平均イベント発生回数
合計収益	購入、定期購入、広告掲載によって発生した収益の合計（購入による収益、定期購入による収益、広告収益を足したもの） ※eコマース設定が必要

ページビュー・カート追加などのサービス全体の傾向を把握することに利用できます。

また、テーブル内のイベントをクリックすると、そのイベントの詳細レポートが表示されます。詳細レポートに表示される情報はイベントによって異なります。

例えば、ディメンションのpage_viewをクリックすると、エンゲージメントの高いページタイトル・イベント数の高いページのURLなどがリストで確認できます。

これらはユニバーサルアナリティクスでいう「行動>サイトコンテンツ>すべてのページやディレクトリレポート」と似た機能であり、同じような分析が可能です。

コンバージョン

●コンバージョンレポート画面

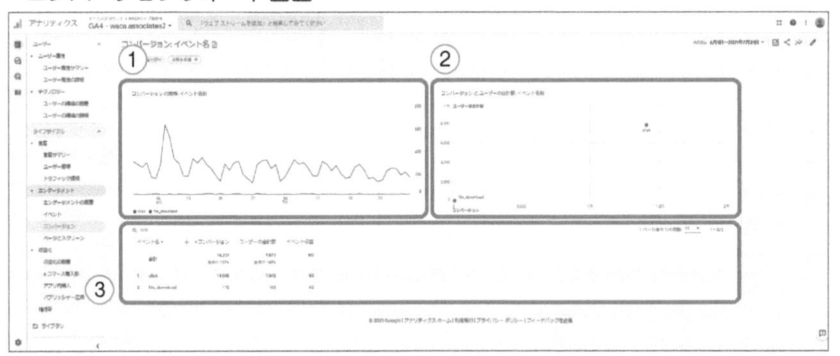

コンバージョンに設定したイベントの集計データを確認できます。各コンバージョンの発生数とユーザー数を把握することができます。

コンバージョンでは以下の情報を閲覧することができます。

1. コンバージョンの推移：イベント名別
2. コンバージョンとユーザーの合計数：イベント名別
3. コンバージョンディメンションと各種指標

①コンバージョンの推移：イベント名別

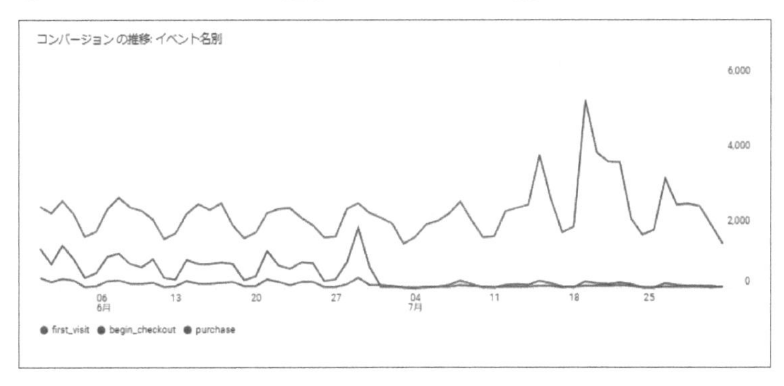

コンバージョン数上位5件の日別推移を確認できます。

② コンバージョンとユーザーの合計数：イベント名別

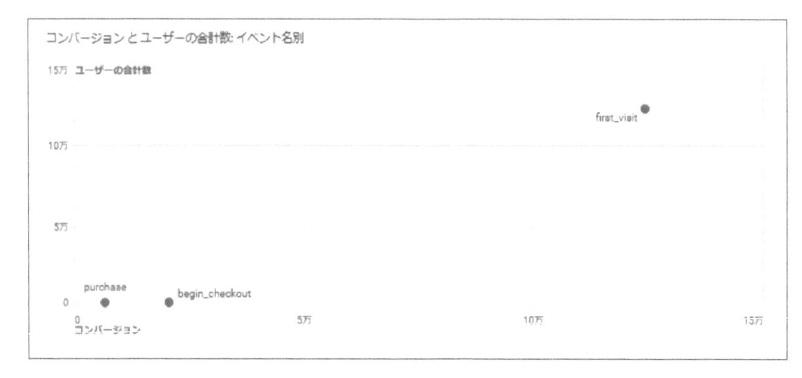

コンバージョン種別ごとのユーザー合計数、コンバージョン数を掛け合わせた散布図を確認できます。

③コンバージョンディメンションと各種指標

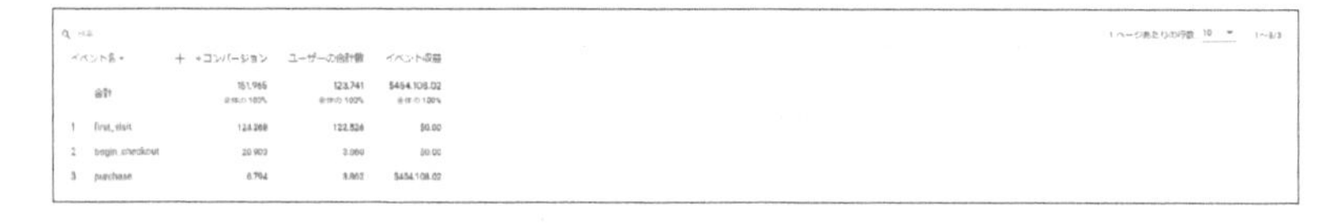

●コンバージョン名と各種指標

イベント名別に下記の指標を確認できます。

テーブルに表示される指標

指標名	説明
コンバージョン	ユーザーがコンバージョンイベントを発生させた回数
ユーザーの合計数	該当イベントを発生させたユーザー数
イベント収益	コンバージョンイベントによって発生した収益

各コンバージョンイベントの発生数やユーザー数、収益金額の把握に利用

できます。

また、テーブル内のイベントをクリックすると、そのイベントの詳細レポートが表示されます。詳細レポートに表示される情報は、イベントによって異なります。例えば、ディメンションのpurchaseをクリックすると、purchaseのコンバージョンに至った参照元などをリストで確認できます。

ページとスクリーン

●ページとスクリーンレポート画面

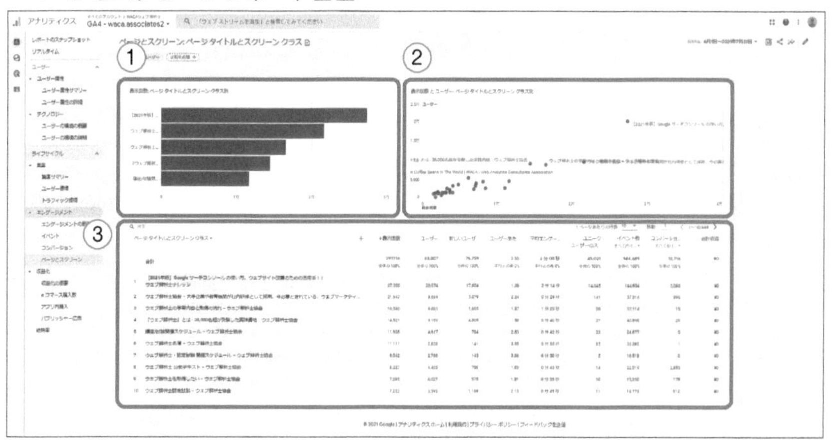

ページ数やアプリのスクリーン数の集計データを確認できます。

ウェブサイトやアプリにおいて閲覧されているページタイトルやスクリーンクラスを確認することができ、指定期間内の概要が把握できます。

ページとスクリーンでは以下が閲覧できます。

1. 表示回数：ページタイトルとスクリーンクラス別
2. 表示回数とユーザー：ページタイトルとスクリーンクラス別
3. ページタイトルとスクリーンクラス：スクリーンクラス別の表示回数やユーザー数などの各種指標

サイト内でどのページが多く表示されているのかを把握するために確認するとよいでしょう。

① 表示回数：ページタイトルとスクリーンクラス別

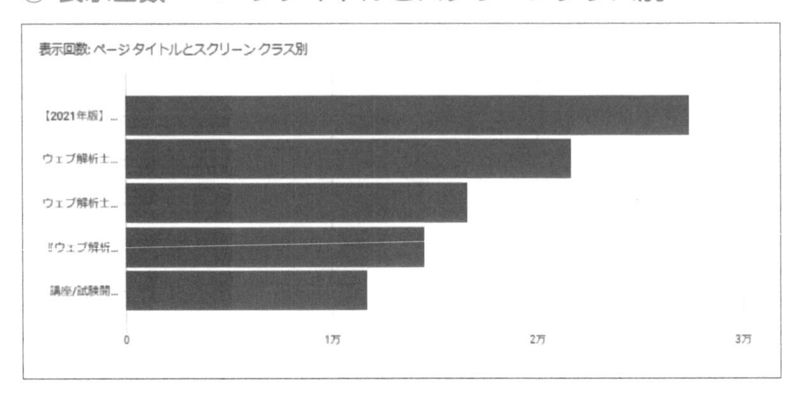

横軸の棒グラフで、ページタイトルやスクリーンクラスの表示回数を確認できます。

② 表示回数とユーザー：ページタイトルとスクリーンクラス別

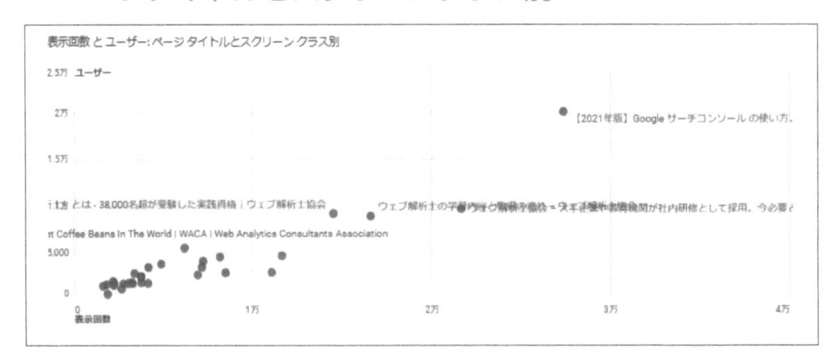

縦軸をユーザー、横軸をページタイトルやスクリーンクラスの表示回数とした散布図で確認できます。

③ ページタイトルとスクリーンクラスのディメンションと各種指標

ページタイトルとスクリーンクラスなどのディメンションに基づいた指標を確認できます。

確認可能なディメンションと指標は以下となります。

テーブルに表示されるディメンション

指標名	説明
ページタイトルとスクリーンクラス	ウェブページのタイトルと、アプリのデフォルトのスクリーン名
ページ階層とスクリーンクラス	ウェブページのパスと、アプリのデフォルトのスクリーン名
ページタイトルとスクリーン名	ウェブページのタイトルと、アプリのデフォルトのスクリーン名
コンテンツグループ	カスタム定義などでグルーピングしたコンテンツ群単位

テーブルに表示される指標

指標名	説明
表示回数	ユーザーが表示したアプリスクリーンまたはウェブページの数です。同じページまたはスクリーンが繰り返し表示された場合も集計されます（発生イベント: screen_view と page_view）。
ユーザー	各ページやスクリーンを表示したユーザー数。
新しいユーザー	サイトと初めて接触した、またはアプリを初めて起動した際の訪問で閲覧したページやスクリーンです。
ユーザーあたりのビュー	ユーザー1人あたりの表示回数です。
平均エンゲージメント時間	アプリの場合はフォアグラウンド表示されていた時間の平均値、ウェブサイトの場合はブラウザ上でフォーカス状態にあった時間の平均値です。
ユニークユーザーのスクロール数	ページ全体の90%を1回以上スクロールしたユニークユーザー数です。
イベント数	該当ページやスクリーンで発生したイベントの総数です。
コンバージョン数	該当ページやスクリーンで発生したコンバージョンイベントの総数です。
合計収益	購入、定期購入、広告掲載によって発生した収益の合計（購入による収益、定期購入による収益、広告収益を足したもの）です。

5-3 収益化

POINT!

- eコマースの合計収益や購入数の把握ができる
- アイテム別の集計データが確認できる

収益化レポートは、該当のウェブサイトにおける収益面に関する集計レポートです。

eコマースの購入数、アプリ内購入数、パブリッシャー広告などの軸に分けてレポートを確認することができます。

収益化の概要

収益化の概要では、合計収益、合計購入者数、ユーザーあたりの平均購入収益額をはじめeコマースやアプリ内購入一覧が見られます。

概要では下記の情報が閲覧可能です。

1. 各収益の合計
2. 購入者数
3. ユーザーあたりの平均購入収益額
4. eコマース購入数（アイテム名別）
5. eコマース購入数（アイテムリスト別）
6. アイテムの表示回数
7. eコマース収益（オーダークーポン別）
8. 商品の収益（商品ID別）
9. パブリッシャー広告インプレッション数

● 収益化の概要レポートの画面

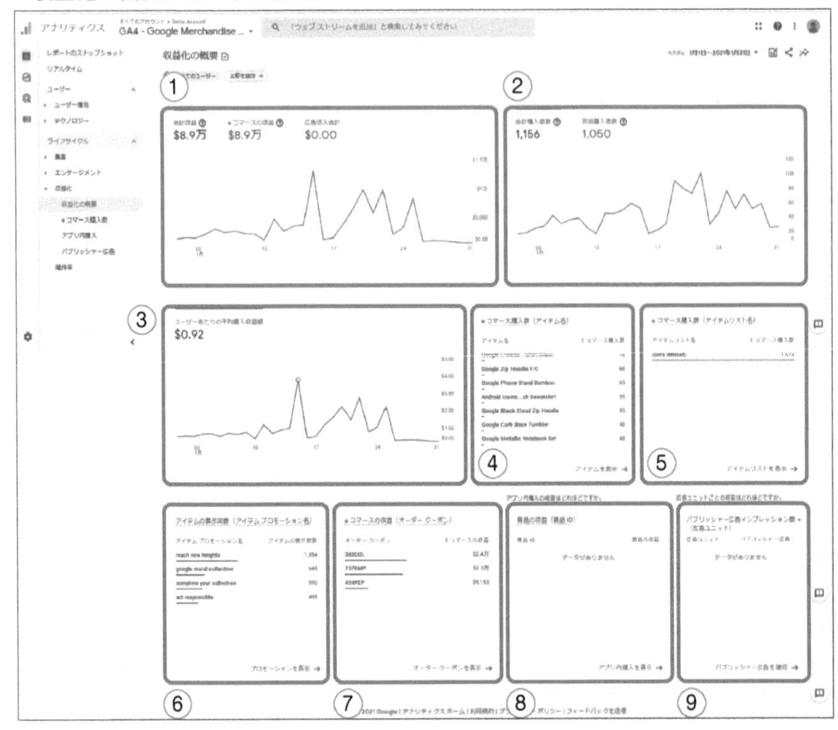

① 各収益の合計

各収益の合計を数値やグラフで確認できます。

合計収益	購入、定期購入、広告掲載によって発生した収益の合計
eコマースの収益	購入、定期購入によって発生した収益（消費税や送料を含む）
広告収入合計	広告掲載によって得られた収入の合計

② 購入者数

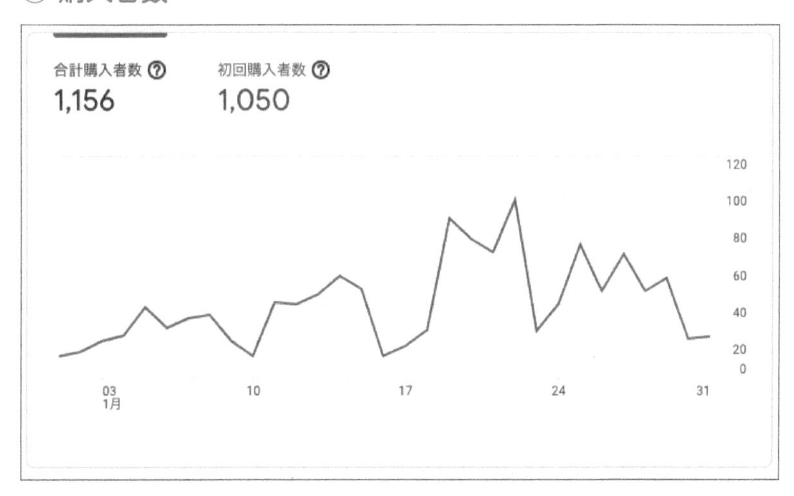

合計購入者数と初回購入者数を確認できます。

合計購入者数	選択した期間に購入イベントがあったユーザー数
初回購入者数	選択した期間に初回の購入イベントがあったユーザー数

③ ユーザーあたりの平均購入収益額

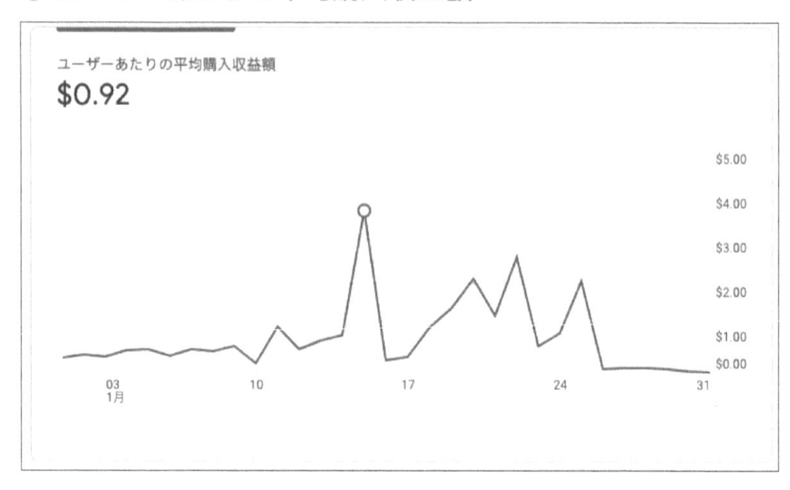

ユーザーあたりの平均の購入収益額を日単位で確認できます。

④ eコマース購入数（アイテム名別）

e コマース購入数 （アイテム名別）

アイテム名	E コマース購入数
Google Crewne...tshirt Green –	78
Google Zip Hoodie F/C –	68
Google Phone Stand Bamboo –	65
Android Iconic...ck Sweatshirt –	55
Google Black Cloud Zip Hoodie –	55
Google Cork Base Tumbler –	48
Google Metallic Notebook Set –	48

アイテムを表示 →

ユーザーが購入したアイテム名別の購入数を確認できます。

⑤ eコマース購入数（アイテムリスト別）

e コマース購入数 （アイテムリスト名別）

アイテムリスト名	E コマース購入数
(data deleted)	1,573

アイテムリストを表示 →

ユーザーが購入したアイテムリスト別（実装設定が必要）の購入数を確認できます。

⑥ アイテムの表示回数

アイテムの表示回数 （アイテム プロモーション名別）

アイテム プロモーション名	アイテムの表示回数
reach new heights	1,354
google mural collection	645
complete your collection	592
act responsible	499

プロモーションを表示 →

アイテムプロモーション名別の表示回数を確認できます。

⑦ eコマース収益（オーダークーポン別）

オーダークーポン別のeコマース収益を確認できます。

⑧ 商品の収益（商品ID別）

商品の収益（商品 ID）

商品 ID	商品の収益
remove_ads	$5.15

アプリ内購入を表示 →

アプリ内における商品IDごとの収益を確認できます。

⑨ パブリッシャー広告インプレッション数

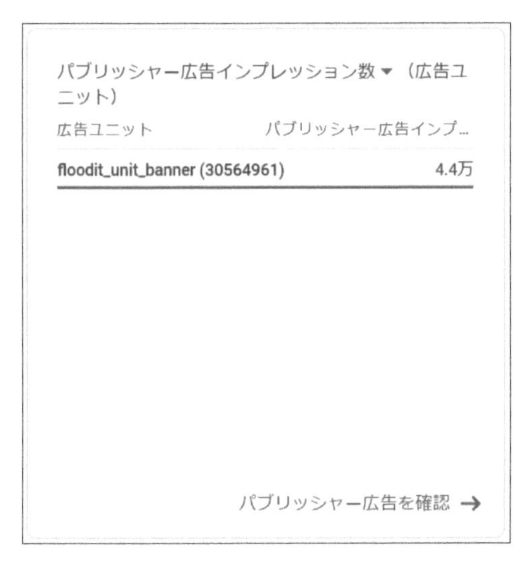

広告ユニット別のパブリッシャー広告インプレッションやクリック数を確認できます。

eコマース購入数

eコマースにおける各アイテムごとの収益までの流れを確認できるレポートです。

●eコマース購入数の画面

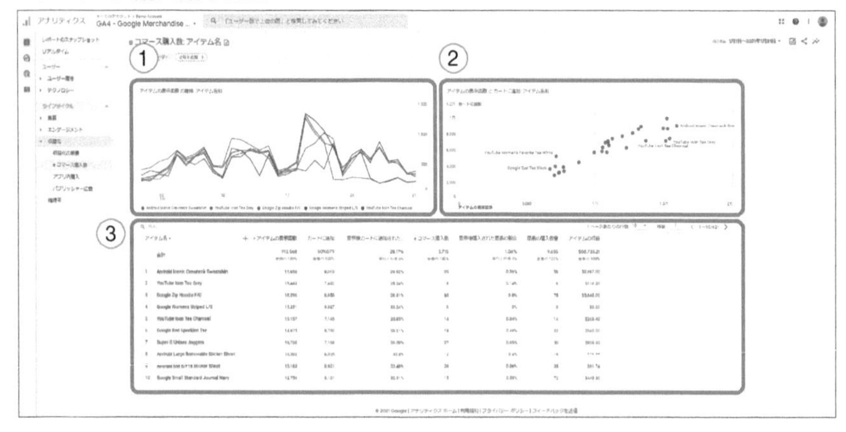

① アイテムの表示回数の推移：アイテム名別

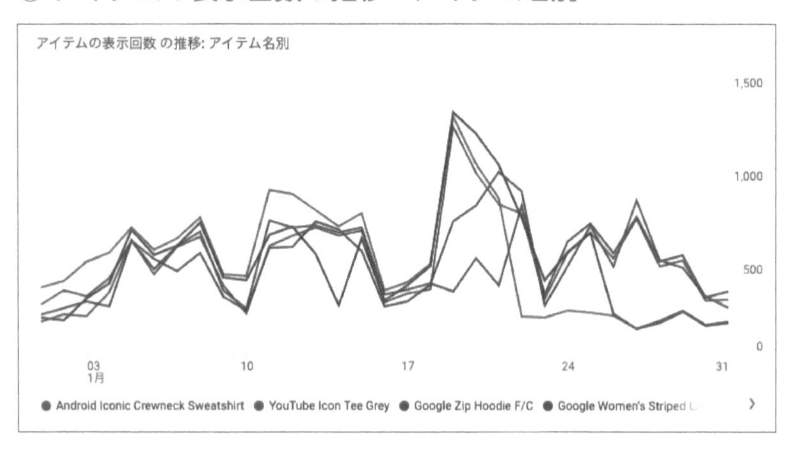

アイテム名別に、どれくらい表示されたかの推移を確認できます。多く表示されたアイテムがピックアップされています。

② アイテムの表示回数とカートに追加：アイテム名別

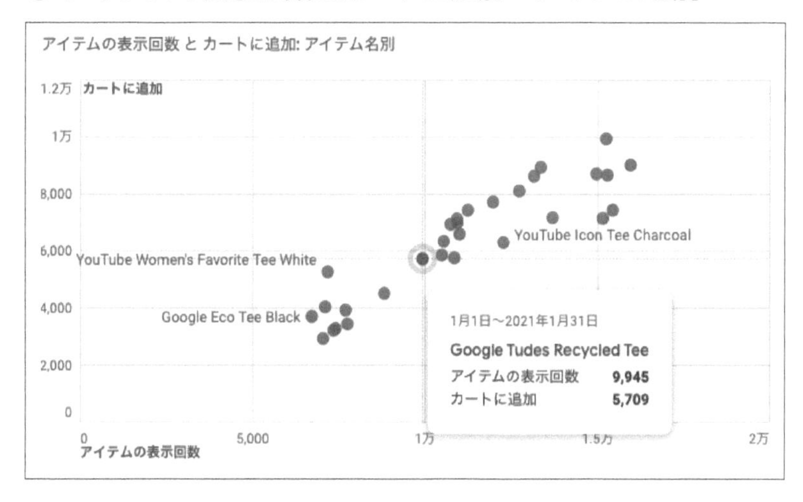

アイテムごとの表示回数とカートに追加された数の相関を散布図で表すレポートです。青色のドットにマウスポインタを合わせると、詳細な数値を確認することができます。

③ 一覧

	アイテム名 ▾	↓アイテムの表示回数	カートに追加	表示後カートに追...	e コマース購入数	表示後購入された...	商品の購入数量	アイテムの収益
	合計	913,568 全体の 100%	509,079 全体の 100%	28.17% 平均との差 0%	3,715 全体の 100%	1.06% 平均との差 0%	9,655 全体の 100%	$88,733.21 全体の 100%
1	Android Iconic Crewneck Sweatshirt	15,958	9,010	29.92%	55	0.56%	56	$2,497.00
2	YouTube Icon Tee Grey	15,443	7,432	25.24%	6	0.14%	6	$118.80
3	Google Zip Hoodie F/C	15,290	8,658	28.31%	68	0.8%	75	$3,648.00
4	Google Women's Striped L/S	15,251	9,927	33.24%	0	0%	0	$0.00
5	YouTube Icon Tee Charcoal	15,157	7,146	25.85%	14	0.34%	14	$268.40
6	Google Red Speckled Tee	14,975	8,702	30.21%	19	0.49%	22	$540.00
7	Super G Unisex Joggers	13,720	7,166	26.58%	27	0.65%	30	$939.80
8	Android Large Removable Sticker Sheet	13,382	8,935	35.8%	12	0.4%	16	$28.56
9	Android SM S/F18 Sticker Sheet	13,183	8,621	33.48%	26	0.86%	35	$61.74
10	Google Small Standard Journal Navy	12,756	8,101	32.91%	15	0.53%	72	$443.30

アイテムごとの各指標が一覧で確認できます。表示される指標は以下です。

テーブルに表示される指標

指標名	説明
アイテムの表示回数	商品詳細の表示回数
カートに追加	商品がカートに追加された回数
表示後にカートに追加された商品の割合	カートに商品を追加したユーザーの数を、同じ商品を閲覧したユーザーの数で割った割合
eコマース購入数	商品が購入された回数
表示後購入された商品の割合	商品を購入したユーザーの数を、同じ商品を閲覧したユーザーの数で割った割合
商品の購入数量	固有の商品の購入数
アイテムの収益	送料や税金を除いたアイテムの収益

アプリ内購入

●アプリ内購入の画面

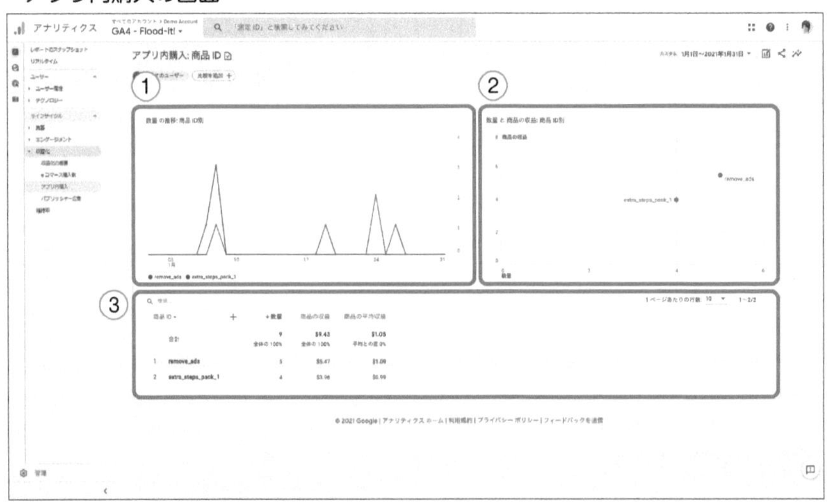

アプリ内の購入履歴を計測したレポートです。

① 数量の推移：商品ID別

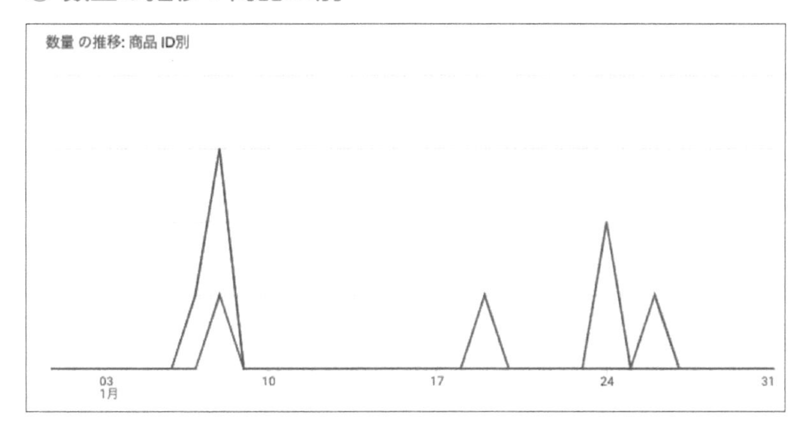

商品ID別の購入数の推移を確認できます。

② 数量と商品の収益：商品ID別

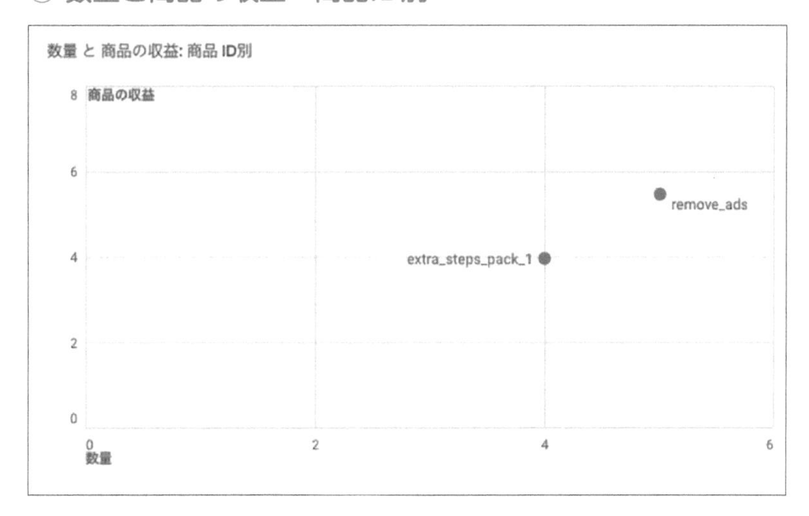

商品ID別の購入数量と収益を散布図で確認できます。

③ 一覧

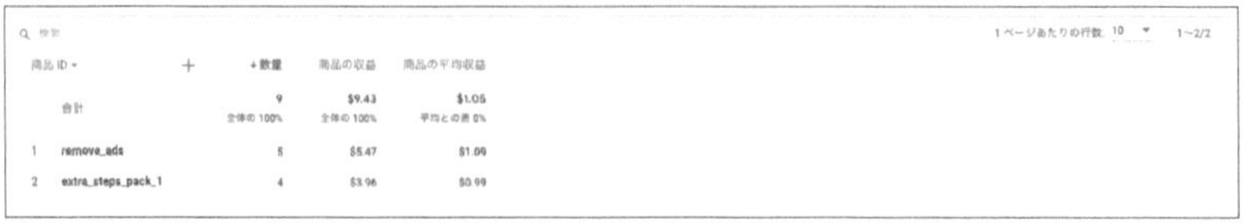

検索　　1ページあたりの行数 10　1～2/2

	商品 ID	↓数量	商品の収益	商品の平均収益
	合計	9 全体の 100%	$9.43 全体の 100%	$1.05 平均との差 0%
1	remove_ads	5	$5.47	$1.09
2	extra_steps_pack_1	4	$3.96	$0.99

商品IDごとに数量、収益、商品の平均収益を一覧で確認できます。

5-4 維持率

POINT!

- コホート別のユーザーの維持率を確認できる
- 継続ユーザーの平均エンゲージメント時間やライフタイムバリューを把握できる

維持率レポートは、**ウェブサイトやアプリにおいて、どのくらいユーザーを維持できているのかを確認**できます。ユニバーサルアナリティクスではどれだけ再訪問してくれたかを重視するという考え方でしたが、GA4ではどれだけユーザーを維持できたか、という指標でデータが収集されています。

●維持率概要レポートの画面

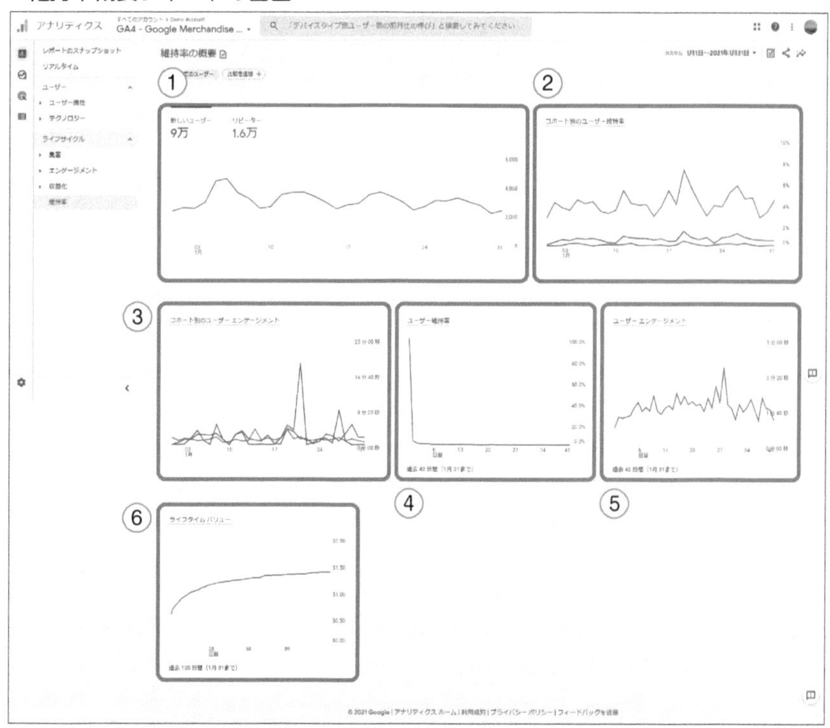

① 新しいユーザーとリピーター

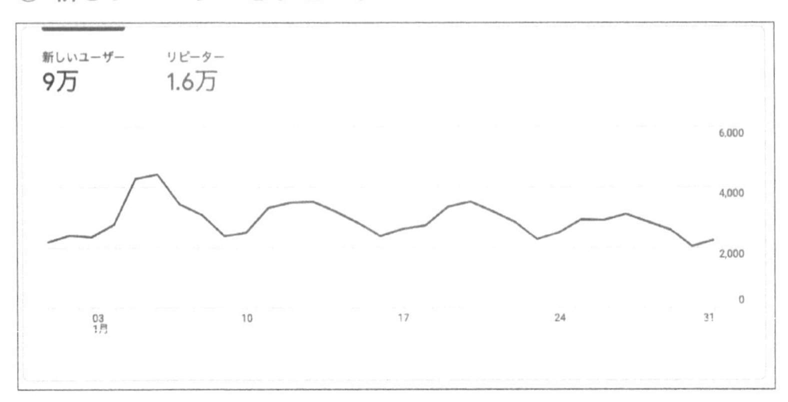

サイトやアプリに訪れた新規のユーザー数とリピートのユーザー数の推移を確認できます。

② コホート別のユーザー維持率

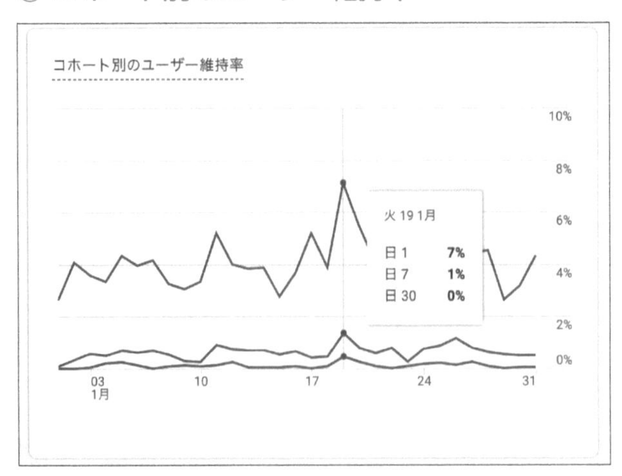

コホート別（1日・7日・30日単位）でのユーザー維持率を確認できます。1日のグラフであれば、その日に訪れたユーザーの何%が翌日に再訪したかを表しています。

③ コホート別のユーザーエンゲージメント

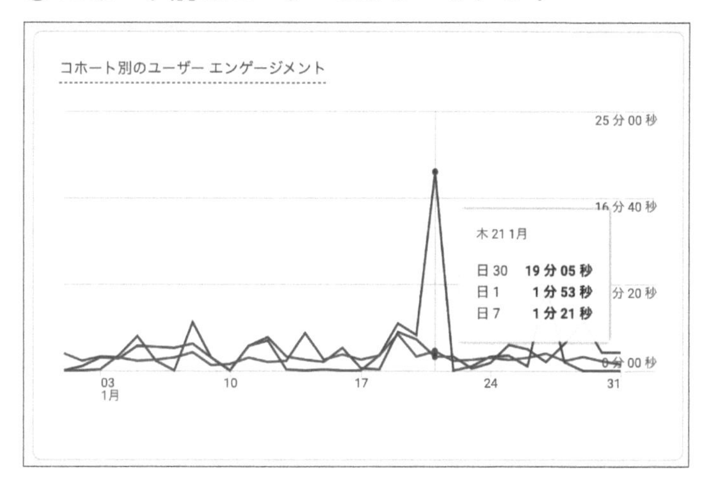

コホート別（1日・7日・30日単位）で見た、ユーザーの平均滞在時間を表示しています。7日であれば、該当日を含む直近7日間のユーザー平均滞在時間です。

④ ユーザー維持率

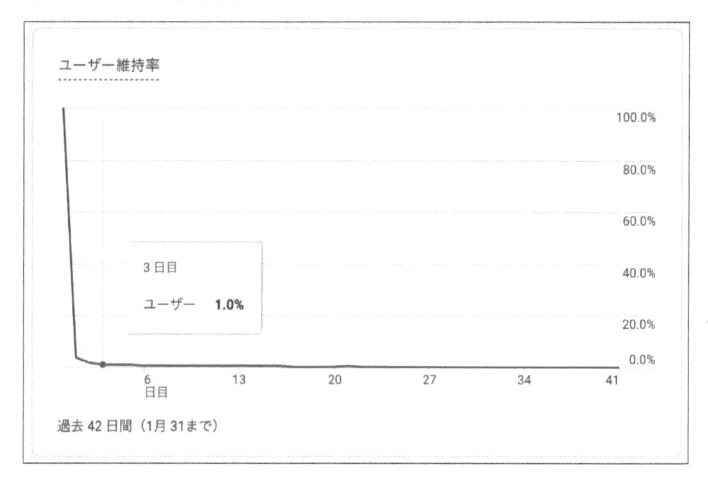

サイトを訪れたユーザー（初回訪問＝0日目）のうち、何%がX日目に再訪しているかを表したグラフです。

⑤ ユーザーエンゲージメント

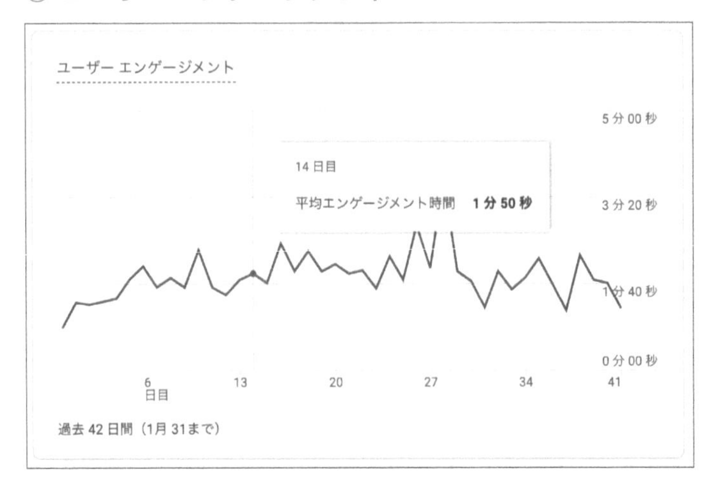

初回訪問＝0日目として、X日後の再訪時のサイトやアプリに滞在していた平均時間を表しています。

⑥ ライフタイムバリュー

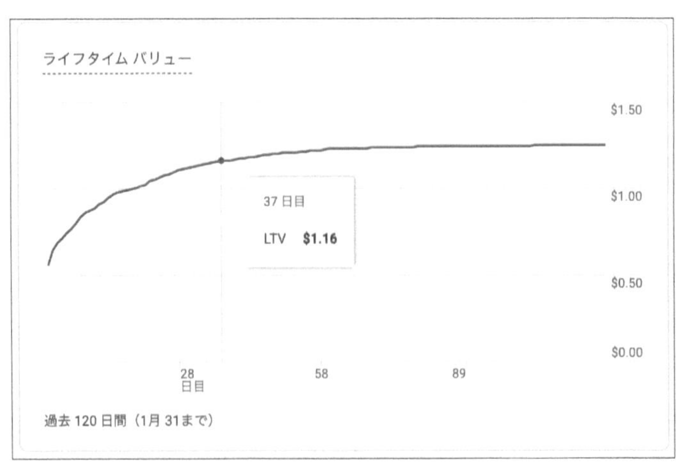

ライフタイムバリューは、ユーザーがアプリの利用を開始してから最初の120日間を対象として、購入イベントとAdMob収益イベントの合計を新しいユーザーごとに算出します。

ECサイトやメディアサイトは、特にリピートしてくれるユーザーが増えるほど収益に寄与しやすくなります。再訪問してくれるユーザーの特徴を掴んで維持率を増やしていくことで売上を伸ばしていきましょう。

6 レポート ーライブラリ

ライブラリでは、独自のレポートを作成することができます。また、作成したレポートや規定のレポートを組み合わせて、レポートナビゲーションに常時表示させることもできます。

6-1 ライブラリ

POINT!

- 独自にカスタマイズしたレポートを作成することができる
- 独自のコレクションを設定し、レポートナビゲーションに常時表示させることができる
- 公開されたコレクションは他の人にも共有できる

ライブラリを利用することで、レポートだけでなく、ナビゲーション表示まで独自にカスタマイズできます。GA4のレポートに慣れてきたら、ぜひライブラリを使って独自のレポートを作ってみましょう。

新しいレポートの作成

ライブラリでは、集客サマリーやユーザー獲得といった既存のレポート以外に、自分でカスタマイズした新しいレポートを作成できます。**レポートはサマリーレポートと詳細レポートの2種類を作成することができます。**

なお、ライブラリ機能を使用するためには編集権限が必要となります。

●ライブラリ画面(レポート作成)

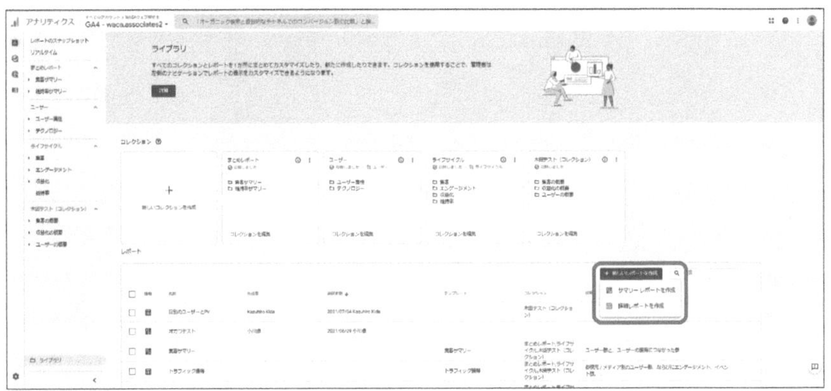

ライブラリで「新しいレポートを作成」をクリックすると、「サマリーレポートを作成」と「詳細レポートを作成」の2種類から選択して作成できます。

●サマリーレポートの作成画面

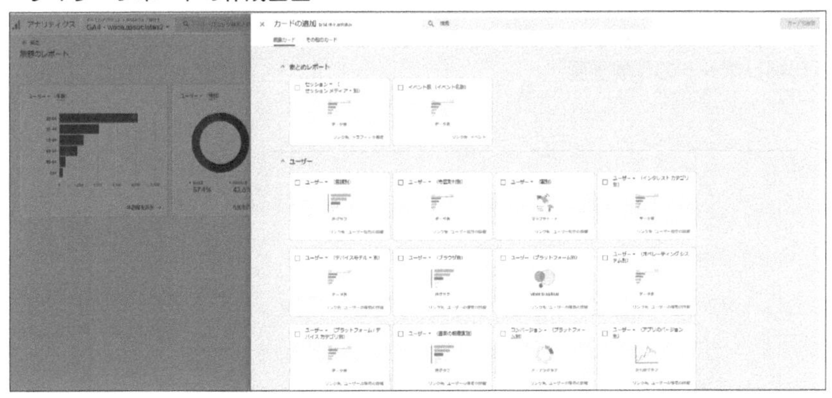

「サマリーレポートを作成」を選択すると、さまざまなカードから任意のカードを選択し、カスタマイズしたサマリーレポートを作成できます。

● サマリーレポートの作成例

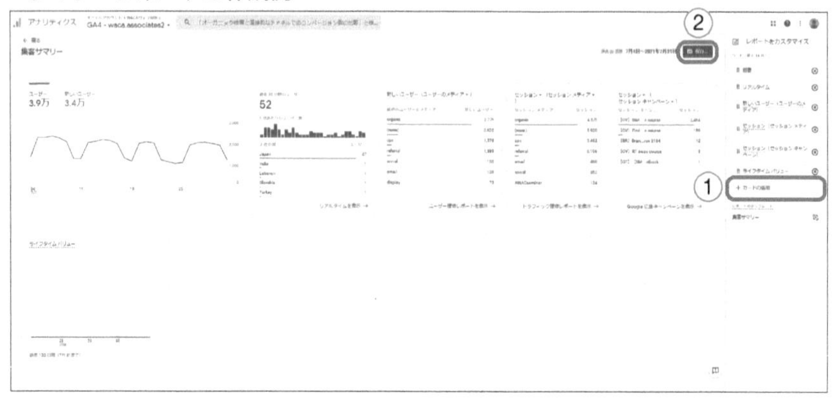

サマリーレポートの作成例です。カードを追加したい場合は、右側にある「レポートをカスタマイズ」から「カードの追加」を選択して任意のカードを追加します(①)。カードは最大16個まで選択できます。また、カードを削除したい場合は、「レポートをカスタマイズ」に表示されているカード名の右にある×ボタンをクリックします。

最後に「保存」ボタンをクリックし、レポートの名称を設定して完了です(②)。

● 詳細レポートの作成画面

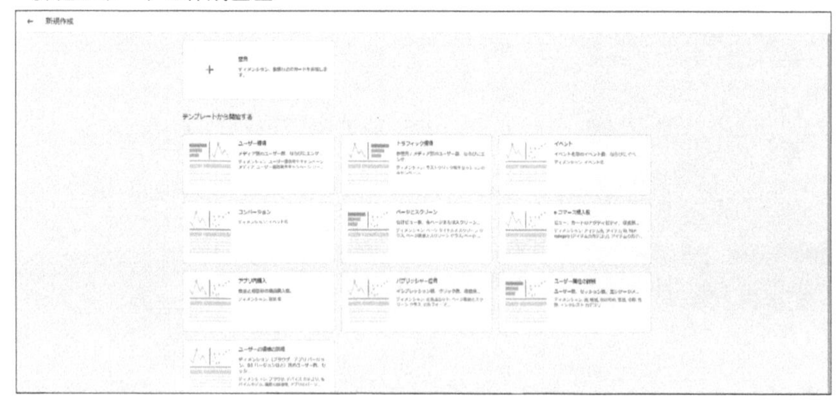

「詳細レポートの作成」を選択すると、何もない状態から新規作成する「空白」と目的別に用意された「テンプレート」が表示され、任意に選ぶことができます。

●詳細レポートの作成例

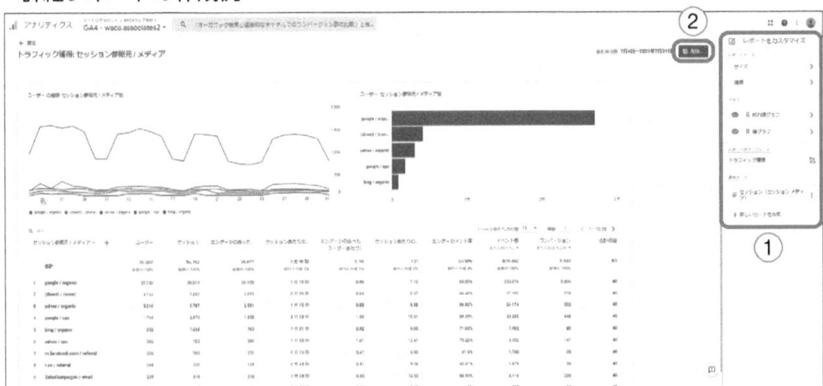

詳細レポートの作成例です。右側にある「レポートをカスタマイズ」からディメンションや指標、表示方法を選択することができます(①)。

最後に「保存」ボタンをクリックし、レポートの名称を設定して完了です(②)。

コレクションの作成

コレクションとはレポートを一組にまとめたものです。

レポートメニューにデフォルトで表示されている「ライフサイクル」と「ユーザー」は、既定のコレクションです。ライブラリを使用することで、独自のコレクションを作成することもできます。

コレクション作成もライブラリ機能のひとつであるため、レポート作成と同様、コレクション作成には編集権限が必要となります。

● ライブラリ画面（コレクション作成）

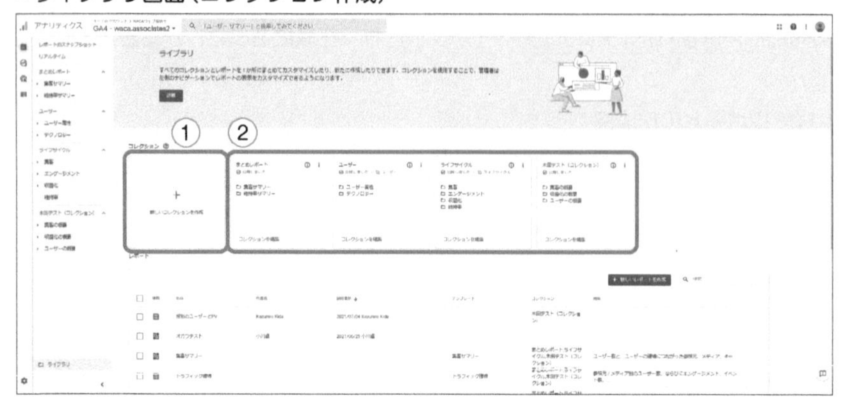

上記画面の①「新しいコレクションを作成」をクリックすると、コレクションの作成画面に遷移します。「新しいコレクションを作成」の左側にデフォルトの規定コレクションのほか、過去に作成したコレクションが表示されます（②）。それぞれの「コレクションを編集」というテキストボタンをクリックして、既存のコレクションを編集できます。

● 新しいコレクションの作成画面

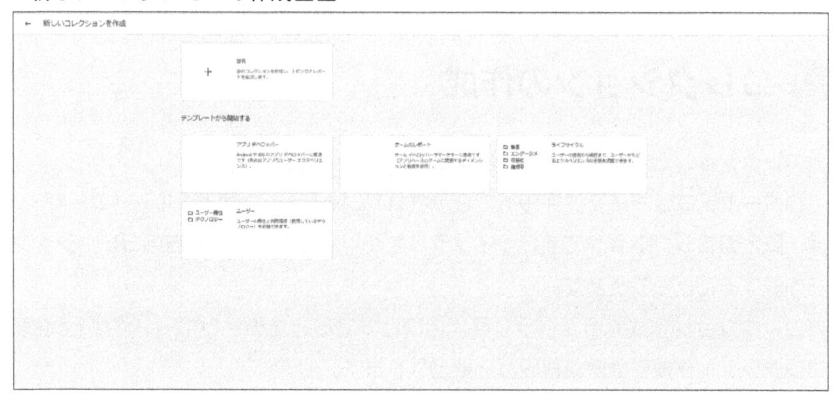

「新しいコレクションを作成」を選択すると、何もない状態から新規作成する「空白」と目的別に用意された「テンプレート」が表示され、任意に選ぶことができます。

●新しいコレクションの作成画面（「空白」から作成）

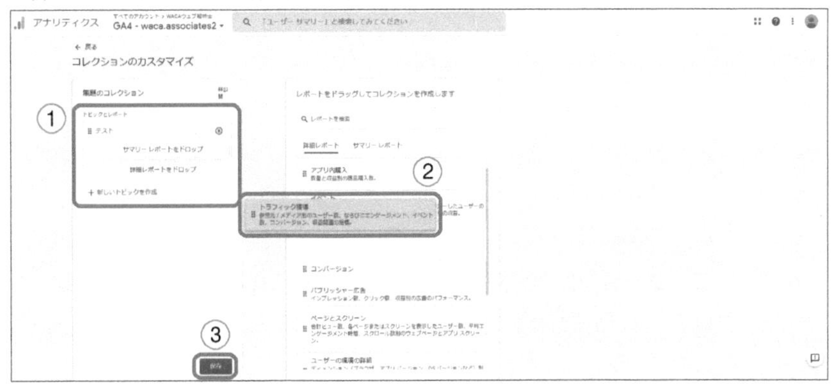

コレクションを「空白」から作成する方法を解説します。

最初に左側の「新しいトピックを作成」をクリックし、トピック名を入力します（①）。**トピックとはコレクション内のレポートのサブセットです**。例えば、ライブラリ画面の左ナビゲーションに表示されている「集客」はライフサイクルコレクション内のトピックです。コレクションには最大5つのトピックを含めることができます。

トピック名の設定後、詳細レポートやサマリーレポートの中から任意のレポートを選び、左側にドラッグ＆ドロップします（②）。独自で作成したレポートも選択できます。各トピックには最大10個までレポートを追加することができます。

コレクションが完成したら、コレクション名を設定して保存します（③）。

● 作成したコレクションのナビゲーション表示

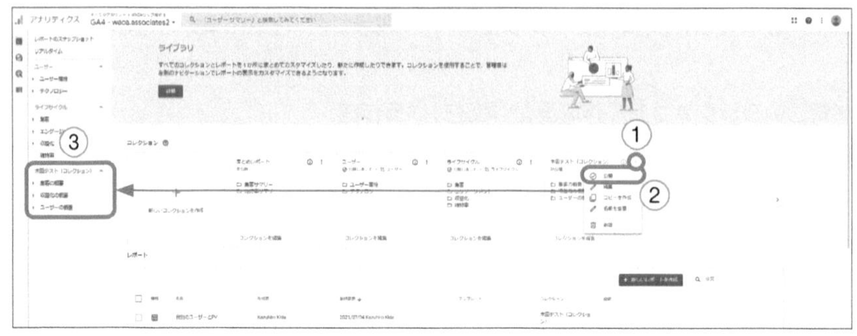

作成したコレクションは非公開になっていますが、コレクション名の右横「⋮」をクリックして(①)、「公開」を選択することで(②)、左側のレポートのナビゲーション内に公開したコレクションが表示されます(③)。

公開されたコレクションは、同プロパティの閲覧権限を持っている人へ閲覧共有することもできます。

3日目のおさらい

問　題

以下の説明より誤っているものをひとつ選んでください。

1. 「ユーザー属性」レポートはアクセスがあったユーザーの市区町村が分かる。
2. 「トラフィック獲得」レポートはアクセスがあったユーザーの参照元が分かる。
3. 「イベント」レポートは、page_viewやscrollがデフォルトで設定されている。
4. 「ページとスクリーン」ではページの直帰率が分かる。

Q2

エリアや年齢などアクセスしているユーザーの詳細を分析するのに適したレポートをひとつ選んでください。

1. 「ユーザー属性」レポート
2. データ探索
3. 「ページとスクリーン」レポート
4. 「イベント」レポート

Q3

トラフィック獲得レポートで分析ができないディメンションをひとつ選んでください。

1. 参照元/メディア
2. ソース
3. キャンペーン
4. コンバージョン

Q4

リアルタイムの概要で確認できない項目をひとつ選んでください。

1. 過去30分間のユーザー
2. 表示回数
3. セッション数
4. イベント数

Q5

リアルタイムの概要について正しいものをひとつ選んでください。

1. 過去30分間のユーザーデータでは5分ごとのユーザー数の推移が分かる。
2. 過去30分間のユーザーデータではDESKTOPとMOBILE、TABLETの割合が確認できる。
3. 表示回数のデータではアプリのスクリーン名のみ取得される。
4. コンバージョンはユーザーが発生させたすべてのイベント回数を確認できる。

Q6

ライフサイクルで確認できない項目をひとつ選んでください。

1. 集客
2. エンゲージメント
3. 行動
4. 収益化

エンゲージメントについて正しく説明されているものをひとつ選んでください。

1. エンゲージメントはアプリのみの対応となっており、ウェブサイトのデータは計測できない。
2. 3秒以上継続したセッションはエンゲージメントが発生したセッションとカウントされる。
3. 「ユーザーがサイトにとって有益となる行動」をエンゲージメントとして計測している。
4. コンバージョンイベントの場合、2回以上発生してはじめてエンゲージメントしたセッションとして計測される。

Q8

ユーザー属性について、以下から誤っているものをひとつ選んでください。

1. ユーザー属性の詳細では、日本国内から英語でアクセスしたユーザーとアメリカ合衆国から英語でアクセスしたユーザー数を比較するなど、国に言語などのセカンダリディメンションを追加して分析することができる。
2. Googleシグナルを有効に設定すると、ユーザー属性の年齢・性別・言語が分かる。
3. ユーザー属性の詳細では、年齢別のユーザー数を見ることができるが、年齢別のコンバージョン数は見ることができない。
4. ユーザー属性の詳細では、性別と年齢を掛け合わせたデータの中で、特に日本からアクセスしているユーザーの数を全体と比較して見ることができる。

Q9

テクノロジーについて、以下から誤っているものをひとつ選んでください。

1. ユーザー（プラットフォーム）には、データストリームに登録してあるプラットフォームが表示される。
2. アプリのバージョン別に、ユーザー数やエンゲージメント、コンバージョンのあったユーザー数を知ることができる。
3. ユーザーの環境の詳細では、mobileのどのブラウザでどの解像度でアクセスしているかが分かるので、UI設計に活用できる。
4. デバイスモデルでは、ユーザーが利用したiPhoneやPixel 4aのような機種が分かるだけではなく、iOSやAndroidのバージョンも分かる。

解答

A1　4

ページとスクリーンレポートでは、ページごとの各指標が表示され、ユニバーサルアナリティクスの「行動>サイトコンテンツ>すべてのページ」と似たような分析ができます。しかしながら、GA4は直帰率という指標はなくなり、ページとスクリーンレポートを含むGA4のすべてのレポートでは確認できません。

A2　1

ユーザー属性レポートでは、地域、年齢、性別ごとのユーザー数やエンゲージメント数、イベント数、コンバージョン数などを分析することができます。

A3　4

トラフィック獲得レポートでは、参照元/メディア、メディア、ソース、キャンペーン、デフォルトチャネルグループのディメンションが設定できます。コンバージョンはディメンションではなく、指標となります。

A4　3

リアルタイムレポートではユーザーを軸とした指標が確認できます。セッション情報は確認できません。

A5 2

1. 過去30分間における1分間あたりのユーザー数の推移が分かります。
2. 正解です。
3. 表示回数のデータではウェブサイトのページタイトルも確認できます。
4. コンバージョンはユーザーがコンバージョンイベントを発生させた回数です。

A6 3

ライフサイクルは、集客、エンゲージメント、収益化、維持率の項目に分類されています。

A7 3

1. アプリだけでなくウェブサイトのデータも計測されます。
2. 3秒ではなく10秒以上継続したセッションはエンゲージメントが発生したセッションとカウントされます。
3. 「ユーザーがサイトにとって有益となる行動」をエンゲージメントとして計測しています。
4. コンバージョンイベントは1回でも発生すると計測されます。

A8 2

ユーザーの言語は、Googleシグナルを有効にしなくても取得できます。Googleシグナルを有効にすると、広告のカスタマイズをオンにしているGoogleユーザーの集計データが含まれるようになり、ユーザーの年齢、性別、インタレストカテゴリが表示されるようになります。

https://support.google.com/analytics/answer/9445345?hl=ja

A9 4

デバイスモデルでは、iPhoneやPixel 4aのような機種は分かりますが、iOSやAndroidのバージョンは分かりません。

4日目

GA4のダッシュボード解説2

4日目に学習すること

新しくなったGA4のダッシュボードについて学びます。4日目では探索、広告、設定、管理について解説します。

全体の半分までたどりついたよ
わーい
1
2
3
4
5
6
7
4日目は昨日に引き続き残りのダッシュボードの見方を学んでいきましょう

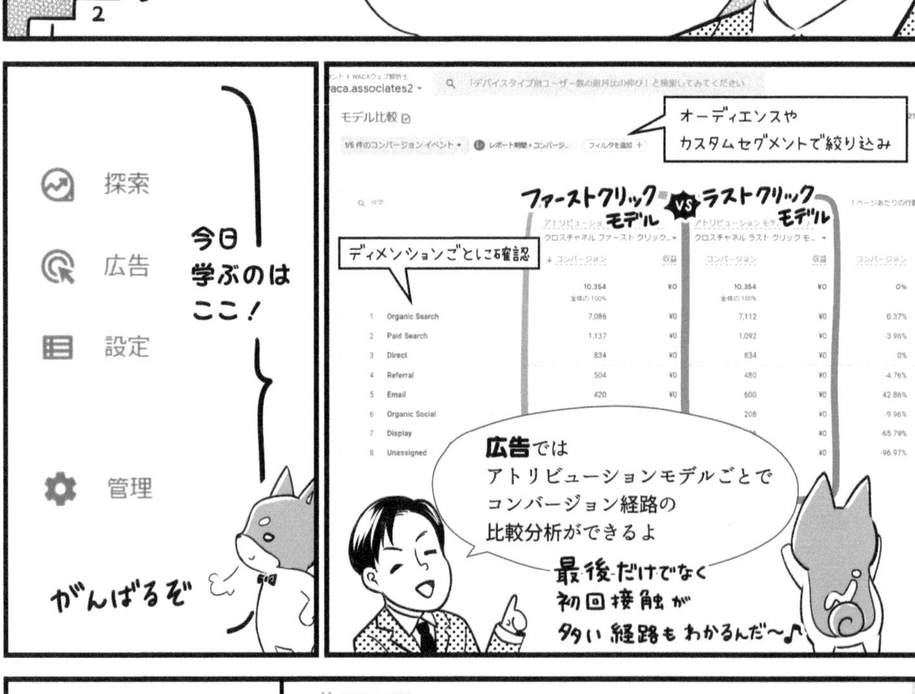
探索
広告
設定
管理
今日学ぶのはここ！
がんばるぞ
モデル比較
オーディエンスやカスタムセグメントで絞り込み
ファーストクリックモデル vs ラストクリックモデル
ディメンションごとに確認
Organic Search
Paid Search
Direct
Referral
Email
Organic Social
Display
Unassigned
広告ではアトリビューションモデルごとでコンバージョン経路の比較分析ができるよ
最後だけでなく初回接触が多い経路もわかるんだ〜♪

予測オーディエンス
収益予測
7日以内に購入する可能性が高い既存顧客
7日以内に離脱する可能性が高いユーザー
28日以内に利用額上位になると予測されるユーザー
購入予測
離脱予測
7日以内に初回の購入を行う可能性が高いユーザー
7日以内に離脱する可能性が高い既存顧客
利用可能
機械学習モデルを使った予測機能もあるよ
使うには条件があるけどね
スゴ〜イ！

1 探索

探索はGA4で新しく追加された新メニューです。探索では標準レポート機能を上回る高度な手法を使って顧客の行動やインサイトを分析することができます。

1-1 探索

POINT!

・自由にカスタマイズした分析を行う場合は「空白」を選ぶ
・データ探索のテンプレートは、通常レポートよりも高度な分析かつビジュアライズされて表示される
・テンプレートギャラリーでは手法、使用例、業種の3つの項目からテンプレートを選択できる

データ探索

データ探索のメニューでは、新しいデータ探索を作成したり、作成したデータ探索をほかの人と共有したり、過去に作成したデータ探索を閲覧したりすることができます。

● データ探索

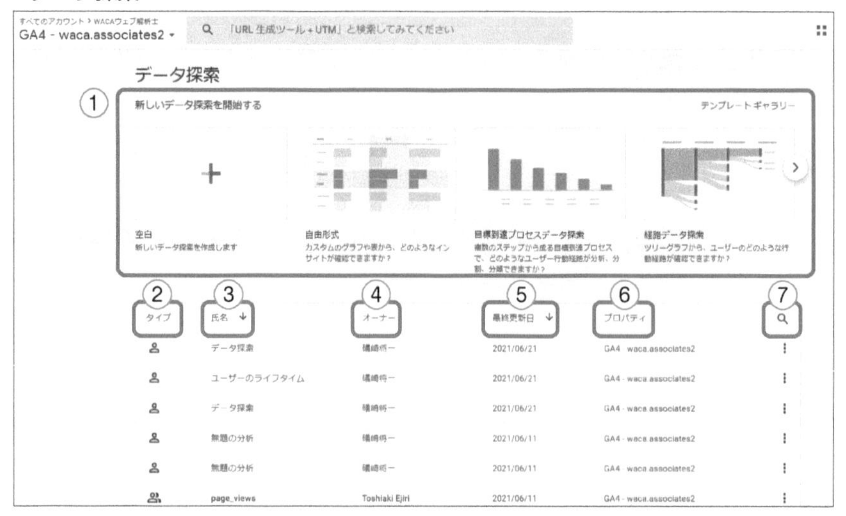

データ探索の画面では、以下のメニューが確認できます。各メニューについて解説します。

① 新しいデータ探索を開始する
② タイプ
③ 氏名
④ オーナー
⑤ 最終更新日
⑥ プロパティ
⑦ 検索

① 新しいデータ探索を開始する

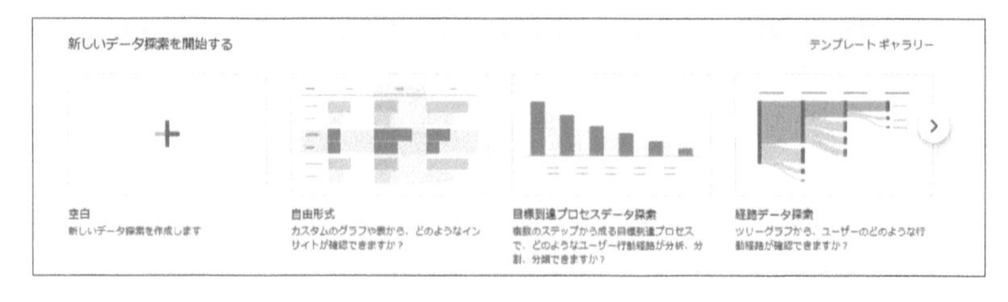

新規でデータ探索を作成する場合は「新しいデータ探索を開始する」から作成します。「空白」を選択すると、自由にカスタマイズして分析を作成することができます。

「空白」の右隣にある「自由形式」や「目標到達プロセスデータ探索」などは、あらかじめ用意された分析テンプレートです。「>」をクリックすると、他のテンプレートがカルーセル形式で表示されます。

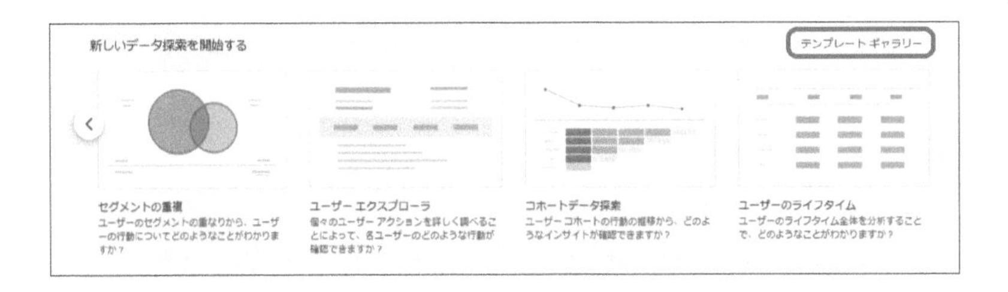

右上の「テンプレートギャラリー」をクリックすると、テンプレートの一覧が表示されるテンプレートギャラリーに遷移します。目的に沿ったテンプレートを選ぶことで、効率よく任意のデータ探索を作成することができます。

データ探索の作り方については、5日目と6日目で詳しく解説します。

② タイプ

タイプ	氏名	オーナー	最終更新日	プロパティ
共有	コホート分析	[illegible]	15:41	GA4 - waca.associates2
未共有	経路の分析	[illegible]	2021/06/01	GA4 - waca.associates2
	経路の分析	[illegible]	2021/05/31	GA4 - waca.associates2
	無題の分析	[illegible]	2021/05/28	GA4 - waca.associates2
	目標到達プロセス	[illegible]	2021/05/27	GA4 - waca.associates2
	無題の分析	[illegible]	2021/05/27	GA4 - waca.associates2

新しいタブで開く
共有
複製
名前を変更
削除

タイプとは分析レポートの共有の有無です。「共有」と「未共有」があり、アイコンが異なります。「共有」は複数人を示すアイコンで表示され、対象プロパティの権限が登録されている他の人も共有閲覧できるレポートです。「未共有」はひとりを示すアイコンで表示され、自分しか閲覧できないデータ探索です。一番右側にある「⋮」をクリックすると、共有または共有解除が可能です。

タイプのデフォルト状態は「共有」「未共有」両方とも表示される「すべて」の状態となっていますが、タイプをマウスオーバーすることで「共有」「未共有」ごとに絞り込むことも可能です。

③ 氏名

タイプ	氏名 ↓
	経路の分析
	経路の分析
	経路の分析
	目標到達プロセス
	目標到達プロセス
	目標到達プロセス
	目標到達プロセス

「氏名」と表示されていますが、分析名のことです。「氏名」をクリックすると、分析名でソートされます。

④ オーナー

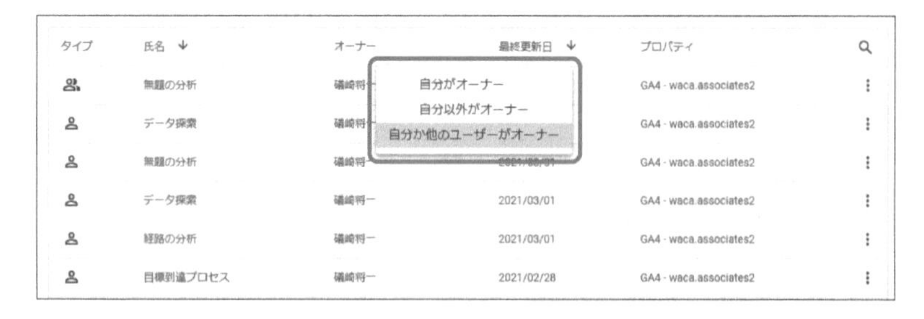

「オーナー」とはデータ探索の作成者の名前です。デフォルト状態では自分・自分以外のオーナーすべてのデータ探索が表示されますが、「オーナー」をク

リックすると「自分がオーナー」のデータ探索や「自分以外がオーナー」のデータ探索のみに絞り込むこともできます。

⑤ 最終更新日

作成したデータ探索の最終更新日が表示されます。

⑥ プロパティ

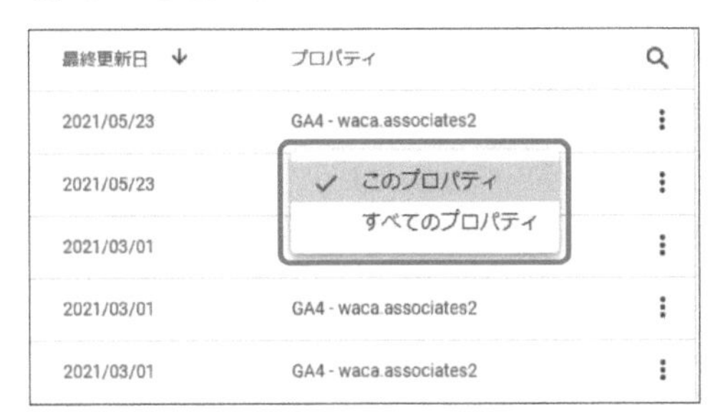

プロパティをクリックすると、閲覧するデータ探索のプロパティを選択できます。「このプロパティ」と「すべてのプロパティ」の2つから選択することができ、前者は現在閲覧しているアカウントのプロパティが対象です。後者は他アカウントのプロパティを含むすべてのデータ探索が対象となります。

⑦ 検索

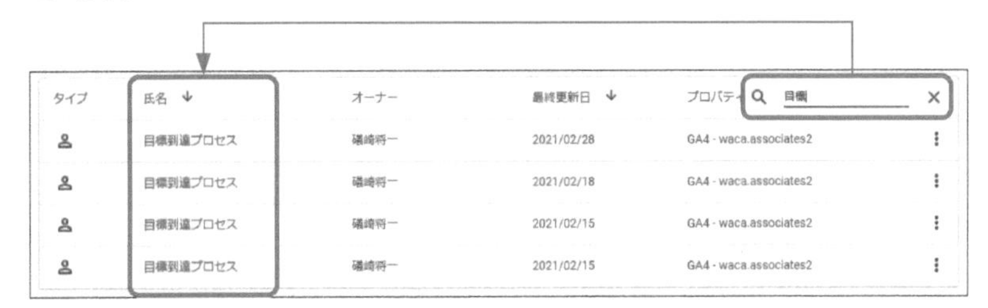

一番右の虫眼鏡のアイコンをクリックすると、データ探索を検索することができます。氏名やプロパティ名に関する文字列を入力すると、該当するデータ探索が表示されます。

テンプレートギャラリー

テンプレートギャラリーでは、「手法」「使用例」「業種」の3つの項目から分析テンプレートを選択できます。「手法」では自由にカスタマイズできる「空白」のほか、「自由形式」「目標到達プロセスデータ探索」「経路データ探索」など特定の目的に沿った分析手法のテンプレートを選ぶことができ、7種類の手法が用意されています※1。

「使用例」では、各手法を使ってユーザー獲得分析やコンバージョン分析などを行った具体的な分析例のテンプレートを選ぶことができ、「ユーザー獲得」「コンバージョン」「ユーザーの行動」の3種類の使用例を選択することができます※2。「業種」では、特定の業界で頻度の高い分析手法をパッケージ化したテンプレートを選ぶことができ、「eコマース」「ゲーム」の2種類の業種を選択することができます※3。

●テンプレートギャラリー

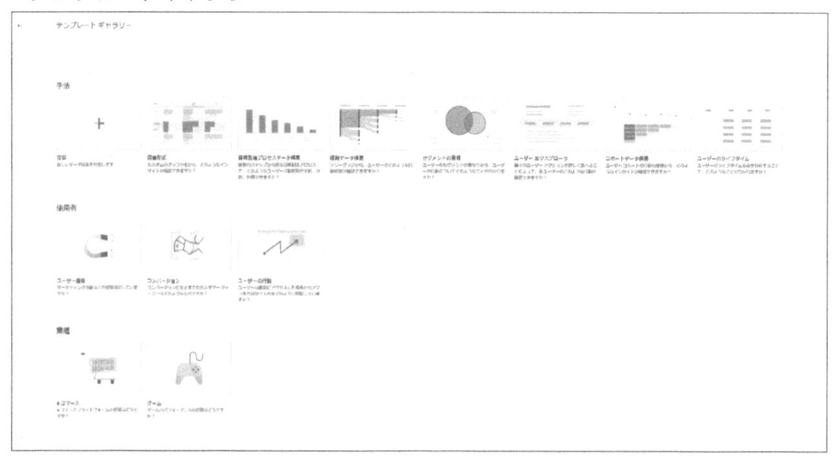

手法

自由形式

一般的なクロス集計表の形式でデータが表示される、もっともベーシックなデータ探索です。「空白」からレポートを作成することが難しい方は、まずは自由形式のテンプレートを使ってみるのもよいかもしれません。

※1、※2、※3　2021年7月現在

自由形式では行と列を自由に配置したり、データグループの作成、セグメントやフィルタを適用したりすることで表示を調整できます。棒グラフ、円グラフ、折れ線グラフ、散布図、地図など、さまざまなスタイルの表示形式を適用することもできます。

目標到達プロセスデータ探索

目標到達プロセスデータ探索では、ユーザーがコンバージョンに至るまでのステップをビジュアル表示し、各ステップでのユーザーの動向を素早く確認できます。例えば、ランディングページ、申込フォーム、サンクスページなど任意でステップを登録して、各ステップの遷移率を分析することで、どのステップに問題があるかを確認することができます。

経路データ探索

経路データ探索では、ツリーグラフでユーザーの移動経路を確認できます。「イベント」「ページタイトルとスクリーン名」「ページタイトルとスクリーンクラス」の3つを階層ごとに選択することができます。例えば、サイトに訪問後、商品Aページを閲覧して、商品Bページを閲覧したユーザーの数を分析することができます。

セグメントの重複

セグメントの重複では、複数のセグメントの相互関係を3つの円の重なりで表示します。セグメントは最大3個選択できます。例えば、ページAとページBを閲覧したユーザーがコンバージョンに至っているかどうかを分析する場合、ページAを閲覧したユーザー、ページBを閲覧したユーザー、コンバージョンに至ったユーザーのセグメントの交わりを探っていきます。

ユーザーエクスプローラ

ユーザーエクスプローラでは、個々のユーザーの行動詳細を確認できます。例えば、コンバージョンに至ったユーザーの行動を確認したい場合は、コンバージョンに至ったユーザーでセグメントを行うことで、見たいユーザーグループを絞り込むことができます。

コホートデータ探索

コホートデータ探索では、ユーザーを属性や条件でグループごとに分類し、そのグループに属するユーザーの動向を分析することができます。例えば、ECサイトにおいて広告経由で初回訪問したユーザーをセグメントし、月ごとの訪問数や購入金額などを分析することで、広告の成果を長期的に判断することができます。

ユーザーのライフタイム

ユーザーのライフタイムでは、再訪問や再購入によってユーザーが長期にわたってもたらす価値を累積して確認できます。例えば、もっとも高いライフタイム収益をもたらした参照元・メディア・キャンペーンはどれかを分析することで、中長期的にどの集客経路で初回訪問ユーザーを獲得することが効果的なのかを判断することができます。

● 使用例

ユーザー獲得

流入経路別でのユーザーの分析手法がまとまったテンプレートです。参照元、メディア、キャンペーンなど流入経路別でユーザー数やコンバージョン数を把握することができます。また、ユーザーのページ遷移フローを参照元別でセグメントをかけたものをツリーグラフで確認できます。

コンバージョン

各イベントやコンバージョンの分析手法がまとまったテンプレートです。各コンバージョンやイベントの発生数を、デバイス別や性別などでのクロス集計分析やコンバージョンのタイミングを表示した時系列分析、コンバージョンが発生した参照元分析などを利用して確認することができます。

ユーザーの行動

サイトに訪れたユーザーのサイト内の行動を把握するための分析手法がまとまったテンプレートです。ユーザーがサイト訪問後に発生したイベント（ページ閲覧、クリック、スクロールなど）や閲覧ページの遷移の流れを、ツリーグラフで表現した分析として利用することができます。

業種

eコマース

eコマースの業界で分析頻度の高い手法をパッケージ化したテンプレートです。参照元やメディア別での購入分析ができます。

ゲーム

ゲームの業界で分析頻度の高い手法をパッケージ化したテンプレートです。参照元やメディア別でのユーザーの獲得分析、収益性の高いイベント分析、新規ユーザーの維持率、離脱ユーザーの行動分析などができます。

このように、データ探索にはたくさんの分析手法が用意されており、ユーザーの行動をより詳細に分析できます。データ探索は奥が深いので「5日目 データ探索の基礎」「6日目 データ探索応用」で詳しく解説します。

2 広告

広告メニューでは、コンバージョンに至った経路を詳細に分析し、広告施策や予算配分に活かすことができます。

2-1 広告スナップショット

POINT!

- 一目でコンバージョン発生の様子が把握できる
- コンバージョンまでのカスタマージャーニー分析に役立つ

広告のスナップショットで参照できる情報

広告スナップショットレポートを活用することで、コンバージョン発生の様子が一目で把握でき、カスタマージャーニーをより明確に理解できます。具体的には、コンバージョンが発生したチャネルグループやコンバージョン発生までのチャネル経路、2つの異なるアトリビューションモデル比較が確認できるのです。

詳細については、各概要カードの右下にある「～を表示」のテキストボタンをクリックすれば、より包括的なレポートが表示されます。

注意点は、表示されるデータは2021年6月14日以降のデータとなっている点です。

● 広告スナップショットレポート画面

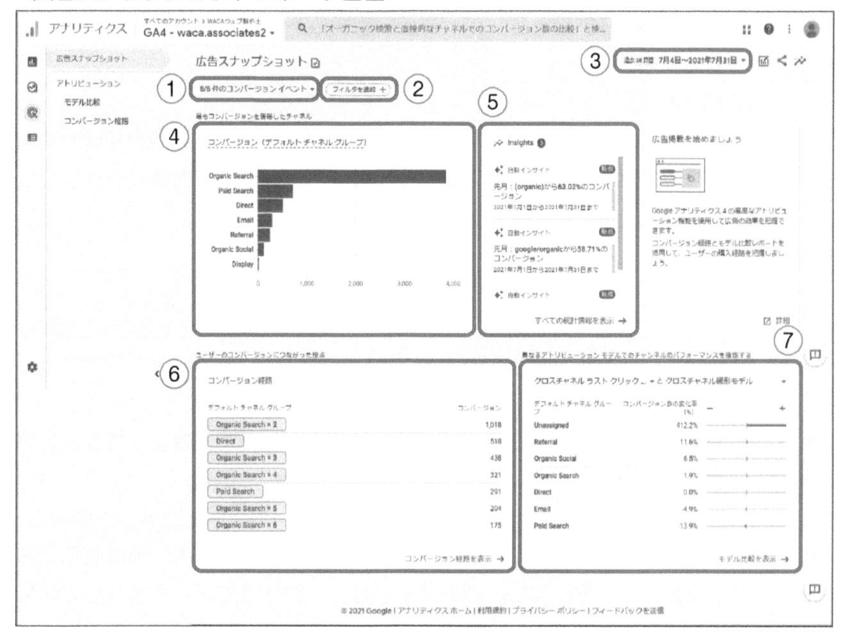

① **コンバージョンイベント**

プルダウンメニューで、コンバージョンとして設定しているイベントの選択・絞込みなどができます。デフォルト状態はすべてのコンバージョンイベントが選択されています。

② **フィルタ**

年齢、デバイス、広告キャンペーンなど、さまざまなディメンションでフィルタをかけてデータを確認することができます。

③ **期間**

期間を指定することができます。ただし、2021年6月13日以前のデータは確認できません。

④ **最もコンバージョンを獲得したチャネル**

デフォルトチャネルグループのチャネルのうち、最も多くのコンバージョンに貢献しているチャネルを確認できます。2021年7月現在では、ラストクリックモデルをコンバージョンモデルとしています。

⑤ Insights

広告関連のデータに大きな変動があった場合や、新たな傾向が現れた場合に通知が表示されます。スクロールして各インサイトをクリックすれば詳細を確認することができます。

⑥ ユーザーのコンバージョンにつながった接点

指定した期間を対象に、上位のコンバージョン経路とその経路で達成されたコンバージョン数を確認できます。

⑦ 異なるアトリビューションモデルでのチャンネルのパフォーマンスを確認する

チャネルごとに、異なるアトリビューションモデルを適用した場合に、貢献度がどのように変化するかを確認できます。カードの上部にあるプルダウンメニューを使用し、他のアトリビューションモデルを選択して比較することもできます。

2-2 アトリビューション

POINT!

- モデル比較では、コンバージョンに至るまでのタッチポイントをさまざまなアトリビューションモデルで比較して、貢献度の高い経路を分析することができる
- コンバージョン経路では、コンバージョンに至るまでのタッチポイントを初回・中間・最後の時系列的に分析することができる

モデル比較

コンバージョンに貢献したチャネルや参照元などの流入経路に対して、ラストクリックモデル、ファーストクリックモデルなど、各アトリビューションモデルごとで比較分析することができます。

コンバージョンに至るまでのタッチポイントについて、初回接触が多い経路、最後の接触が多い経路など貢献度の高い経路などが把握できるため、得られた情報を集客施策や広告予算の配分に活かすことができます。

●モデル比較レポート画面

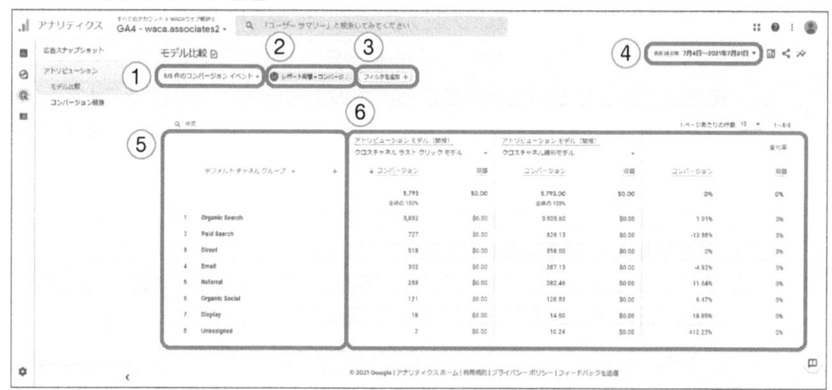

① コンバージョンイベント

プルダウンメニューで、コンバージョンとして設定しているイベントの選択・絞込みなどができます。デフォルト状態はすべてのコンバージョンイベントが選択されてます。

② レポート期間

コンバージョン期間とインタラクション期間を選択できます。デフォルトはコンバージョン期間です。

コンバージョン期間は指定された期間内にコンバージョンに至る前のルックバックウィンドウで発生したすべての広告イベントの貢献度が反映されます。インタラクション期間は、指定した期間内に発生したすべての広告イベントの貢献度が反映されます。

③ フィルタ

年齢、デバイス、広告キャンペーンなど、さまざまなディメンションでフィルタをかけてデータを確認することができます。

④ 期間

期間を選択することができます。ただし、2021年6月13日以前のデータは確認できません。

⑤ タッチポイント(流入経路)

デフォルトはデフォルトチャネルグループになっていますが、「デフォルトチャネルグループ」右隣のプルダウンメニューで「参照元／メディア」「参照元」「メディア」「キャンペーン」を選択することができます。

また、プルダウンメニューのさらに右の「+」をクリックすることで、セカンダリディメンションとして「性別」「年齢」「デバイス」などの条件を設定し、さらに掘り下げて分析することも可能です。

⑥ アトリビューションモデルの比較

プルダウンメニューでアトリビューションモデルの比較ができます。2021年7月現在ではクロスチャネルのラストクリック、ファーストクリック、線形、接点ベース、減衰とGoogle広告優先のラストクリックを選択することができます。

例えば、「クロスチャネルのラストクリック」モデルと、「クロスチャネルのファーストクリック」モデルを比較することで、コンバージョンの起点になっているのに過小評価されているキャンペーンを特定できます。ウェブサイトやアプリで、より多くの新規顧客を獲得したい場合は、この比較が有効です※4。

コンバージョン経路

コンバージョン経路レポートを使用することで、ユーザーがコンバージョンに至った経路を把握するとともに、各アトリビューションモデルで各経路の貢献度がどのように配分されるか確認することができます。

コンバージョン経路レポートには、データの可視化とデータ表の2つのセクションがあります。

● コンバージョン経路レポート画面

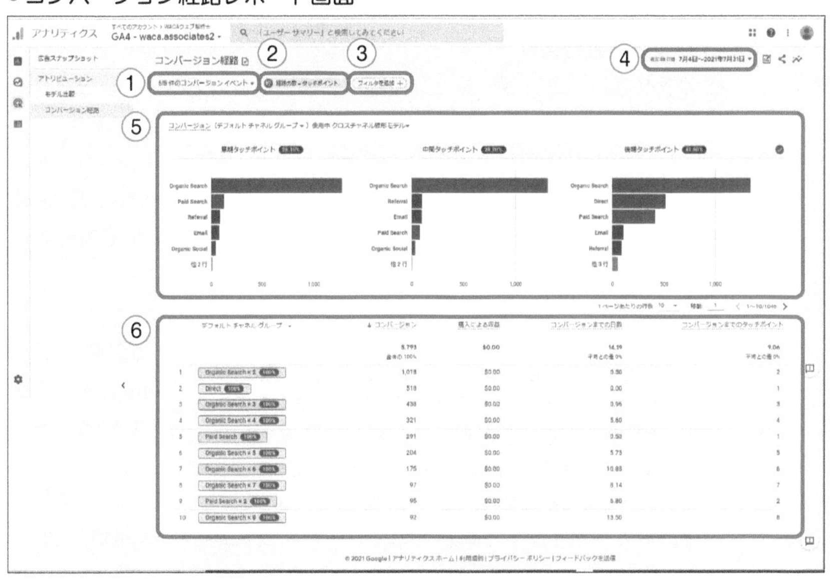

※4 参考：アトリビューションモデルの概要
https://support.google.com/analytics/answer/1662518?hl=ja

① コンバージョンイベント

プルダウンメニューで、コンバージョンとして設定しているイベントの選択・絞込みなどができます。デフォルト状態はすべてのコンバージョンイベントが選択されてます。

② 経路の数＝タッチポイントの合計

レポートには、すべての経路（最大50件のタッチポイント）が表示されます。「経路の数」をクリックすることで、経路の数の範囲を指定することができます。

③ フィルタ

年齢、デバイス、広告キャンペーンなど、さまざまなディメンションでフィルタをかけてデータを確認することができます。

④ 期間

期間を選択することができます。ただし、2021年6月13日以前のデータは確認できません。

⑤ データの可視化エリア

どのチャネルがコンバージョンの起点になったり、アシストしたり、終点になったりしているのかが一目で分かります。

コンバージョンに至るまでのタッチポイントが、早期・中間・後期の3つに分類されて表示されます。コンバージョンに至ったタッチポイントの粒度や各アトリビューションモデルは、プルダウンメニューでそれぞれ選択することもできます。

- 早期タッチポイント：経路上のタッチポイントのうち、最初の25％のタッチポイントです。もっとも近い整数になるように四捨五入されます。経路のタッチポイントがひとつしかない場合、このセグメントは空になります。

- 中間タッチポイント：経路上のタッチポイントのうち、中間の50％のタッチポイントです。経路上のタッチポイントが3つ未満の場合、このセグメントは空になります。

・後期タッチポイント：経路上のタッチポイントのうち、最後の25%のタッチポイントです。もっとも近い整数になるように四捨五入されます。経路上のタッチポイントがひとつのみの場合は、コンバージョンに対する貢献度がすべてそのセグメントに割り当てられます。

⑥ データ表

ユーザーがコンバージョンを達成するまでにたどった経路のほか、コンバージョン数、購入による収益、コンバージョンまでの日数、コンバージョンまでのタッチポイントといった指標が表示されます。

デフォルトでは、コンバージョン数がもっとも多い経路の順にレポートが並べ替えられます。他のいずれかの指標の横にある下矢印をクリックすると、その指標を基準にデータを並べ替えることができます。

3 設定

設定ではイベントやコンバージョンを登録したり、セグメントしたユーザーを広告で活用したり、カスタムディメンションやカスタム指標を追加することなどができます。DebugViewではイベントの稼働状況をリアルタイムで確認できます。

3-1 イベント

POINT!

- イベントでは、すべてのイベントの計測結果を確認できる
- 「測定機能の強化」を有効にすることで、自動で収集できるイベントがある

デフォルトで収集されるイベント（ウェブの場合）

イベントには自動で収集されるものと、カスタムイベントを作成することで収集できるものがあることを「2日目」で学びました。

イベントレポートでは、すべてのイベントの計測結果を確認できます。

●イベント設定の画面

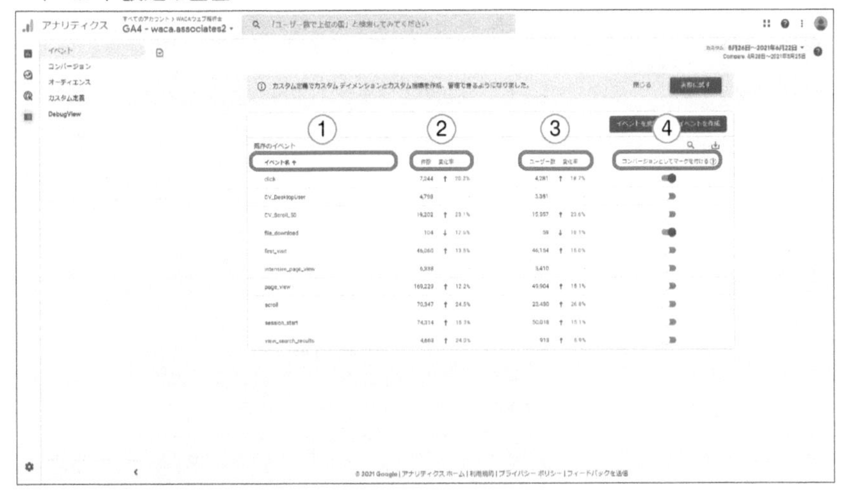

① **イベント名**

・イベントの名前です。新たに作成した場合は、カスタムイベント名が表示されます。

② **件数 / 変化率**

・イベントが発生した回数です。例えばpage_viewの場合、ページが表示されるイベントが何回発生したかが分かります。

③ **ユーザー数 / 変化率**

・イベントを発生させたユーザーの数です。変化率に関しては、見ている期間の直前の期間と比較されます。

④ **コンバージョンとしてマークを付ける**

・「コンバージョンとしてマークを付ける」をオンにしたイベントが「イベント>コンバージョン」に表示されます。

自動で収集されるイベントは以下のとおりです。

イベント名	測定される条件
click ※	ユーザーが現在のドメインから移動するリンクをクリックしたとき
first_visit	ユーザーが初めてアクセスしたとき
session_start	ユーザーがアプリやウェブサイトを訪問したときの最初のページや画面を表示したとき
file_download ※	ユーザーが次のタイプのファイルに移動するリンクをクリックしたとき • ドキュメント：pdf / xlsx/ docx • テキスト：txt / rtf / csv • 実行可能：exe / key / pp • プレゼンテーション：ppt • 圧縮ファイル：zip / kg / rar /gz / zip • 動画：avi / mov / mp4 / mpeg • 音声：wmv / midi / mp3 / wav / wma
page_view ※	ページが読み込まれたとき、またはアクティブなサイトによって閲覧履歴のステータスが変更されたとき
scroll ※	ユーザーが各ページの下部（縦90%ピクセルの位置）までスクロールしたとき
video_complete ※	動画が終了したとき ※JavaScript APIサポートが有効になっている埋め込みYouTube動画の場合
video_progress ※	動画が再生時間の10%、25%、50%、75%以降まで進んだとき ※JavaScript APIサポートが有効になっている埋め込みYouTube動画の場合
video_start ※	動画の再生が開始されたとき ※JavaScript APIサポートが有効になっている埋め込みYouTube動画の場合
view_search_results ※	ユーザーがサイト内検索をしたとき

※「管理＞プロパティ＞データストリーム＞ウェブストリームの詳細＞拡張計測機能」を有効にすることで収集できるようになります。

高度なデータを収集したい場合は、カスタムイベントで計測できます（2日目を参照)。

デフォルトで収集されるイベントと含まれるパラメーター一覧

イベント名	含まれるパラメータ
click	GA_SESSION_ID PAGE_LOCATION LINK_DOMIAIN PAGE_TITLE LINK_ID TERM CAMPAIGN LINK_URL GA_SESSION_NUMBER GCLID SOURCE LINK_CLASSES MEDIUM CONTENT ENGAGEMENT_TIME_MSEC PAGE_REFERRER OUTBOUND
first_visit session_start	GA_SESSION_ID PAGE_LOCATION PAGE_TITLE GA_SESSION_NUMBER PAGE_REFERRER
file_download	GA_SESSION_ID FILE_NAME PAGE_LOCATION PAGE_TITLE LINK_ID LINK_TEXT LINK_URL GA_SESSION_NUMBER FILE_EXTENSION ENGAGEMENT_TIME_MSEC PAGE_REFERRER

page_view	GA_SESSION_ID PAGE_LOCATION DEBUG_MODE PAGE_TITLE TERM CAMPAIGN GA_SESSION_NUMBER GCLID SOURCE MEDIUM CONTENT PAGE_REFERRER
scroll	GA_SESSION_ID PAGE_LOCATION PERCENT_SCROLLED PAGE_TITLE TERM CAMPAIGN GA_SESSION_NUMBER SOURCE MEDIUM CONTENT ENGAGEMENT_TIME_MSEC PAGE_REFERRER
video_complete video_progress video_start	video_current_time video_duration video_percent video_provider video_title video_url、visible
view_search_results	GA_SESSION_ID PAGE_LOCATION PAGE_TITLE CAMPAIGN GA_SESSION_NUMBER SOURCE SEARCH_TERM MEDIUM ENGAGEMENT_TIME_MSEC PAGE_REFERRER

デフォルトで収集されるパラメータの説明

パラメータ	説明
GA_SESSION_ID	セッション内で発生する各イベントに関連付けられた一意のセッション識別子
PAGE_LOCATION	ページのURL
PAGE_TITLE	ページタイトル
GA_SESSION_NUMBER	セッション内で発生する各イベントに関連付けられたユーザーと、セッションが関連付けられるにつれて（1から）単調に増加していく、セッションの発生順序（ユーザーの1番目、または5番目のセッションなど）を示す識別子
PAGE_REFERRER	前のページのURL
DEBUG_MODE	ブラウザでアナリティクスのデバッグモードを有効にした場合、カスタムパラメータごとのイベント数とユーザー合計数が記録されます
PERCENT_SCROLLED	スクロールの割合（デフォルトのscrollイベントの場合90%のみ計測）
LINK_DOMAIN	外部リンク先のURLのドメイン
OUTBOUND	ユーザーが現在のドメインから移動するリンクをクリックするたびに記録されるフラグ
LINK_ID	クリックしたリンクのID（Aタグにid="XXXX"で設定されたXXXXの部分）
LINK_TEXT	クリックしたリンクのテキスト文字列
FILE_NAME	クリックしたリンクのパス＋ファイル名（ドメイン以降の部分）
FILE_EXTENSION	ファイルの拡張子
CAMPAIGN	URLに付与されたcampaignパラメータ 例）spring_saleなど
LINK_URL	クリックしたURL
GCLID	広告をクリックした際、自動タグ設定により付与されるパラメータ 例）www.example.com/?gclid=123xyz
SOURCE	URLに付与されたsourceパラメータ 例）newsletterなど
SEARCH_TERM	ユーザーがサイト内検索を行うたびに記録されるパラメータ
LINK_CLASSES	クリックしたリンクに付けられたclass名（Aタグにclass="XXXX"で設定されたXXXXの部分）

TERM	URLに付与されたtermパラメータ 例）広告のキーワードなど
MEDIUM	URLに付与されたmediumパラメータ 例）organic、referralなど
CONTENT	URLに付与されたcontentパラメータ 例）リンクのクリエイティブを見分ける任意の文字列など
ENGAGEMENT_TIME_MSEC	前のイベントから次のイベントまでに経過した時間（ミリ秒）

3-2 コンバージョン

POINT!

- コンバージョンでは、コンバージョンとして測定したいイベントを表示できる
- ネットワーク設定では、コンバージョンデータをGoogle広告などに連携することができる

コンバージョンイベント

コンバージョン設定画面では、イベントで「コンバージョンとしてマークを付ける」をオンにしたイベントのみが表示されます。

●コンバージョン設定の画面

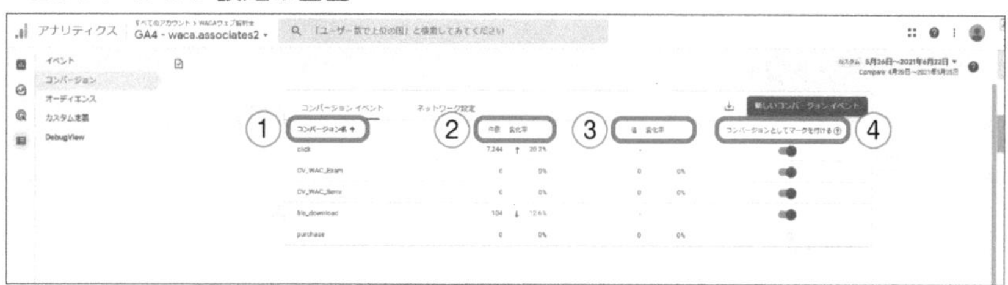

① **コンバージョン名**

- 「コンバージョンとしてマークを付ける」をオンにしたイベント名が表示されます。

② **件数 / 変化率**

- イベントが発生した回数です。例えば送信ボタンのクリックの場合、何回クリックされたかが分かります。

③ **値 / 変化率**

- イベントに値を付けることができます。例えば、コンバージョンに金額を設定した場合、合計金額が値として表示されます。

④ **コンバージョンとしてマークを付ける**

・コンバージョンとしての計測を停止したい場合、「コンバージョンとしてマークを付ける」をオフにします。

ネットワーク設定

コンバージョンのレポートにあるネットワーク設定では、Google広告やアプリをプロパティとリンクして、コンバージョンのデータを送信することができます。

●ネットワーク設定画面

① **ネットワーク**

・登録したネットワークのアイコンが表示されます。

② **参照元**

・登録したネットワーク名（参照元）が表示されます。

③ **アプリ**

・アプリのパッケージ名が表示されます。

④ **ネットワークパラメータ**

・ネットワークの設定を行う際、ポストバックの設定で入力したパラメータが表示されます。

⑤ **ポストバックコンバージョン**

・登録された広告ネットワークのコンバージョン数を確認できます。

・ポストバックコンバージョンを設定すると、コンバージョンデータを広告ネットワークに送ることができます。アプリがダウンロードされたデバイスを広告の管理画面で把握して配信先から除外するといった最適化ができます。

3-3 オーディエンス

POINT!

- オーディエンスを作成することで、ビジネスの目的に応じて、条件に基づいたユーザーをセグメントすることが可能
- アナリティクス アカウントをGoogle広告にリンクすると、オーディエンスがGoogle広告の共有ライブラリに表示され、広告キャンペーンで使用できる
- 作成したオーディエンスにユーザーが追加されるまでには、24〜48時間かかることがある

オーディエンスの作成方法

オーディエンスを作成することで、**ビジネスの目的に応じてユーザーを切り分け、セグメントごとにデータを確認することができます**。ここではその方法を説明していきましょう。

セグメントしたいユーザーのディメンション、指標、イベントに基づき、条件を設定していきます。左のナビゲーションの「設定」の項目で「オーディエンス」を選択し、右上の「オーディエンス」を選択します。

ゼロから作成する場合は「カスタムオーディエンスを作成する」を選択し、設定を開始します。すでに条件などをカスタマイズされているものを使用する場合は、「オーディエンスの候補」の「テンプレート」からビジネスに合ったものを選択します。

● オーディエンスの新規作成画面

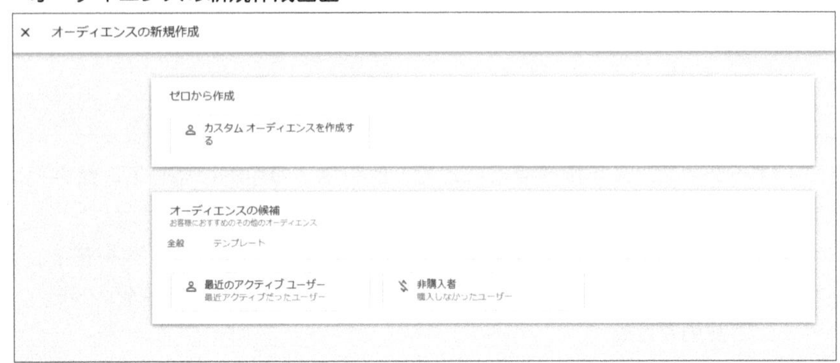

● 新しい条件を追加

「カスタムオーディエンスを作成する」を選択した後、「新しい条件を追加」をクリックし、オーディエンスに含めるユーザーの条件（ディメンション、指標、イベント）を指定していきます。

● カスタムオーディエンスを作成する＞新しい条件を追加

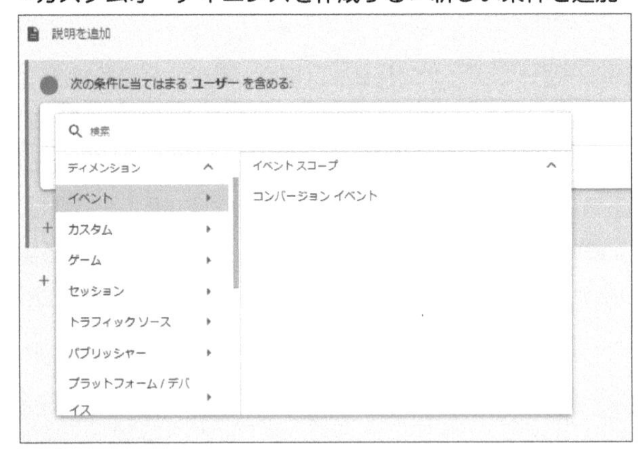

ディメンション

ディメンションとは、データを分析する際に「どの視点」で切り分けるかを表すものです。イベントごと、ユーザー属性ごと、時間ごと、などが代表的です。

「指定なし」を選ぶことで、一度でも条件を満たしたユーザーが追加されていく静的評価となります。選択しなかった場合は条件にあてはまるユーザーが自動的に追加されていき、条件を満たさないユーザーがリストから削除されていく動的評価になります。

指標

指標は、セグメントした結果の数や数値を表すものです。

指標に関する条件を期間で指定することも可能です。例えば、「7日間の期間内でLTVの件数が5より大きい」のように指定します。ライフタイム(全期間)の件数ではなく、一定期間内の件数を指定する場合は、「___日間の期間内」オプションを選択します。

イベント

期間を指定することで、「全ての期間」または「直近の何日間」のイベント数が指定数を超える場合に、リストに追加することが可能です。

これらは、「OR」条件か「AND」条件で追加できます。

● 条件のスコープ指定

全セッション

対象ユーザーのライフタイム内に設定したすべての条件が満たされた場合に一致と見なします。

同じセッション内

単一セッション内で設定したすべての条件が満たされた場合に一致と見なします。

同じイベント内

単一イベント内で設定したすべての条件が満たされた場合に一致と見なします。

●条件のスコープ指定

シーケンスを追加

特定の順序で発生する複数の条件を満たしたユーザーをリストに追加する場合は、「シーケンスを追加」をクリックします。必要な分「ステップを追加」をクリックして、順序を指定します。この一連の順序のことをシーケンスと呼び、これらが完了するまでの制限時間を設定することも可能です。

●シーケンスを追加

有効期間

ユーザーをオーディエンスに登録しておく日数を入力します。デフォルトでは「30日」に設定されており、最大540日まで設定できます。

これを超える日数を設定できるシステム（Google アナリティクス、Firebase Cloud Messagingなど）で期間をできるだけ長く設定するには、「上限に設定する」を選択します。

またオーディエンストリガーを使用することで、あらかじめ定義しておいたオーディエンスの条件に合致し、メンバーとして追加される際に、イベントを設定することができます。

●有効期間

● ユーザー属性

オーディエンス作成は一からカスタマイズする以外に、テンプレートの中から候補を選ぶ方法もあります。設定方法は「オーディエンスの新規作成」画面の「オーディエンスの候補」内にある「テンプレート」のタブをクリックします。例えば、「ユーザー属性」では、年齢や性別などの条件にあてはまるユーザーをセグメントし、オーディエンスを作成できます。

●ユーザー属性

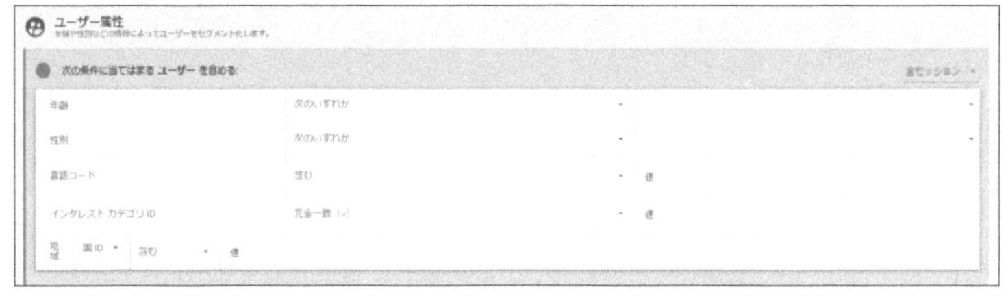

● ユーザー獲得

「ユーザー獲得」では、ユーザーを獲得したキャンペーンのメディアや流入元を指定して作成することができます。

●ユーザー獲得

ユーザー獲得

次の条件に当てはまる ユーザー を含める

ユーザー獲得発生キャンペーン	含む	値
ユーザー獲得発生キャンペーンメディア	含む	値
ユーザー獲得発生キャンペーンソース	含む	値

予測オーディエンス

GA4では、機械学習モデルを使った予測機能が導入されました。

これによりユーザーの購入の可能性や離脱の可能性、予測される収益などを分析できるようになります。後述の条件を満たせば、「オーディエンスの候補」の一覧に「予測可能」の項目が表示されます。

●予測オーディエンスの画面

予測オーディエンスとは

予測オーディエンスとは、予測指標に基づく条件をひとつ以上含むオーディエンスです。例えば、今後7日間に購入に至る可能性が高いユーザーを含む「7日以内に購入する可能性が高い既存顧客」のオーディエンスを作成できます。

予測モデルを利用するには、「予測指標の前提条件」をクリアしている必要があります。

予測指標の前提条件

予測モデルを正常にトレーニングするには、次の条件を満たしている必要があります。

・購入ユーザーまたは離脱ユーザーの中から、関連する予測条件を満たすユーザーが7日間で1,000人、満たさないユーザーが1,000人必要です。
※モデルの品質が一定期間維持されていることが要件になります。

・購入の可能性と離脱の可能性の両方を対象とするには、プロパティがpurchaseまたはin_app_purchaseの少なくともどちらか一方のイベント（自動的に収集される）を送信する必要があります。

・対象となる各モデルの予測指標は、アクティブユーザーごとに1日に1回生成されます。プロパティのモデルの品質が最小しきい値を下回った場合、対応する予測の更新が自動的に停止され、アナリティクスで予測が利用できなくなる場合があります。
※オーディエンス作成ツールのオーディエンステンプレートの候補内にある「予測可能」セクションで、各予測の要件ステータスを確認できます。

予測指標について

購入の可能性

過去28日以内に操作を行ったユーザーによって、今後7日間以内に特定のコンバージョンイベントが記録される可能性です。現在は、purchaseイベント、ecommerce_purchaseイベント、in_app_purchaseイベントのみがサポートされています。

離脱の可能性

過去7日以内にアプリやサイトで操作を行ったユーザーが、今後7日以内にサイトを訪れない可能性です。

収益予測

過去28日以内に操作を行ったユーザーが、今後28日以内に達成する購入型コンバージョンによって得られる総収益の予測です。

● 予測オーディエンスの使用

プロパティにリンクしたGoogle広告アカウントと自動的に共有され、広告配信に使用することができます。

● リマーケティングオーディエンス

コンバージョンまであと一歩のところにいるユーザーは達成を促しやすい状態になっています。こうしたユーザーを対象に、最後の一押しをするキャンペーンを使って、説得力のあるフォローアップを行いましょう。

● リエンゲージメントキャンペーン

一度購入したユーザーのうち、離脱する可能性があるユーザーに対してはビジネスの価値を再度認識してもらいましょう。

一度はビジネスに興味を持ってくれたユーザーに再度アプローチし、特典を提供するなどで再アピールしましょう。

3-4 カスタム定義

POINT!

- カスタムディメンションとカスタム指標を作成できる
- 既定のディメンションおよび既定の指標になく、自動的に記録されないデータを収集解析する際に使用

GA4では、カスタムディメンションとカスタム指標の値は、ログに記録されたイベントパラメータやユーザープロパティから自動的に提供され、デフォルトで設定されます。

しかし、デフォルトで取得できない項目で集計・分析したい場合は、自分で指標を追加しなければなりません。

そのために、ディメンション・指標の設定を行うのが「カスタム定義」です。

●カスタム定義の画面

カスタム定義の作成方法

ここからはカスタムディメンション・カスタム指標を設定する方法を説明していきます。

「カスタム定義」内の「カスタムディメンション」または「カスタム指標」を選択し、右上の「カスタムディメンション（カスタム指標）を作成」をクリックして必要項目

を入力していきます。

●カスタムディメンションとカスタム指標の作成画面

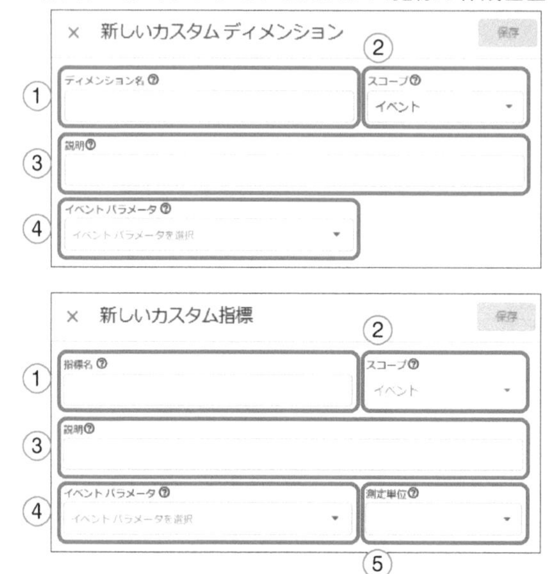

① ディメンション名（指標名）

レポートで表示する名前です。分かりやすい名前を付けましょう。

② スコープ

イベントまたはユーザーのどちらかを選択し、カスタムディメンションまたはカスタム指標を適用するデータを指定します。

イベントスコープの値はイベントパラメータから取得され、ユーザースコープの値はユーザープロパティに由来するデータが使用されます。

ディメンションと指標には1個のスコープのみを設定でき、保存後は変更できません。

※ 2022年5月時点では「スコープ」は「範囲」に名称変更しています。

③ 説明

何を表すディメンション・指標であるのかを記載します。この項目は省略が可能です。

④ イベントパラメータ

リストからパラメータまたはプロパティを選択するか、今後収集するパラメータまたはプロパティの名前を入力します。

⑤ 測定単位

カスタム指標のみ設定できる項目で、測定単位を設定します。標準、通過、距離（フィート、マイル、メートル、キロメートル）、時刻（ミリ秒、秒、分、時間）を選択します。

カスタムディメンションとカスタム指標をよりイメージしやすくするために、複数の著者がブログ記事を掲載しているメディア系のウェブサイトを例にあげて解説します。

●カスタムディメンションの設定例

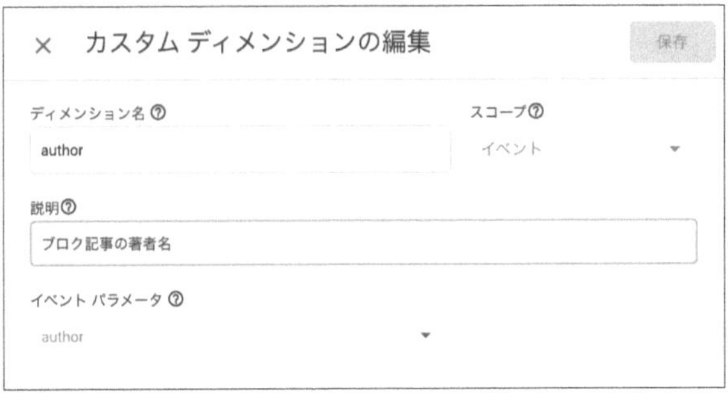

× カスタム ディメンションの編集　保存

ディメンション名 ⑦
author

スコープ⑦
イベント

説明⑦
ブログ記事の著者名

イベント パラメータ ⑦
author

どの著者の書いた記事がよく閲覧されているか、コンバージョンにつながっているかなどを計測するためには、カスタムディメンションのディメンション名に著者の名前を設定することで、著者ごとの記事のパフォーマンスを知ることができます。

●カスタム指標の設定例

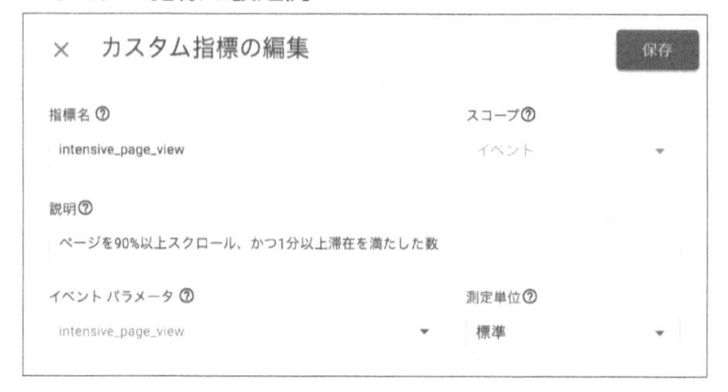

各ブログ記事をページビューという量でカウントする他に、「記事が最後まで精読されているか」という質を知りたい場合は、「説明」を「ページを90%以上スクロールして1分以上記事を読んでいる」などと定義することで、「精読数」というカスタム指標を設定することも可能です。

こうした設定をするためには、Googleタグマネージャーやgtagコードの追記などの応用テクニックが必要となりますが、本書を通じて基本的な操作を習熟した次のステップとして、カスタムディメンションやカスタム指標にチャレンジしてみてください。

制限事項

イベントスコープの場合はプロパティあたり最大50個のカスタムディメンションと50個のカスタム指標を、ユーザースコープの場合は一意の名前のユーザースコープのカスタムディメンションを25個まで設定できます（名前の大文字と小文字は区別されます）。

「割り当て情報」をクリックすることで、作成したカスタムディメンションとカスタム指標それぞれの合計数を確認することができます。

GA4の管理画面のみ設定したとしても、新たにデータが取得できるわけではなく、別途実装が必要な場合もあるので、正しく計測が反映されているか確認しましょう。

ユーザー属性情報と組み合わせると、一部のカスタム ディメンションはレポートに表示されません。

ユーザー属性データを使ったカスタム ディメンションをリクエストする場合、レポートやAPIでしきい値の制限や互換性の問題が発生することがあります。

●割り当て情報の画面

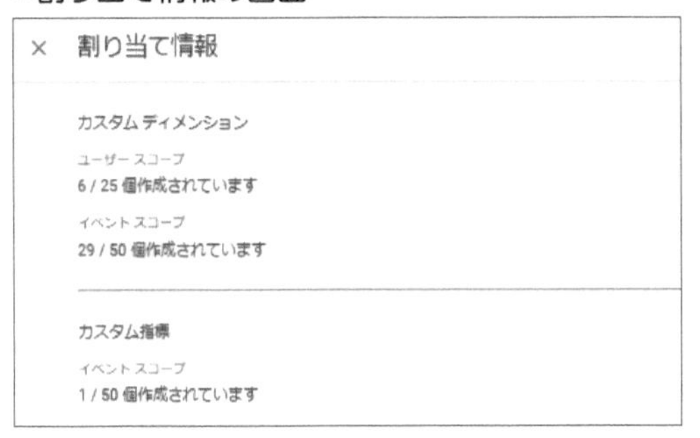

3-5 DebugView

POINT!

- 設定したイベントが対象のサイト内で起こったときに、計測できているかを画面上でリアルタイムで確認することが可能
- DebugViewの利用方法として、GTMのプレビューモードやGoogle Analytics Debuggerによる確認方法がお勧め

DebugViewで瞬時にイベント計測を確認する

GA4ではpage_viewやscrollなどイベント単位で計測しますが、イベント結果が「イベント＞イベント」の画面に反映されるまで時間がかかります。そこでDebugViewを利用します。DebugViewを利用することで、イベントの計測状況をリアルタイムに確認することができるので、設定したイベントがきちんと計測されているかどうかをすぐに検証できます。

ただし、注意点として、DebugViewはGA4を導入しただけでは利用できません。本節では、DebugViewについてお勧めの利用方法を2つご紹介します。

● DebugView画面

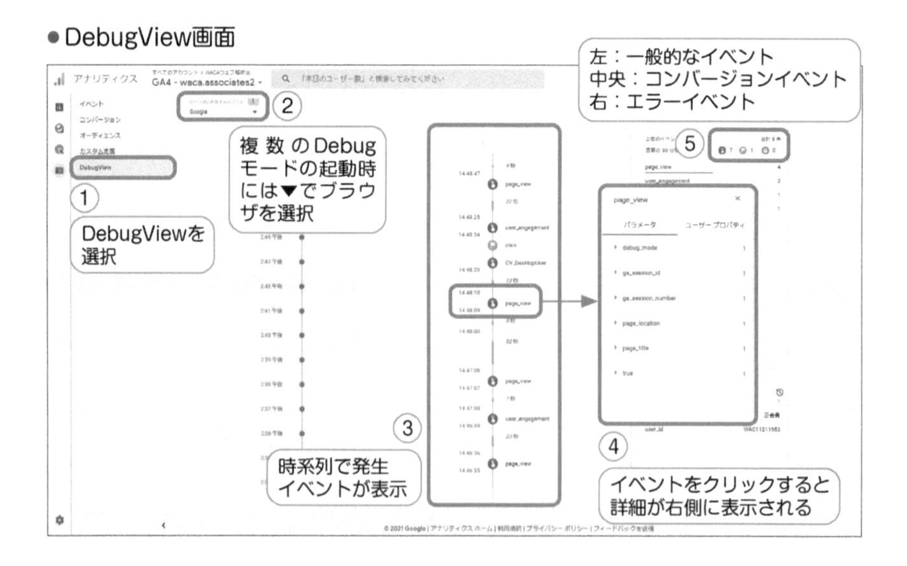

利用方法1 GTM（Googleタグマネージャー）プレビューモード

DebugViewの一般的な利用方法は、GTM（Googleタグマネージャー）のプレビューモードです。GTMのプレビューモードをオンにしたあとで、GA4の「設定＞DebugView」のタブをクリックするとDebugViewが稼働します。プレビューモードで閲覧サイトを操作しながら、DebugViewでイベントが計測されているかを確認します。

●debug_modeの確認

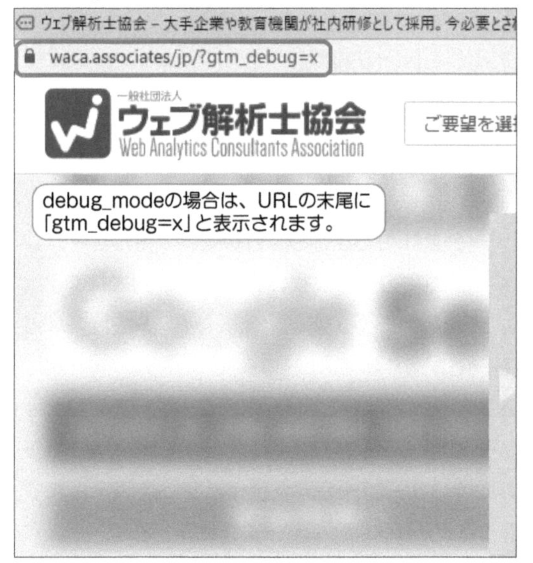

利用方法2 Google Analytics Debugger

Google Analytics DebuggerはGoogle Chromeブラウザの拡張機能で、Google アナリティクスの動作確認やデバッグを行うことができます。Google Analytics Debuggerをインストールして、デバッグモードをオンにするだけでDebugViewが稼働します。

●Google Analytics Debuggerのインストール画面

https://chrome.google.com/webstore/detail/google-analytics-debugger/jnkmfdileelhofjcijamephohjechhna/related?hl=ja

● リアルタイムレポートとの違い

通常はウェブやアプリの開発者が使用することを想定しているDebugViewですが、GA4のリアルタイムレポートとは何が違うのでしょうか。もっとも大きな違いとして、DebugViewは開発環境などでデバッグモードになっているブラウザのみのデータを計測できるのに対して、リアルタイムレポートは本番・開発関係なく、すべてのブラウザのデータが計測されます。つまり**DebugViewは余計なデータが混ざらないので、イベントの計測などの検証がしやすいというメリットがあります。**

また、リアルタイムレポートでは過去30分間のユーザーのアクティビティを表示しますが、デバッグモードがオンの場合、DebugViewレポートでは過去30分よりも長い期間のユーザーのアクティビティを表示します。さらに、「デバッグに使用するデバイス」で、データを参照するデバイスを選択できるのはDebugViewだけの機能となります。

4 管理

管理画面では、計測対象のウェブサイト設定のほか、Google広告、BigQueryといった外部ツールとの連携の設定ができます。

4-1 管理の概要

POINT!

- アカウント・プロパティの各種設定変更、Google広告やBigQueryとのリンクの設定ができる
- プロパティ変更履歴機能により、複数人での運用管理が容易となる

●管理画面

管理画面では、計測対象のウェブサイト設定から、Google広告やBigQueryといった外部ツールとの連携の設定までを行います。GA4のプロパティを複数人で管理している場合は「プロパティ変更履歴機能」により作業履歴が残りますので、いつ、誰が、どのような設定を行ったのかが容易に確認できます。次節以降で管理画面の各設定についてひとつずつ解説します。

4-2 アカウント

POINT!

- アカウントの基本設定画面では、アカウント名の設定やビジネスの拠点を変更できる
- GA4の計測データをGoogleと共有することで、Googleが保有するデータを利用したり、Googleのサポート担当からサポートを受けたりすることができる

アカウント設定

アカウント名や、ビジネスの拠点国の変更ができます。また、データ共有設定では、収集したデータをGoogleと共有する範囲についてカスタマイズすることができます。各設定の詳細は次ページのとおりです。

● アカウント設定の画面

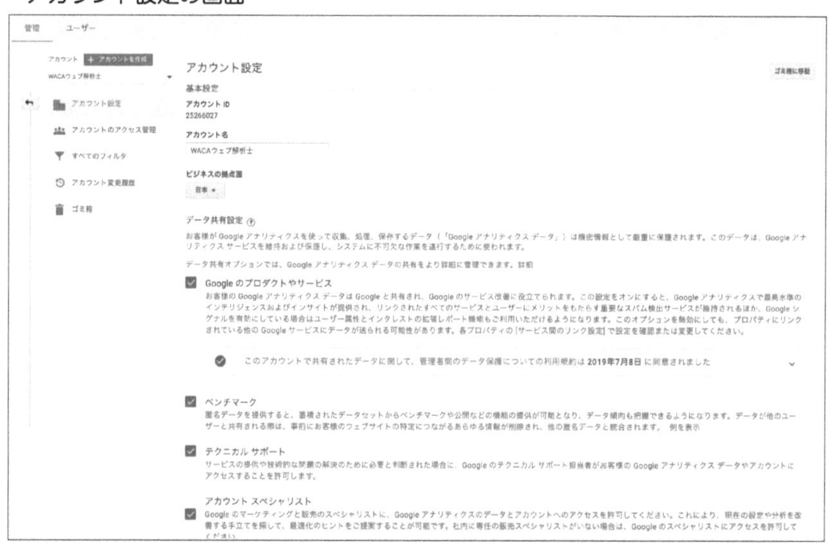

● Googleのプロダクトやサービス

この設定をオンにすることで、Googleがオンラインでの行動や傾向について収集しているデータを分析し、Google広告のキャンペーン作成、管理、分析に使用される「Google広告システムツール」などのサービスの向上に活用されます。

● ベンチマーク

この設定をオンにすることで、同じ業界のサイトとデータを比較して自社の位置を把握したり、トレンドを見極める調査分析を行ったりなど、パフォーマンスの改善に役立てることができます。

● テクニカルサポート

技術的な問題解決が必要な場合に、Googleのテクニカルサポート担当者にアカウントへのアクセス許可するかどうかの設定ができます。この設定をオフにした場合はGoogleのテクニカルサポート担当者がアクセスできず、問題解決のサポートを受けられない可能性があります。

● アカウントスペシャリスト

この設定をオンにすることで、Googleのスペシャリストがアカウントを確認できるようになります。そして、導入戦略や設定方法、広告費用の改善方法などが記されたパフォーマンスレポートが毎月メールで配信され、Googleのスペシャリストによる最適化の提案を受けられるようになります。

アカウントのアクセス管理

アカウントレベルでのユーザー追加や管理を行うことができます。アカウントレベルにユーザーを追加した場合、その権限は下の階層のプロパティまで引き継がれます。そのため、アカウント内のすべてのプロパティに権限を追加したい場合、アカウントレベルに追加することで一括で権限付与ができます。

● ユーザー追加の方法

1. 「アカウントのアクセス管理」をクリックします。

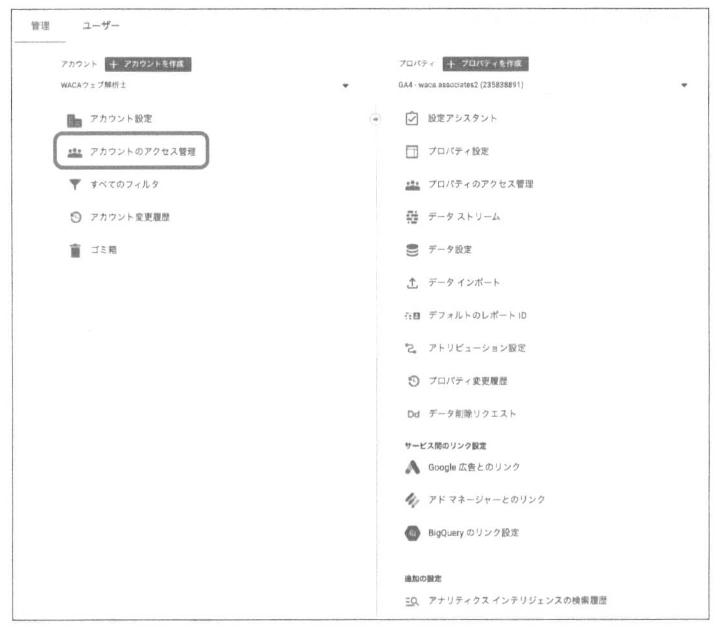

2. 画面右上の「＋」をクリックして表示される「ユーザーを追加」をクリックします。

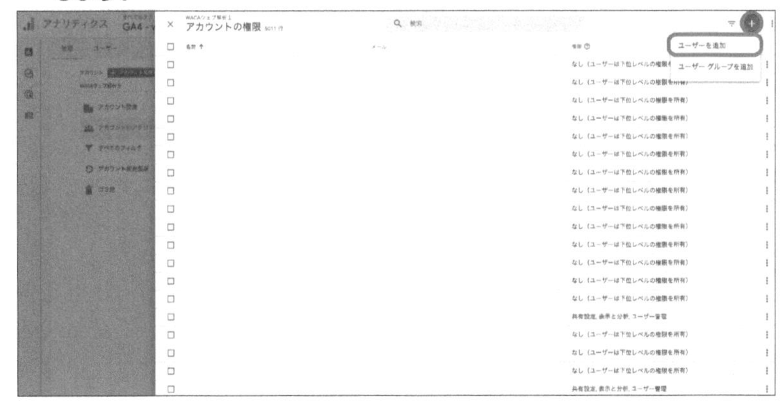

3. Googleアカウントに紐付けられているメールアドレスを入力します。その後、下部の権限設定を行います。

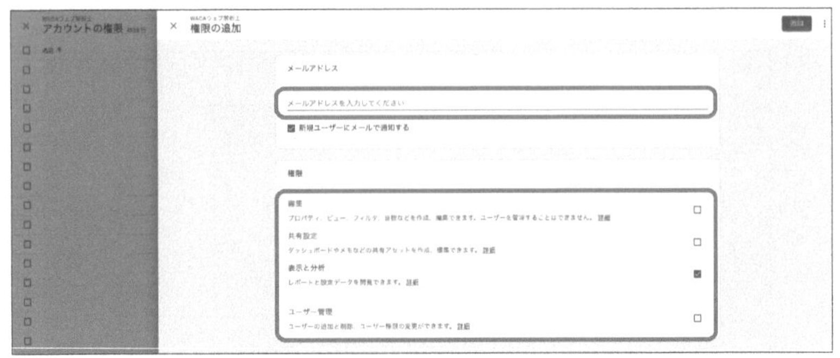

権限の詳細は以下のとおりです。

編集	プロパティやフィルタなどの追加・編集・削除、コンバージョンの設定など、管理やレポートに関する基本的な操作をすることができる権限です。
共有設定	GA4の探索メニュー ＞ データ探索を共有することができる権限です。
表示と分析	レポートデータの表示とレポート内での操作ができる権限です。
ユーザー管理	ユーザーの追加・編集・削除など、アカウントのユーザーを管理できる権限です。

4. 画面右上の「追加」ボタンをクリックすれば、ユーザーの追加は完了です。

権限の大きさは「編集＞共有設定＞表示と分析」の順番になります。追加するユーザーに適した権限を設定しましょう。

アカウント変更履歴

設定の変更は記録されており、変更日時や変更者のGoogleアカウントを確認することができます。変更者の右にある「i」マークをクリックすると、変更の詳細を確認することができます。

● アカウント変更履歴の画面

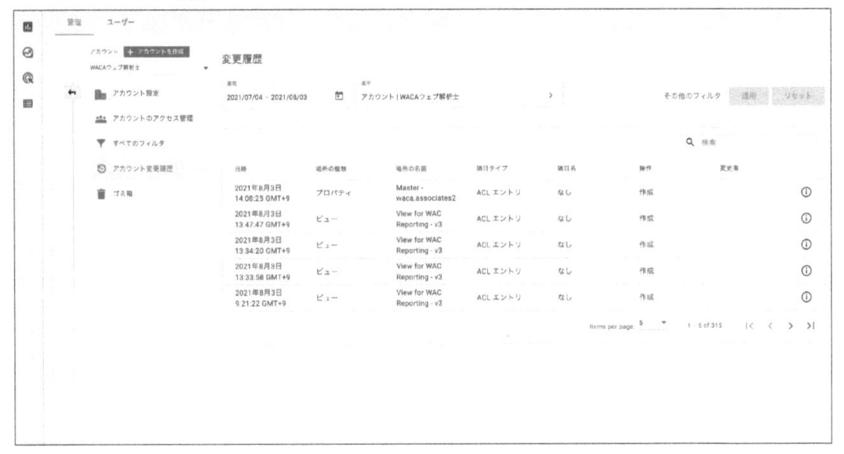

ゴミ箱

削除されたアカウント、プロパティ、データストリームを確認することができます。削除してゴミ箱に移動した項目は、移動してから35日以内であれば復元できますが、それを過ぎると完全に削除されます。

4-3 プロパティ

POINT!

- プロパティの各種設定変更やユーザーの追加ができる
- Googleシグナルのデータ収集を有効にすることで、異なったデバイスやブラウザからアクセスされた場合も、同一ユーザーと認識して計測できる
- ユーザーデータの保持期間を設定できる（2か月or14か月）。「データ探索」のレポート群に関しては、保持期間を超えるデータの選択はできない

設定アシスタント

設定アシスタントの画面は、GA4の各種設定や機能が一覧で紹介されている目次のようなページで、ボタンをクリックすることでそれぞれの項目へ遷移できるようになっています。プロパティの機能を最大限に活用できるため、各設定周りの整理、確認の際に役立ちます。

●設定アシスタントの画面

プロパティ設定

●プロパティ設定の画面

プロパティ設定の画面では、計測対象のウェブサイトをGA4で管理するための設定を行います。各設定項目は以下のとおりです。

● プロパティ名

GA4上でサイトを管理するための名称です。一般的には1サイトにひとつのプロパティを作成し、管理をしやすいようにサイトの名称を付与します。ひとつの企業が3つのウェブサイトを運営している場合、アカウントに企業名を付与し、プロパティを3つ作成してそれぞれのウェブサイトを計測します。

● 業種

プロパティで作成したウェブサイトの業種を選択します。

● レポートのタイムゾーン

レポートの標準時間を設定します。「日本」を選択しておきましょう。

● 通貨

通貨の単位を設定します。「日本円(JPY ¥)」を選択しておきましょう。コンバージョン単価の設定や集計時に設定した通貨の単位が利用されます。

プロパティのアクセス管理

プロパティレベルでユーザーの追加、管理を行うことができます。追加の方法はアカウントのアクセス管理の方法と同様で、「プロパティのアクセス管理」をクリック後、画面右上の「+」をクリックして「ユーザーの追加」を選択します。

データストリーム

●データストリームの画面

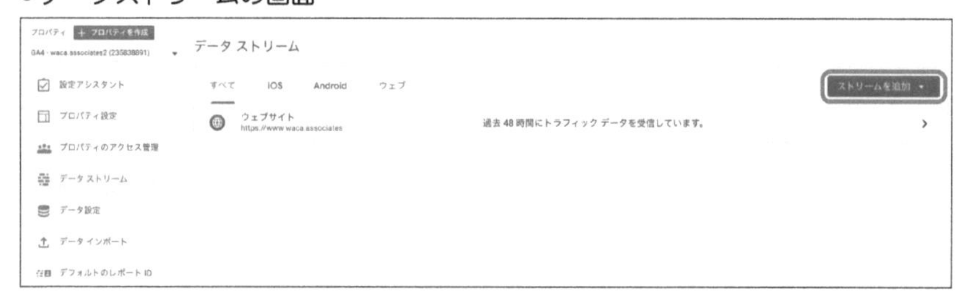

データストリームは、計測対象のウェブサイトをGA4に登録する際に設定する項目です。GA4ではウェブサイトの計測だけでなく、iOSアプリ・Androidアプリの計測も可能です。「ストリームを追加」ボタンから「iOSアプリ」「Androidアプリ」「ウェブ」のいずれかを選択して計測対象をGA4に設定します。

ストリーム名をクリックすると、ストリームの詳細情報を見ることができます。

以下はウェブストリームの詳細画面です。

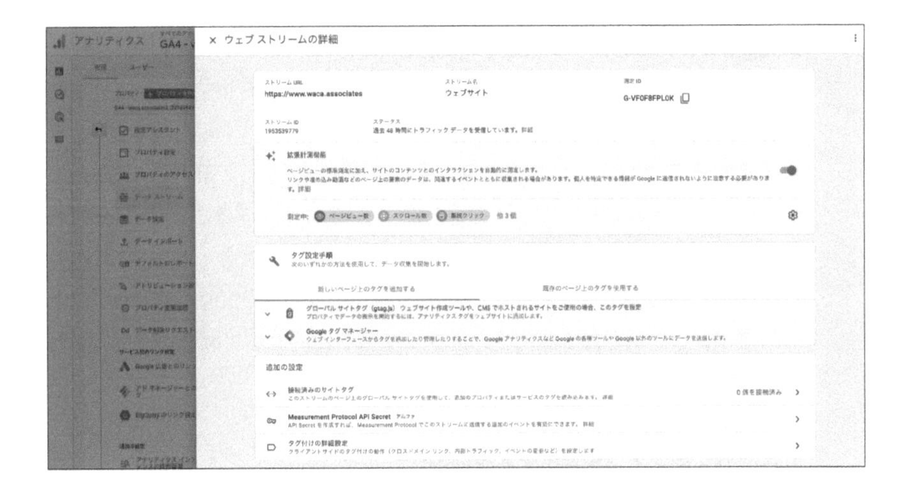

データ設定

● データ設定の画面（「データ収集」を表示しています）

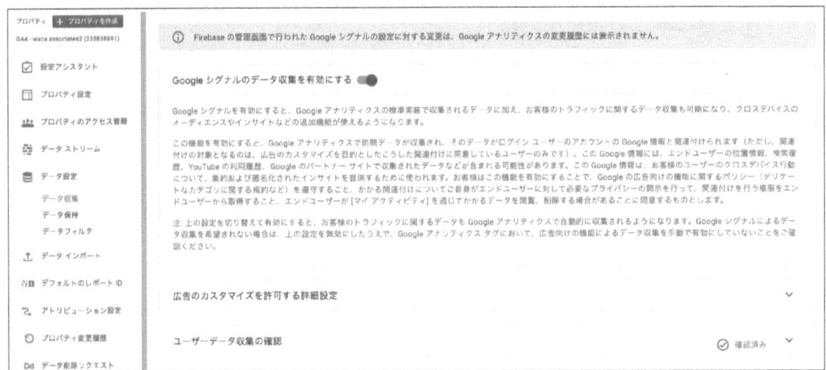

データ設定では収集データの調整を行います。各メニューごとに説明します。

● データ収集

Googleシグナルのデータ収集を有効にする

Googleシグナルとは、異なったデバイスやブラウザからアクセスされた場合でも同一ユーザーと認識して計測を行う機能です。通常、異なったデバイスからアクセスされた場合は「新規ユーザー」として計測されますが、「Googleシグナルのデータ収集を有効にする」をオンにすることで「同一ユーザー」として計測でき、分析の精度を高めることができます。

ただし、同一ユーザーと特定できるのはユーザーがGoogleのアカウントにログインした状態かつ広告のカスタマイズを目的とした関連付けに同意している状態でサイトを訪れたときに限ります。

広告のカスタマイズを許可する詳細設定

GA4で計測されたオーディエンス情報やコンバージョン情報のデータをGoogle広告にエクスポート共有する機能です。各種分析情報を、リンクされているGoogle広告に渡すことで、特定のユーザーに追従するリマーケティング広告を運用する際に活用されます。

ユーザーデータ収集の確認

GA4を利用してユーザーデータを収集していることを、ユーザーから承認を受けているかの確認です。GA4を導入してデータを収集する際は、プライバシーポリシーにてユーザーの許可を得ることが前提条件となります。

● データ保持

「ユーザーデータとイベントデータの保持」では、ユーザーデータの保持期間を設定します(2か月あるいは14か月が選択可能)。ここで設定した期間中、ユーザー情報が保持されます。この期間を過ぎても通常のレポート表示に影響はありませんが、5日目で紹介する「データ探索」のレポート群に関しては、それより前(例：3か月以上前)のデータを選択できなくなります。

「新しいアクティビティのユーザーデータのリセット」をオンにすることで、何らかのヒットが発生した際に保持期間を上書きします。この画面の例では、13か月で再訪問した場合、その時点から新たに保持期間が計測されることになります。

● データフィルタ

収集データの一部を除外することができるフィルタ機能です。社内からのアクセスや制作会社・広告代理店といった関係者によるアクセスデータなどを除外して、必要なアクセスデータにのみ絞り込むことで、分析精度を高めることができます。除外方法は2パターン存在します。

デベロッパートラフィック

「debug_mode」または「debug_event」の値が入力されている場合はアクセスとしての計測を除外します。

内部トラフィック

パラメータ「traffic_type」の値が「internal」に完全に一致する場合はアクセスとしての計測を除外します。

データインポート

データインポートは、GA4では収集できないデータをアップロードすることで、GA4で収集したオンラインデータと結合して効率的に整理・分析する機能です。

例えば、個別のCRMデータとGA4のデータをひとつのビューにまとめて表示して、ビジネスの全容を把握することができます。

インポートできるデータは、費用データ、アイテムデータ、ユーザーID別のユーザーデータ、クライアントID別のユーザーデータ、オフラインイベントデータの5つです。

データの種類	説明
費用データ	Google以外の広告費用データをインポートすることにより、キャンペーンの広告費用対効果（ROAS）などが算出できるようになります。 費用・クリック数・表示回数の中からひとつ以上のデータと、パラメータ（キャンペーン、ソース、メディア）をCSV形式でアップロードしてレポートに表示します。 これにより、すべての広告の掲載結果データを比較できます。
アイテムデータ	商品情報をインポートすることにより独自のディメンションを作成でき、ユーザー行動、サイトのトラフィック、eコマースの収益、コンバージョンなどを独自のディメンションで分析できます。 アイテムデータをインポートする際は、「item-id（商品ID / SKU）をキーにしてCSV形式でアップロードします。 例えば、アパレル店の場合、服の色をインポートすることで色ごとの商品の販売ランキングを確認する、といったように活用できます。
ユーザーデータ（ユーザーID別 / クライアントID別）	CRMシステムなどGA4以外のユーザーデータをインポートすることによりユーザー情報を拡張でき、より細やかな分析ができます。 ユーザーデータをインポートする際は次のいずれかのデータを使ってデータをアナリティクス データと結合できる必要があります。 ・ストリーム IDと、アナリティクスで生成されたクライアント ID（ウェブの場合）またはアプリ インスタンス ID（アプリの場合） ・ユーザーごとに生成する固有 ID。たとえば、ウェブサイトやアプリの認証サービスからユーザー IDを取得するか、CRMシステムから抽出します。 GA4では上記のIDをキーとして使用して、アップロードしたデータにユーザーがマッピングされます。 例えば、ユーザーのリピート回数や最後の購入日をインポートすることで、最近購入をしていないヘビーリピーターにセグメントし、リマーケティングリストとして活用できるようになります。

オフラインイベントデータ	インターネット接続がない場合、あるいはソースがSDKまたはMeasurement　Protocol経由でリアルタイムイベント収集をサポートできない場合、ソースからオフラインイベントをインポートします。これらのイベントは、アップロードされると、関連するタイムスタンプ、またはタイムスタンプがない場合はアップロード時刻を使用して、SDK経由で収集された場合と同様に処理されます。このデータを削除するには、ユーザーまたはデータの削除が必要です。

●データのインポートの画面

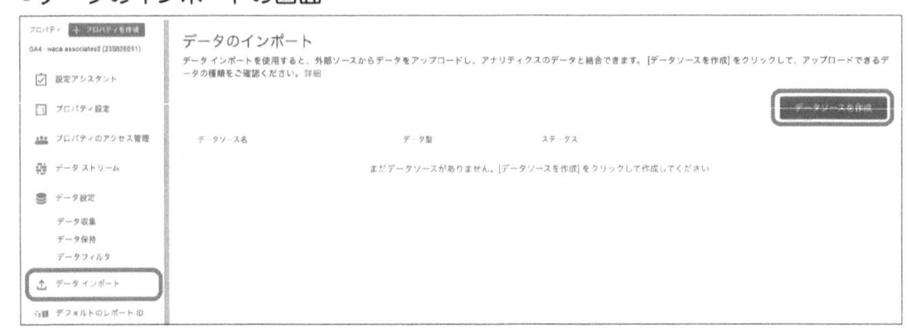

データのインポートを利用するためには、「データインポート」をクリックして、「データソースを作成」のボタンをクリックします。

●データソースの作成画面

「データソースを作成」をクリック後、データソースの作成画面が表示されます。データソース名を入力し、任意のデータ種類を選択し、CSVのアップロードを行います。

デフォルトのレポートID

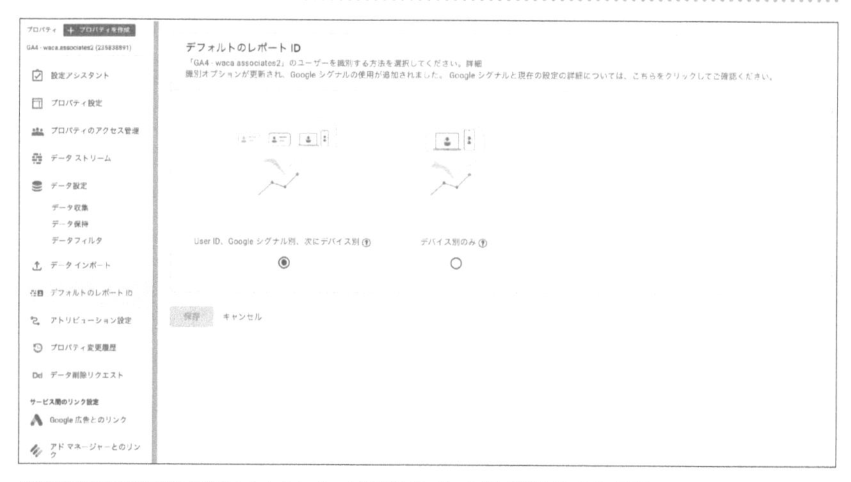

※2022年5月時点では「デフォルトのレポートID」は「レポート用識別子」に名称変更しています。

ユーザーを識別する方法を選択します。「User-ID」「Googleシグナル」などのユーザー情報からデバイスやブラウザが異なっても同一ユーザーとして収集する「User-ID、Googleシグナル別、次にデバイス別」という方法と、デバイス別のみのユーザー識別を行う「デバイス別のみ」のいずれかを選択して識別情報を設定します。

それぞれのユーザーデータの識別方法は以下です。

識別方法	説明
User-ID	ユーザー識別としてもっとも精度が高い。 サイトにログイン機能が実装されている場合、そのログインIDをGA4に紐づけて、異なるデバイスやブラウザからのセッションを同一ユーザーとして認識することができます。
Googleシグナル	Googleアカウントで広告のカスタマイズをオンにしている（デフォルトはオン）ユーザーは、異なるデバイスやブラウザからのセッションを同一ユーザーとして認識することができます。ただし、ユーザーがGoogleアカウントにログインしている場合に限ります。
デバイス別	ウェブサイトの場合はブラウザに保存されるCookie、アプリの場合はアプリインスタンスIDによりユーザーを識別します。デバイスやブラウザが異なるなど、デバイスIDが異なる場合はセッションを同一ユーザーと認識することができません。

アトリビューション設定

● レポート用のアトリビューションモデル

4日目の2節で説明しているモデル比較レポートのアトリビューションモデルを設定します。

設定は「クロスチャネル」と「Google広告優先」が選択できます。

アトリビューションモデル名	説明
クロスチャネル	コンバージョンに至るまでの「すべての参照元」が対象となり、貢献度が割り振られます（直接訪問は除外されます）。
Google広告優先	コンバージョンに至る経路の中にGoogle広告がある場合、Google広告に対して貢献度がすべて割り当てられます。

アトリビューションモデルの変更は、履歴データと今後のデータの両方に適用されます。変更により、コンバージョンデータと収益データを含むレポー

トに反映されますが、ユーザーとセッションのデータには影響がありません。初期設定はクロスチャネルとなっています。

● ルックバックウィンドウ

アトリビューションの貢献度を「過去何日前までのタッチポイントを対象にするか」を定める設定です。例えば、ルックバックウィンドウが30日間であれば、1月30日に発生したコンバージョンについては、1月1日〜1月30日に流入した参照元だけに貢献度が割り当てられます。

ルックバックウィンドウは、以下のそれぞれのイベント毎に設定ができます。

・ユーザー獲得コンバージョンイベント(例: first_open、first_visit)

新規ユーザー獲得を目的としたコンバージョンイベントの日数です。7日間と30日間のいずれかを設定できます。初期設定は30日となっています。

・他のすべてのコンバージョンイベント

新規ユーザー獲得以外のコンバージョンを目的としたイベントの日数です。30日間、60日間、90日間のいずれかを設定できます。初期設定は90日となっています。

プロパティ変更履歴

変更履歴

2021/02/20 -

その他のフィルタ

日時	場所の種類	場所の名前	項目タイプ	項目名	操作	変更者
2021年6月30日 12:18:23 GMT+9	プロパティ	GA4 - waca associates2	ACL エントリ	なし	削除	
2021年4月8日 20:29:56 GMT+9	プロパティ	GA4 - waca associates2	ACL エントリ	なし	作成	
2021年3月17日 13:46:32 GMT+9	プロパティ	GA4 - waca associates2	除外する参照	なし	作成	
2021年3月16日 22:03:32 GMT+9	プロパティ	GA4 - waca associates2	ACL エントリ	なし	削除	
2021年3月16日 21:34:30 GMT+9	プロパティ	GA4 - waca associates2	ACL エントリ	なし	変更	

Items per page 5　1 - 5 of 14

管理画面内のプロパティを変更した際に履歴として表示されます。いつ、どのような変更を行ったのかを、期間で絞り込んで表示させることができます。「変更者」から誰が変更したのかを把握できるため、複数名で運用している際は管理に役立ちます。

データ削除リクエスト

GA4はユーザーの個人を特定する情報を取得することを禁止しています。例えば問い合わせフォームから送信されたメールアドレスなどをパラメータで取得してしまった場合でも、データ削除リクエストによりそのデータを削除することができます。削除できる項目は以下の5つです。

・すべてのイベントからすべてのパラメータを削除
・選択したイベントからすべての登録済みパラメータを削除
・すべてのイベントから選択したパラメータを削除
・選択したイベントから選択した登録済みパラメータを削除
・選択したユーザープロパティを削除

削除対象の開始日と終了日を設定し、それぞれの項目に指定された条件を設定することでデータ削除リクエストができます。なお削除自体は設定したタイミングで行うことはできず、猶予期間があります。その間に削除のリクエストをキャンセルすることも可能です。

4-4 Google広告とのリンク

POINT!

- GA4の分析レポートにGoogle広告の運用データを表示できる
- リマーケティング広告配信時に活用するユーザーリストを作成できる

Google広告とリンクすることで、通常はGoogle広告管理画面で閲覧するデータをGA4の分析レポート上に表示し、分析することができるようになります。また、コンバージョンデータをGoogle広告に渡してキャンペーン調整に役立てることができるインポート機能や、GA4の分析データを活用してリマーケティング広告配信時のユーザーリストを作成できる機能もあります。

● Google広告とのリンク

● Google広告とのリンクの設定画面

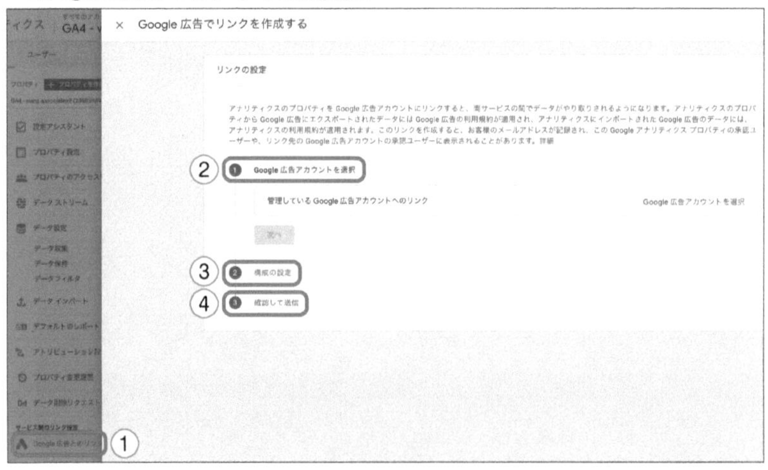

① 「Google広告とのリンク」ボタンをクリックします。

② 「Google広告アカウントを選択」をクリックすると、同一アカウントで

利用しているGoogle広告アカウントが表示されるので、選択します。

③「構成の設定」は、連携したGA4とGoogle広告の機能を最大化できるようにデフォルトで推奨項目にチェックが付いています。そのまま進めましょう。

④最後に「確認して送信」ボタンをクリックすれば連携は完了です。

●Google広告とのリンクの確認画面

Google広告とのリンク画面で、Google広告アカウントが表示されていれば連携が正常に行われています。

Google広告とのリンクは、GA4の分析とGoogle広告の運用の双方に役立つ重要な機能です。Google広告を運用する際には必ず設定しておきましょう。

BigQueryのリンク設定

●BigQueryのリンク設定の画面

BigQueryとのリンク設定画面です。BigQueryについては7日目で詳細な説明を行います。

アナリティクスインテリジェンスの検索履歴

●追加の設定(アナリティクスインテリジェンスの検索履歴)の画面

プロパティ ＋ プロパティを作成
GA4 - waca associates2 (235839891)
設定アシスタント
プロパティ設定
プロパティのアクセス管理
データ ストリーム
データ設定
データ インポート
デフォルトのレポート ID
アトリビューション設定
プロパティ変更履歴
データ削除リクエスト
サービス間のリンク設定
Google 広告とのリンク
アド マネージャーとのリンク
BigQuery のリンク設定
追加の設定
アナリティクス インテリジェンスの検索履歴

アナリティクス インテリジェンスの検索履歴
Google アナリティクス インテリジェンスでは、アナリティクス内の検索履歴を使って検索や提案が改善されます。最近の閲覧データはブラウザに保存されています。アナリティクスの検索ストレージから削除するクエリを選択します。
選択したクエリを削除
クエリ　メール　日付
Items per page 10　0 of 0

GA4のレポート画面の検索バーに入力したクエリの履歴、Insights(分析情報)、メニュー内でクリックして閲覧した質問項目の履歴を確認することができます。閲覧履歴は、その後の検索やGoogleからの提案の改善に役立ちます。

4日目のおさらい

問　題

Q1 イベントについて誤っているものを、ひとつ選んでください。

1. イベントには、ページビューやファイルのダウンロード数など「測定機能の強化」イベントを有効にすることで自動で取得できるものがある。
2. イベントには複数のパラメータが含まれ、パラメータは複数のイベントに含まれる。
3. イベントレポート（ライフサイクル＞エンゲージメント）から確認できるイベントごとの詳細レポートには、すべて同じ項目が表示される。
4. イベントを独自に定義したものをカスタムイベント、パラメータを独自に定義したものをカスタムパラメータという。

Q2 コンバージョンについて誤っているものを、ひとつ選んでください。

1. コンバージョンは、作成したイベントがすべて表示される。
2. GA4では、コンバージョンの設定は上限30個まで作ることができる。
3. GA4では、Google広告やアプリをプロパティとリンクして、コンバージョンのデータを送信するとができる。
4. コンバージョンレポート（ライフサイクル＞エンゲージメント）から確認できるコンバージョンイベントごとの詳細レポートには、オーディエンスを絞り込んで表示することができる。

Q3 探索について誤っているものを、ひとつ選んでください。

1. データ探索を活用することで標準的なレポートを上回る高度な分析を行うことができ、新たな気づきを得ることができる。
2. テンプレートギャラリーはあらかじめ用意されているデータ探索のひな型である。
3. 閲覧しているプロパティで作成した分析のみしか利用することはできない。
4. 手法を選択することで、目的に応じたデータ探索を作成することができる。

Q4 テンプレートギャラリーについて誤っているものを、ひとつ選んでください。

1. 自由形式は、一般的なクロス集計表形式で表示されるベーシックなレポートである。
2. 目標到達プロセスデータ探索は、ユーザーが再訪問や再購入によって長期的にもたらす価値を累積して確認することができる。
3. 経路データ探索は、ツリーグラフでユーザーの移動経路を確認することができる。
4. ユーザー獲得は、参照元など流入経路を軸に分析手法がまとまったテンプレートである。

Q5 オーディエンスについて正しいものを、ひとつ選んでください。

1. カスタムオーディエンスで設定した条件は、対象ユーザーのライフタイム内にすべての条件が満たされた場合のみ対象となる。
2. ユーザーをオーディエンスに登録できる有効期間は、最大90日間である。
3. オーディエンスのテンプレートを使用することで、目的に応じたオーディエンスを効率よく作成できる。
4. オーディエンスを作成することで、自動的にGoogle広告のキャンペーンに使用できる。

Q6 予測オーディエンスについて誤っているものを、ひとつ選んでください。

1. 予測オーディエンスは、すべてのGA4のプロパティで利用することが可能である。
2. 予測モデルを利用するには、予測指標の前提条件を満たしている必要がある。
3. 作成した予測オーディエンスは、リンクしているGoogle広告アカウントのターゲティングに利用できる。
4. アプリやサイトでアクションしたユーザーが離脱する可能性のあるオーディエンスを作成することが可能である。

Q7

データ収集について誤っているものを、ひとつ選んでください。

1. Googleシグナルのデータ収集を有効にすることで、異なったデバイスやブラウザからアクセスされた場合も同一ユーザーと認識して計測できる。
2. 広告のカスタマイズを許可する詳細設定により、特定のユーザーに追従するリマーケティング広告を運用する際に活用できる。
3. GA4で計測されたオーディエンス情報やコンバージョン情報のデータを、Google広告にエクスポートして共有することができる。
4. GA4の導入により、プライバシーポリシーにてユーザーの許可を得る必要がなくなった。

Q8

Google広告とのリンクについて誤っているものを、ひとつ選んでください。

1. Google広告とのリンクを設定することで、GA4の管理画面上から広告の出稿が可能になる。
2. GA4の分析レポートにGoogle広告の運用データを表示できる。
3. リマーケティング広告配信時に活用するユーザーリストを作成できる。
4. コンバージョンデータをGoogle広告に渡して、キャンペーン調整に役立てることができる。

解答

A1 3

1. 正しい。
2. 正しい。
3. 間違い。イベントごとの詳細ページには、各イベントが持つ異なるパラメータごとのデータが表示されます。
4. 正しい。

A2 1

1. 間違い。イベントの「コンバージョンとしてマークを付ける」をオンにしたイベントが表示されます。
2. 正しい。
3. 正しい。
4. 正しい。

A3 3

1. 正しい。
2. 正しい。
3. 間違い。プロパティから「すべてのプロパティ」を選択することで、閲覧しているプロパティ以外のGA4プロパティで作成した分析も表示されます。
4. 正しい。

A4 2

1. 正しい。
2. 間違い。ユーザーが再訪問や再購入によって長期的にもたらす価値を累積して確認する分析手法は、ユーザーのライフタイムです。目標到達プロセスデータ探索は、ユーザーがコンバージョンに至るまでのステップをビジュアル表示した分析手法です。
3. 正しい。
4. 正しい。

A5 3

1. 間違い。カスタムオーディエンスで設定した条件は、対象ユーザーのライフタイム内にすべての条件が満たされた場合（全セッション）以外に、単一セッション内ですべての条件が満たされた場合に一致とみなす「同じセッション内」や単一イベント内ですべての条件が満たされた場合に一致とみなす「同じイベント内」の3つを選ぶことができます。
2. 間違い。オーディエンスに登録できる有効期間は最大540日です。
3. 正しい。テンプレートを使用することで一からオーディエンスを設定することなく、目的にあったディメンションの値などを設定することで簡単にオーディエンスを作成できます。
4. 間違い。アナリティクスアカウントをGoogle広告にリンクすることで、オーディエンスがGoogle広告の共有ライブラリに表示され、広告キャンペーンで使用できるようになります。

A6 1

1. 間違い。予測オーディエンスを利用するためには、予測指標の蓄積が必要です。予測指標の蓄積には以下の3つの条件を満たしている必要があります。
   - purchaseもしくはin_app_purchaseのどちらか一方のイベントの実装と計測がされていることが必要です。
   - 7日間で購入ユーザーが1,000人、離脱ユーザー（購入しなかったユーザー）が1,000人必要です。

・購入ユーザーと離脱ユーザーの必須サンプル数が一定期間維持されていることが要件になります。

2. 正しい。予測モデルを利用するには、「予測指標の前提条件」をクリアしている必要があります。
3. 正しい。作成された予測オーディエンスは、Google広告アカウントと自動的に共有され、広告配信に使用することができます。
4. 正しい。離脱以外にも、購入や収益を予測したオーディエンスを作成できます。

A7 4

1. 正しい。
2. 正しい。
3. 正しい。
4. 間違い。GA4を導入してデータを収集する際は、プライバシーポリシーにてユーザーの許可を得ることが前提条件となります。

A8 1

1. 間違い。Google広告とリンクしても、広告の出稿や変更などGoogle広告の管理画面上でしか行えない作業はあります。Google広告のすべての機能を使えるわけではないので注意しましょう。
2. 正しい。
3. 正しい。
4. 正しい。

5日目

データ探索の基礎

5日目に学習すること

データ探索の目的から機能、設定方法まで、データ探索の基礎を解説します。また、データ探索で用意されている手法についても学んでいきます。

レポートの見方がひととおりわかったよ！
カイセキーヌくんもなかなかやるね
でもまだ使いこなせてないのが…

探索
自由形式 1
デバイス カテゴリ　desktop　mobile　tablet　合計
市区町村　利用ユーザー　利用ユーザー　利用ユーザー　↓利用ユーザー
合計　19,705　11,295　59　30,776
1 Yokohama　1,638　2,295　59　3,982
2 Osaka　1,463　1,670　0　3,126
3 Minato City　1,285　581　0
4 Shinjuku City　1,022　716　0
5 Chiyoda City　323　0
6 Nagoya　787　0
7 (not set)　1,053　0
8 Setagaya City　742
9 Shibuya City
10 Chuo City　318　0　1,126
ノーリファラー
有料のトラフィック
モバイルトラフィ...
タブレットトラフ...
ディメンション
イベント名
性別
国
デバイスカテゴリ
セグメントの比較
セグメントをドロップするか選択してください
行
市区町村
ディメンションをドロップするか選択してください
最初の行　1
表示する行数
機能が多すぎてわからん～。
おっと！
目的がないままデータ探索を使おうとしていませんか？
まずはデータ探索のメリットと目的を確認しましょう
江尻先生!!

1 データ探索の目的

データ探索を利用する目的は多様な分析を柔軟に行うことです。そのために必要な機能を理解して、正しく使えるようになりましょう。

1-1 データ探索はなぜ使うのかを知ろう

POINT!

- データ探索をなぜ利用するのか、その利点と注意点を理解する
- 簡単な操作を通して利用方法をイメージ付けよう
- 「アドホック」な分析を「探索」と理解しよう

GA4の分析の特徴

GA4の「探索」は、高度な分析が可能です。具体的にはPCとモバイルのデバイス別分析、自然検索と有料検索の経路別分析、コンバージョンに至ったユーザーと至らなかったユーザーのコンバージョン分析など、自分が見たい軸で探索することができます。

さらに、テンプレートギャラリーというデータ探索のひな型が、あらかじめ用意されているのも特徴です。

例えば、ユーザーがコンバージョンに至るまでのページ遷移のステップをビジュアル化した「目標到達プロセス」や、新規ユーザー、モバイルトラフィック、コンバージョンに至ったユーザーなど任意で指定したセグメントの重複率を確認できる「セグメントの重複」など、全7種類のテンプレートがあります。テンプレートギャラ

リーを使用することで簡単に高度なデータ探索を作成できます。

また、ユニバーサルアナリティクスのカスタムレポートと機能面は近いのですが、もっとも大きな違いはタブの設定と同時に設定内容がGA4の画面上にアウトプットされることです。カスタムレポートの場合は、「設定→保存→確認」というステップが必要で、設定してもどのように表示されるか分かりませんでした。そのため意図しない表示結果の場合は再度設定に戻る必要がありましたが、GA4の探索は設定しながらアウトプットを確認できるので、スピーディに分析することができます。

データ探索

データ探索を使えば新しい分析を作成したり、自分が作成した分析を共有したり、過去に作成した分析を閲覧したりできます。文字どおり「データを探索する」といえる機能です。

●作成するデータ探索を選ぶ

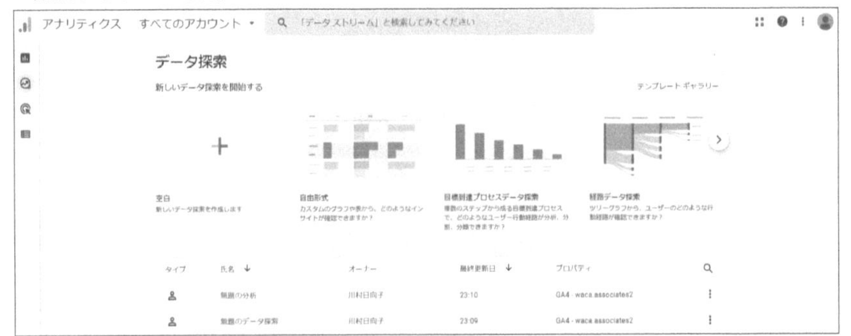

データ探索の目的

データ探索の目的は、従来よりも解像度の高いイベント単位のファクトデータを組み合わせて、アドホックに解析することです。アドホック（Ad hoc）とは、目的に合わせて臨機応変に試行錯誤できることを意味します。

データ探索を利用することで、実際の解に近い仮説にドリルダウンしたり、仮説を修正する柔軟な解析プロセスを実現できます。イベント単位のデータをスピーディに選択し、他の情報と組み合わせてアドホックな思考実験を行いやすくなっています。

ウェブ解析の実務では、ビジネスを走らせながら、同時にスピーディでロジカルな問題解決と意思決定をリアルタイムで行う局面が多いです。仮説検証の質とスピード、精度を同時に高めるためにデータ探索は有用です。

データ探索のメリット

データ探索には、あらかじめ利用できる高度な分析手法があり、顧客の行動についての詳細なインサイトを確認することが可能です。

● メリット1　簡単な操作性

データ探索には、すでに作成したデータ探索または共有されたデータ探索がすべて含まれており、すぐに利用や再開が可能です。また、データ探索のテンプレートを選ぶだけで、すぐに分析を開始できます。データ探索はひとつ以上のタブで構成され、各タブには選択した特定の手法で探索されたデータが表示されます。ドラッグ＆ドロップでディメンションや指標などの変数を選択してタブを設定し、自由にデータ探索を作ることができます。

● メリット2
従来よりもストレスの少ない分析が簡単に実行可能

変数を組み合わせた分析、各種の手法の設定･切り替え、データの並べ替え･ドリルダウン、ディメンションと指標の追加と削除、フィルタとセグメントを使用して、もっとも関連性の高いデータだけに絞り込むことが簡単にできます。

● メリット3　細やかな仮説検証が可能

イベント単位の粒度の細かなデータを組み合わせて分析することにより、目的にあった条件で絞り込んだ、詳細なデータの分析が可能になります。

● メリット4　分析情報の共有のしやすさ

データ探索でデータセットを設定できたら、そのデータをエクスポートできます。この分析データは、組織内または外部の関係者と共有できます。エクスポートしたデータを他のツールで使用することも可能です。

● メリット5　レポーティングの自動化が可能

個別チャートやテーブルなど希望するレポート様式を選び、可視化およびエクスポートを自動化できます。データ探索はひとつ以上のタブで構成され、各タブには特定の手法で分析されたデータが表示されます。

● メリット6　ユーザーの行動経路の視覚化が可能

経路データ探索は、ユニバーサルアナリティクスの他の機能に類似していますが、いくつか優れた点があります。経路データ探索では、ユニバーサルアナリティクスのユーザーフローと同様、ユーザーがサイトやアプリを介してたどるステップを探りながら、さらに前後のユーザーの移動した数を知ることができます。

ユニバーサルアナリティクスのユーザーフローおよび行動フローレポートでは同様の分析をページ単位で行いますが、経路データ探索では、ページまたは画面の閲覧とイベント発生の両方について、ユーザーの行動経路を視覚化することが可能です。また、遡行型の経路データ探索もできます。

データ探索の利用

それではデータ探索の利用例を紹介します。

● デバイスごとの利用ユーザー

ここではデバイスごとの利用ユーザーを見てみましょう。

1. 左側ナビゲーションで「探索」を選びます。

●「データ探索」を選択

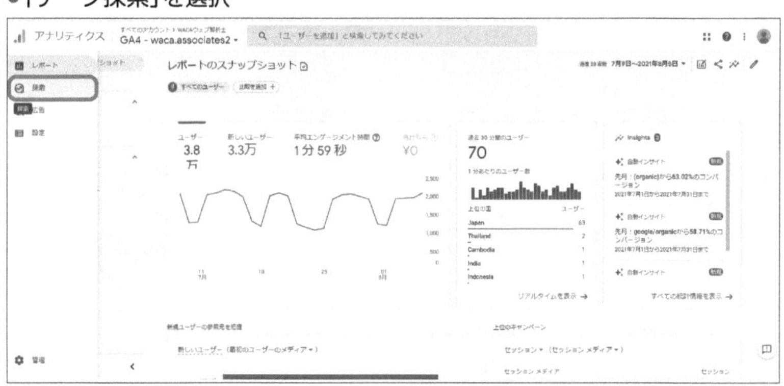

2. 画面中央の「データ探索」で「自由形式」を選びます。

●データ探索で「自由形式」を選択

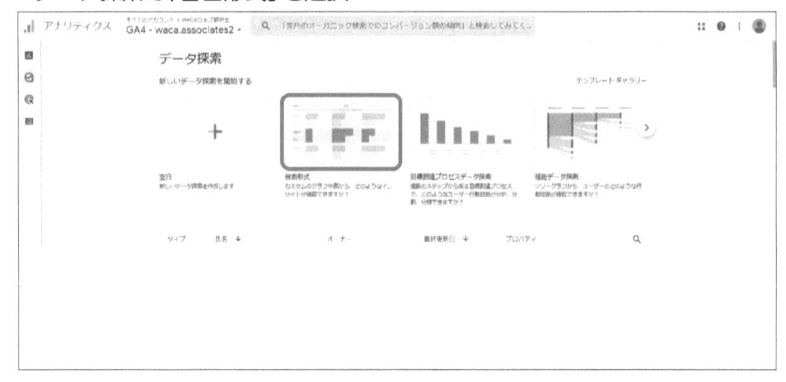

3. ビジュアリゼーションで「テーブル」を選びます。

●ビジュアリゼーションで「テーブル」を選択

4. ディメンションの「デバイスカテゴリ」を行にドラッグ&ドロップして入れます。もしくは「デバイスカテゴリ」をダブルクリックしても、同じように「行」に追加されます。

●「デバイスカテゴリ」を「行」にドラッグ&ドロップ

●「デバイスカテゴリ」をドラッグ&ドロップした結果

● メディアごとの確認

これで、デバイスごとの利用ユーザーを見ることができました。次にこのデータをメディアごとに確認し、エンゲージメント率の指標も追加してみます。

1. デバイスカテゴリを追加したときと同様に、「行」に「最初のユーザーのメディア」をドラッグ&ドロップします。

●「行」に「最初のユーザーのメディア」をドラッグ&ドロップ

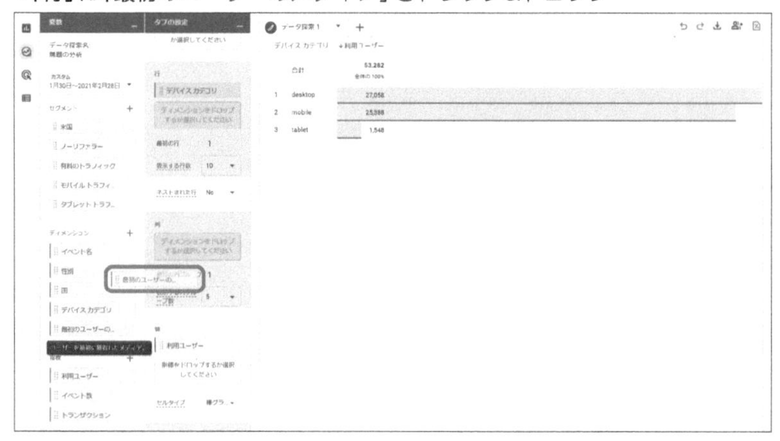

2. 次にエンゲージメント率を加えます。エンゲージメント率は「指標」の中にありますが、デフォルトでは「指標」にないこともあります。そこで他の「指標」を表示するのと同じように追加します。左側の「指標」の右側「+」ボタンをクリックすると、画面の右側に「エンゲージメント率」を含むその他の指標が表示されます。

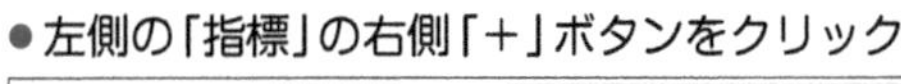
●左側の「指標」の右側「＋」ボタンをクリック

3. 「エンゲージメント率」にチェックを入れて右上の「適用」をクリックします。「指標」に「エンゲージメント率」が表示されているはずです。

4. 「エンゲージメント率」を「値」にドラッグ&ドロップ、またはダブルクリックします。

●「エンゲージメント率」をドラッグ&ドロップ、またはダブルクリック

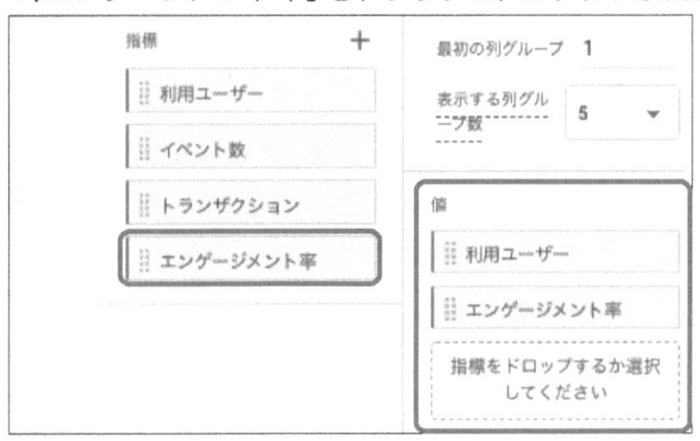

● データを日本に絞る

ここで表示されているデータは全世界のデータです。そこで日本だけに絞るために、セグメントに「日本」を加えます。

●セグメントに「日本」を追加

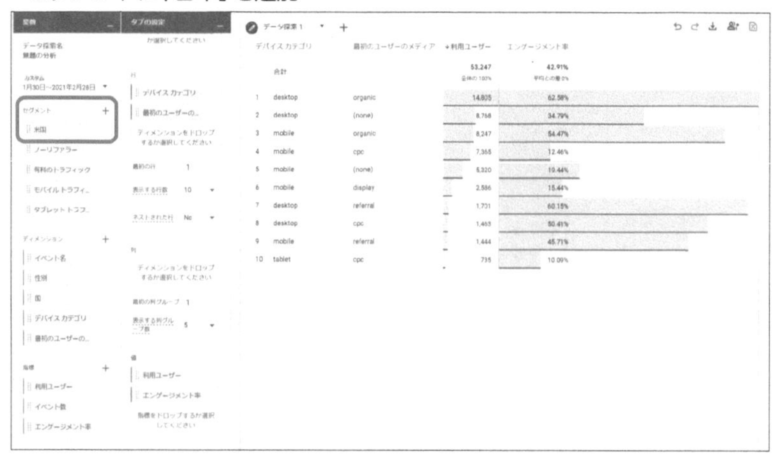

1. 左上「セグメント」の「米国」にマウスポインタを合わせてクリックし、「編集」を選択します。

●3つの点をクリックして「編集」を選択

2. 左上のセグメント名「米国」を「日本」に変更し、あとで区別できるようにしておきます。

●セグメント名を変更

3. 「値」をクリックして、入力されている「US」を削除すると国コード候補が表示されるので「JP」を選択します（条件は「完全一致」）。

●「値」をクリックして「JP」を選択

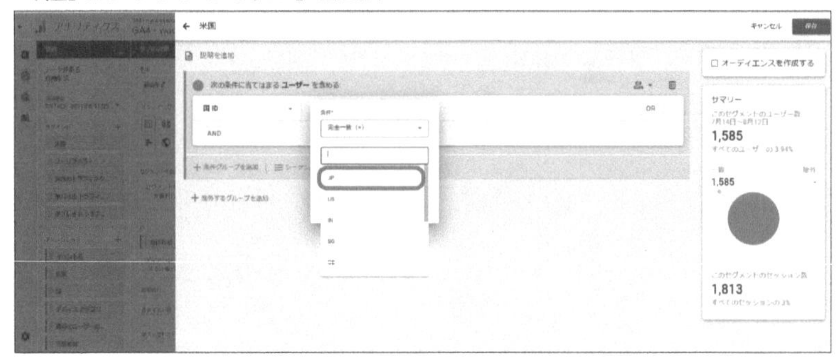

4. 右上の「保存」をクリックします。これで、日本のセグメントができます。

5. セグメントにある「日本」を「セグメントの比較」にドラッグ&ドロップするか、またはダブルクリックします。

●「日本」を「セグメントの比較」にドラッグ&ドロップ、またはダブルクリックする

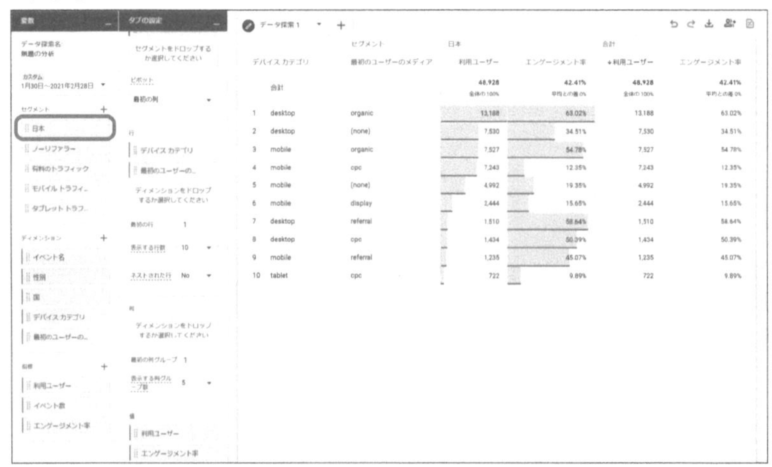

6. これでセグメントが適用になります。

このようにデータ探索では、「編集」や「保存」をしなくても、あとでデータを追加したりセグメントをかけたりすることが柔軟にできるのです。

空白から新規でデータ探索を作成する

新規でデータ探索を作成するには、自由にカスタマイズして作成する方法とテンプレートギャラリーというあらかじめ用意されたテンプレートを使って作成する方法の2種類があります。ここでは自由にカスタマイズして作成する方法として、「空白」を選択して作成する方法を解説します。

● 変数の設定

まずは一番左にある「変数」の項目を説明します。

●変数の設定項目

① データ探索名

データ探索の名前です。任意で指定することが可能です。

② **カスタム**

データ探索の対象期間です。任意の対象期間を指定することが可能です。

③ **セグメント**

分析したい対象の絞り込みのことです。例えば、広告経由（medium=cpc）の流入ユーザーのみのデータを分析したい場合は、「有料のトラフィック」を選択します。右上にある「＋」ボタンをクリックすると、任意のセグメントを作成することができます（最大4個まで選択可能）。

④ **ディメンション**

分析したい切口です。例えば、PCやスマホなどデバイス別で分析したい場合は、「デバイスカテゴリ」を選択します（最大20個）。右上にある「＋」ボタンをクリックすると、任意のディメンションを選択できます。

⑤ **指標**

分析したい数値のことです。例えば、期間内にサイトに訪れたユーザーの数を確認したい場合は、「利用ユーザー」を選択します（最大20個）。右上にある「＋」ボタンをクリックすると、任意の指標を選択できます。

● タブの設定

次に「変数」の右横にある「タブの設定」の項目を説明します。

1. 手法

テンプレートギャラリーにある7種類のテンプレートを選択できます。

2. ビジュアリゼーション

ドーナツグラフ、折れ線グラフ、散布図などデータの表示形式を選択できます。

3. セグメントの比較

セグメントごとで比較したい場合に使用します。「変数」のセグメントからドラッグ＆ドロップするか「セグメントをドロップするか選択してください」というボタンから任意のセグメントを選択します（最大4個）。

また、「ピボット」でセグメントを表示する位置を変え、表やグラフを見やすい形に成形することで、データ探索の情報を再構成できます。

4. 行

「変数」のディメンションからドラッグ＆ドロップするか「ディメンションをドロップするか選択してください」のボタンから任意のディメンションを選択します（最大5個）。行であるため横軸でデータが表示されます。

「最初の行」では表示を開始したい行を選択できます。「表示する行数」では表示する最大行数を選択できます。

この際、ネストされた行をYesにすると、ネストの関係にある情報はネストの関係のまま表示され、Noとするとネストを解除した状態で表示されます。

例えば、国や訪問時間（event_date）はセッションやページビューと同じ行に記録されますが、clickなどのイベント名はセッションやページビューなどの中にネストされています。ネスト関係をNoにするとネスト関係は解除され、ネスト下にあるイベント名などでソートすることができます。

●ネストした行の表示

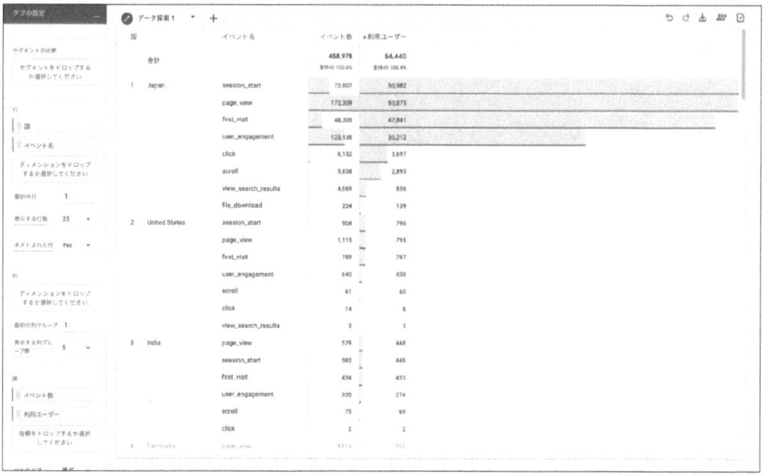

●ネストしていない行の表示

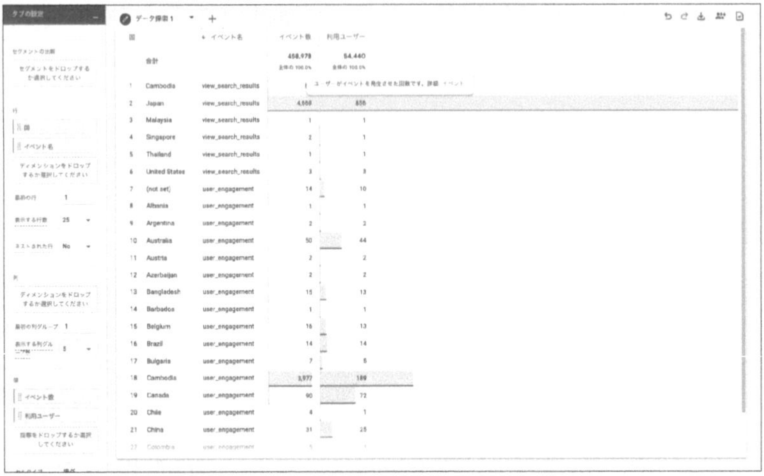

5. 列

「変数」のディメンションからドラッグ＆ドロップするか「ディメンションをドロップするか選択してください」というボタンから任意のディメンションを選択します（最大2個）。列であるため縦軸でデータが表示されます。「最初の列」では表示開始したい列を選択できます。「表示する列数」では表示する最大列数を選択できます。

6. 値

「変数」の指標からドラッグ＆ドロップするか「指標をドロップするか選択してください」というボタンから任意の指標を選択します（最大10個）。「セルタイプ」では棒グラフやヒートマップなど、表示形式を選択できます。

7. フィルタ

「変数」のディメンションや指標からドラッグ＆ドロップするか「ディメンションや指標をドロップするか選択してください」というボタンから任意のディメンションや指標を選択します（最大10個）。フィルタを利用することで、指定したディメンションや指標で絞り込むことができます。

データ探索における制限事項

・ユーザーあたり、プロパティごとに最大200件のデータ探索を作成できます。
・プロパティごとに最大500件のデータ探索の共有を作成できます。
・データ探索ごとに最大10個のセグメントをインポートできます。
・データ探索のクエリに1,000万件を超えるイベントが使用される場合は、データがサンプリングされます※1。

データ探索は関係者とともに利用する

ここまで説明したように、データ探索は従来の設定で表示させるレポートではできないアドホックな分析ができます。今までのようにレポートを作って提出するために利用するだけでは、その価値を活かしているとは言えません。要望に合わせて柔軟にデータを選んで表示できるので、クライアントや関係者と確認しながら試行錯誤すると、思わぬ発見につながります。ぜひ会議やプレゼンテーションで活用してください。

ここで大事な点があります。分析を確認する際には、仮説をもって臨むということです。このとき、仮説がないと、どこをどう見ていいか思いつきにくいものです。常に行った施策に対する仮説を立てて、データ探索を見るようにしましょう。

※1 https://support.google.com/analytics/answer/7579450?hl=ja

2 データ探索の主要機能

データ探索を活用するにあたって、本節で説明する機能を理解しておく必要があります。自由形式を例に、その機能の使い方を確認しましょう。

2-1 データ探索の機能

POINT!

- ビジュアリゼーションでデータの見た目を変えることができる
- セグメントを絞り込むことが可能

セルタイプ

セルタイプは、P334で解説したので詳細な説明は割愛しますが、簡単に言えば表を視覚的に分かりやすくする機能です。

例えばセルタイプを、「棒グラフ」にすると、セル内に割合を示す棒グラフが表示され、視覚的に数値の大きさがわかりやすくなります。棒グラフは、数字の微妙な差も反映されるため、値の大小を細かく図示するときに向いています。

●セルタイプの例（棒グラフ）

	デバイス カテゴリ	desktop		mobile		tablet		合計
	ページ タイトルとスクリーン名	利用ユーザ…	新しいユー…	利用ユーザ…	新しいユー…	利用ユーザ…	新しいユー…	↓利用ユーザ…
	合計	24,941 全体の 62.88%	21,267 全体の 59.68%	14,623 全体の 36.87%	13,823 全体の 38.77%	641 全体の 1.62%	565 全体の 1.58%	39,664 全体の 100%
1	ウェブ解析士を取得したい - ウェブ解析士協会	1,362	407	4,108	3,518	353	334	5,817
2	(not set)	3,501	1,624	1,828	1,168	75	45	5,380
3	【2021年版】Google サーチコンソールの使い方。ウェブサイト改善のための活用術！ - ウェブ解析士協会	3,707	3,316	901	855	68	66	4,666
4	ウェブ解析士の学習内容と取得の流れ - ウェブ解析士協会	2,908	473	1,668	472	69	18	4,632
5	『ウェブ解析士』とは - 38,000名超が受験した実践資格｜ウェブ解析士協会	3,192	1,540	1,090	516	62	36	4,340
6	ウェブ解析士 公式テキスト - ウェブ解析士協会	2,020	151	1,067	217	58	5	3,128
7	【2021年版】Google サーチコンソールの使い方。ウェブサイト改善のための活用術！｜ウェブ解析士ナレッジ	2,348	2,075	621	581	50	46	3,000
8	ログイン - ウェブ解析士協会	1,877	436	692	257	46	15	2,584
9	Google Analytics 4（GA4）の衝撃。5つのポイントと3つのAIキーワード - ウェブ解析士協会	2,043	1,733	338	325	0	0	2,379
10	会員専用ページ - ウェブ解析士協会	1,588	8	381	10	0	0	1,95

セルタイプを「ヒートマップ」にすると、セルに濃淡がつき、全体でどの数値が大きいか、見た目から分かりやすくなります。色の濃淡は棒グラフほど細かく分けないため、相対的に似たような値は同じ色になり、大まかに値の大小を把握したいときに向いています。

●セルタイプの例（ヒートマップ）

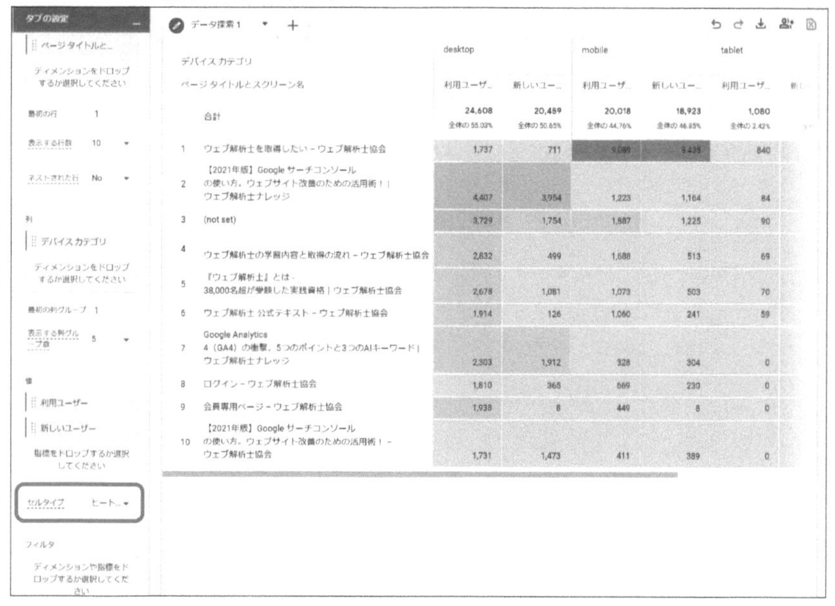

	デバイス カテゴリ	desktop		mobile		tablet
	ページ タイトルとスクリーン名	利用ユーザ…	新しいユー…	利用ユーザ…	新しいユー…	利用ユーザ…
	合計	24,608 全体の 55.03%	20,459 全体の 50.65%	20,018 全体の 44.76%	18,923 全体の 46.85%	1,080 全体の 2.42%
1	ウェブ解析士を取得したい - ウェブ解析士協会	1,737	711	9,089	8,435	840
2	【2021年版】Google サーチコンソールの使い方。ウェブサイト改善のための活用術！｜ウェブ解析士ナレッジ	4,407	3,954	1,223	1,164	84
3	(not set)	3,729	1,754	1,887	1,225	90
4	ウェブ解析士の学習内容と取得の流れ - ウェブ解析士協会	2,832	499	1,688	513	69
5	『ウェブ解析士』とは - 38,000名超が受験した実践資格｜ウェブ解析士協会	2,678	1,081	1,073	503	70
6	ウェブ解析士 公式テキスト - ウェブ解析士協会	1,914	126	1,060	241	59
7	Google Analytics 4（GA4）の衝撃。5つのポイントと3つのAIキーワード｜ウェブ解析士ナレッジ	2,303	1,912	328	304	0
8	ログイン - ウェブ解析士協会	1,810	365	669	230	0
9	会員専用ページ - ウェブ解析士協会	1,938	8	449	8	0
10	【2021年版】Google サーチコンソールの使い方。ウェブサイト改善のための活用術！ - ウェブ解析士協会	1,731	1,473	411	389	0

ユーザーを表示

●右クリックで「ユーザーを表示」を選ぶ

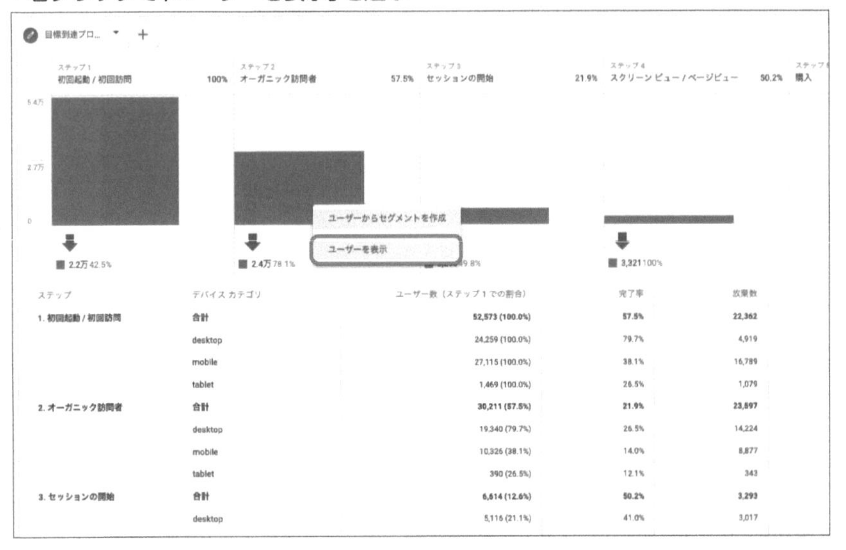

棒グラフとなっている部分など、ビジュアル表示のデータを右クリックして「ユーザーを表示」を選択し、該当ユーザーによる「session_start」や「page_view」などの行動を詳細に分析できる「ユーザーエクスプローラ」を見ることができます。

●ユーザーエクスプローラ例

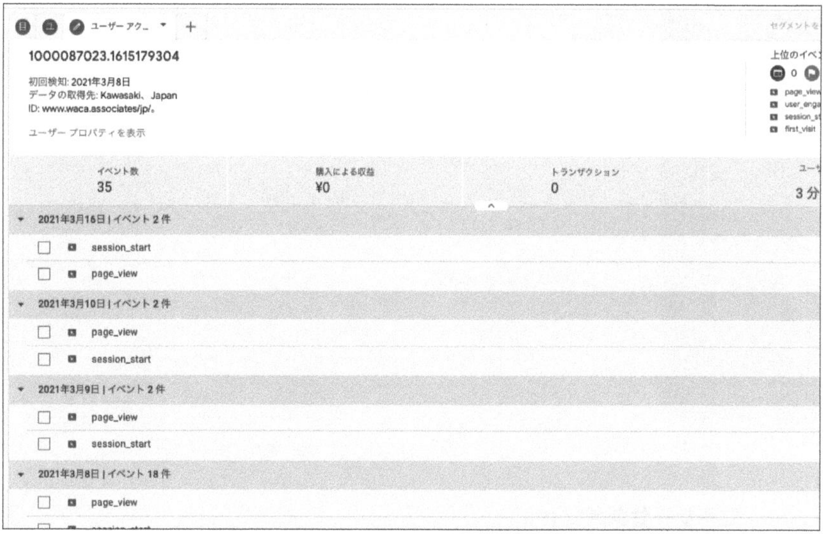

ユーザー アク…
1000087023.1615179304
初回検知: 2021年3月8日
データの取得先: Kawasaki、Japan
ID: www.waca.associates/jp/。
ユーザー プロパティを表示

イベント数	購入による収益	トランザクション
35	¥0	0

2021年3月16日 | イベント 2 件
session_start
page_view
2021年3月10日 | イベント 2 件
page_view
session_start
2021年3月9日 | イベント 2 件
page_view
session_start
2021年3月8日 | イベント 18 件
page_view

セグメントビルダー

セグメントビルダーは、すべてのユーザー、セッション、イベントの中から、特定の条件を満たしたものだけを含めるか、または除外して分析する機能です。定義したセグメントは、その分析の中であればどのタブでも使用することができます。セグメントは複数追加することも可能です。

セグメントを作成する

データ探索の変数タブより「セグメント」セクションの「+」ボタンをクリックします。

「カスタムセグメントを作成」では「ユーザーセグメント」「セッションセグメント」「イベントセグメント」の3つのセグメントタイプから選択できます。

● セグメントの新規作成の例

ユーザーセグメント

サイトやアプリに関わっているユーザーのサブセットで、商品を購入したことがあるユーザーや、ショッピングカートに商品を追加したが購入はしていないユーザーなどが含まれます。

セッションセグメント

サイトやアプリで発生したセッションのサブセットで、特定の広告キャンペーンから発生したすべてのセッションなどが含まれます。

イベントセグメント

サイトやアプリでトリガーされたイベントのサブセットで、特定の場所で発生したすべての購入イベントや、特定のオペレーティングシステムで発生したapp_exceptionイベントなどが含まれます。

使用できる既定のテンプレートセグメントでは、すでに条件が含まれているため、条件の値を指定するだけですぐに使用することが可能です。

●セグメントの違いの例

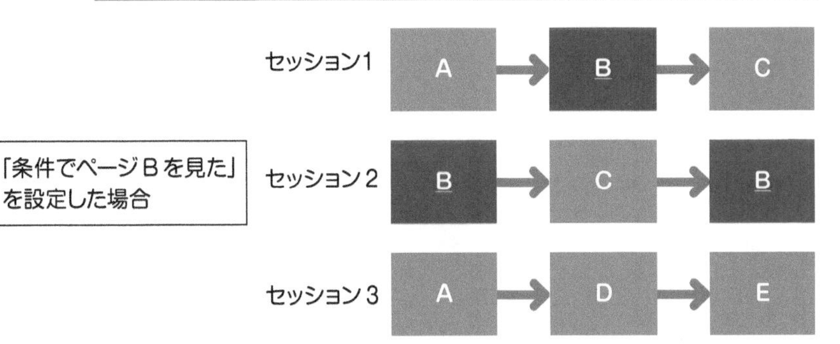

期間

分析に含める期間を指定します。

昨日や過去7日間などの既存の期間を指定するか、カスタム期間をカレンダーで指定します。

「比較」の項目にチェックを付けると、「昨年の同じ期間との比較」のように期間同士で数値を比較することが可能です。

● 期間比較の設定の画面

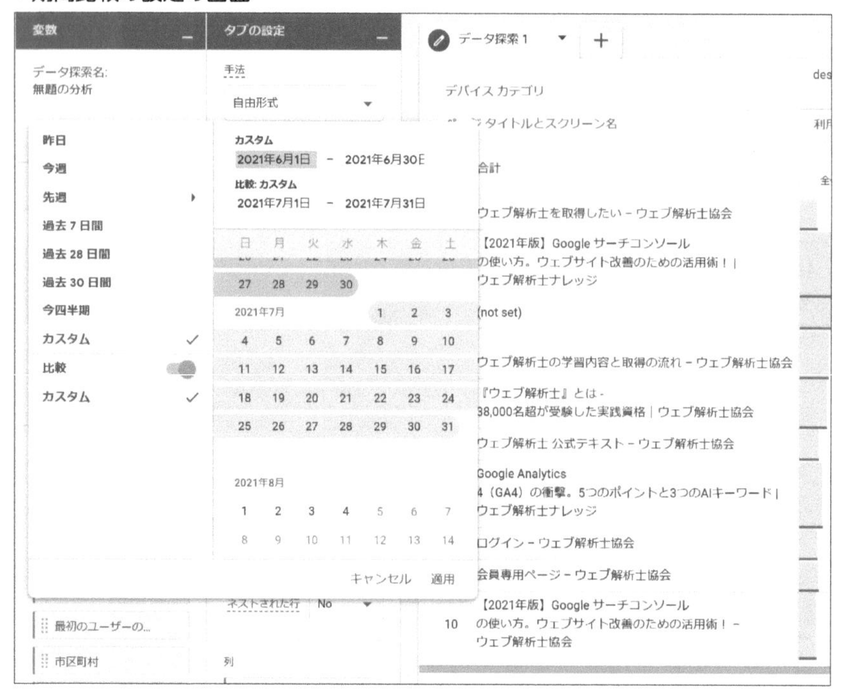

フィルタ

フィルタに設定したディメンション・指標に条件を指定することで、表示しているデータを絞り込んで表示できます。フィルタで絞り込める対象は、使用中のビジュアル表示のみです。

●フィルタの選択の画面

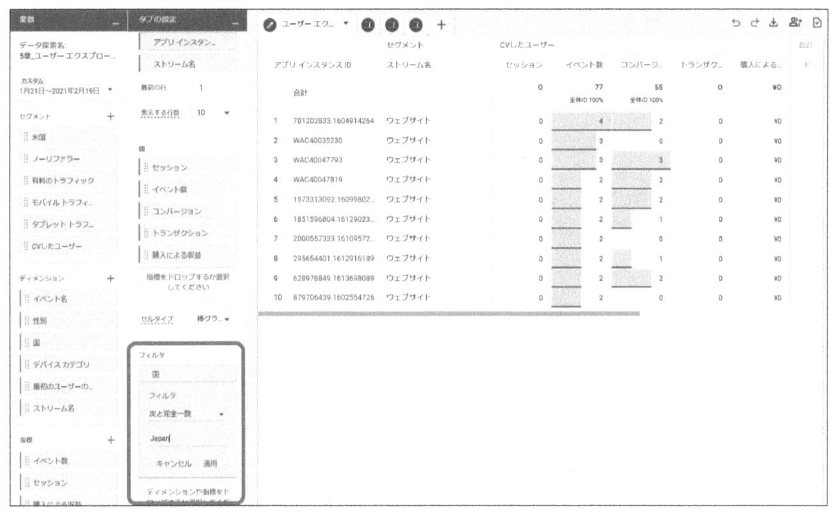

フィルタの項目に、ディメンションか指標をドラッグ&ドロップするか、フィルタの項目をクリックした後に出てくるポップアップから項目を選択します。例えば、ディメンションとしては以下を選ぶことができます。

- イベント名
- 性別
- 国
- デバイスカテゴリ
- ユーザーのメディア
- ストリーム名

指標は、以下のような値を選ぶことができます。指標はフィルタをかける条件を設定します。

- 利用ユーザー
- イベント数

・セッション
・トランザクション
・購入による収益
・コンバージョン

●選択している指標のみフィルタ選択可能

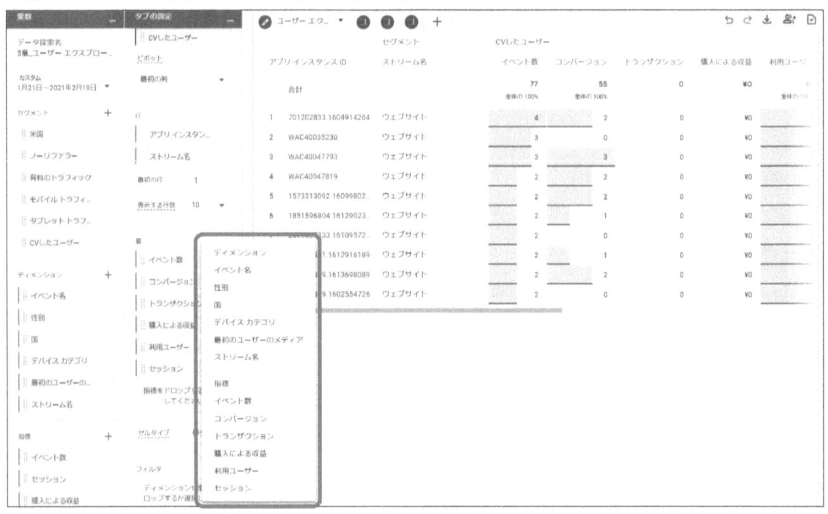

指標をフィルタに選択する場合は、「値」として選択された指標（右に表示された指標）しか選択できません。

これらセグメントとフィルタを用いることでビジュアル表示に含まれるデータを制限できますが、フィルタは現在のビジュアル表示に適用される一方、セグメントは他のデータ探索でも使用できます。

また、セグメントは他のユーザーと共有することもできますが、フィルタは共有できません。

ビジュアリゼーション

グラフ表示など、データの見た目を変更することができます。分析の「手法」によって、選ぶことができるビジュアルの選択肢が変わります。手法の「自由形式」では、次の見た目を選ぶことができます。

●手法：データ探索の画面

テーブル
数値と棒グラフの組み合わせで表示される表

ドーナツグラフ
中央に空洞があり、割合を表すグラフ

折れ線グラフ
数値の点を線で結んで折れ線で増減を表したグラフ

散布図
縦軸と横軸に、各項目の数量の点を打ち、関係性を表したグラフ

棒グラフ
数量を横に伸びる棒で表し、各項目の数量の差異が分かりやすいグラフ

地図
地域別に数量を地図上の円で表したグラフ

タブ

データ探索のビジュアル表示の上部タブから、各ビジュアルを選べます。タブは10個まで追加することができます。

●タブの画面

ビジュアルの新しいタブを追加する場合は、「+」をクリックすることで分析の「手法」を一覧から選ぶことができます。タブの名称を変更する場合は、タブ名をクリックして編集することができます。

●「+」をクリックして「手法」の一覧から選ぶ

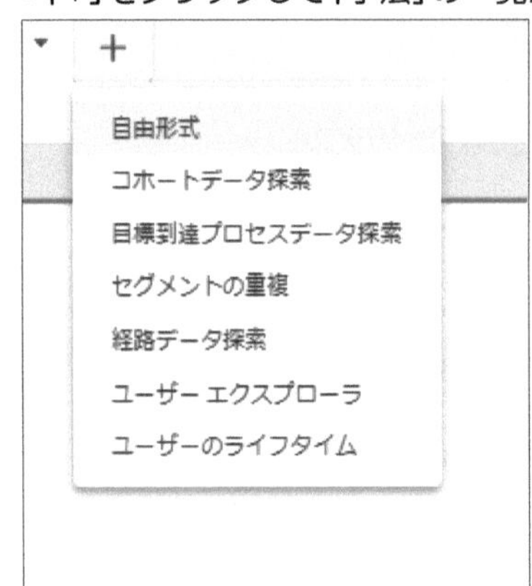

手法

「手法」では、データ探索のさまざまな方法を選ぶことができます。各手法に関しては本章3節「データ探索での分析方法」で詳しく解説します。

●手法を選択する

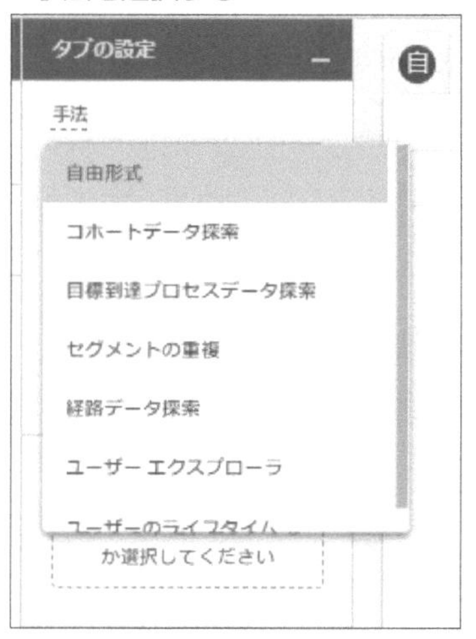

レポートと探索のデータの違い

標準で見ることができる「レポート」機能と、カスタマイズして詳しく分析することができる「探索」機能では、表示できるデータに違いが発生する場合があります。その原因は以下のとおりです。

・「レポート」機能と「探索」機能に使われているディメンションや指標が異なる場合があり、「レポート」では表示されても、「探索」で表示されない場合があります。
・「レポート」内の比較では、分析でサポートされていないフィールドも使用できます。

・「探索」機能の期間は、管理→プロパティ→データ設定→データ保持「ユーザーデータとイベントデータの保持」の設定において、イベントデータ保持の期間を2か月、または14か月から選ぶことができますが、設定した期間を超える「レポート」を作成した場合、設定期間より前のデータは「レポート」に含まれません。

・「レポート」は当日のデータも含まれますが、「探索」機能では前日までのデータが対象となります。

・データのサンプリングによる違いも発生します。「探索」機能では、ビジュアル表示の右上にあるアイコンにマウスポインタを合わせると、サンプリングの割合が表示されます。

●サンプリングの割合を表示

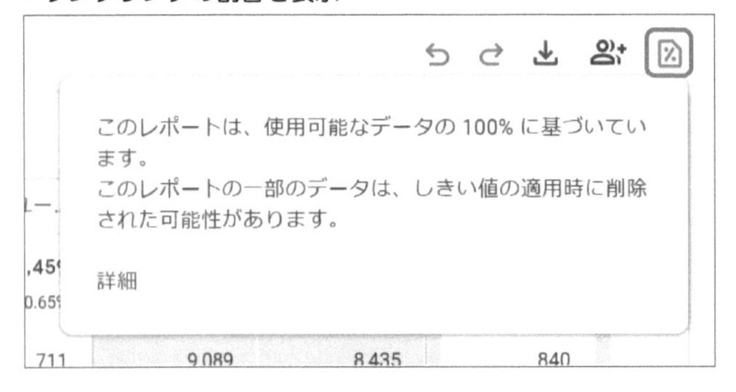

Google アナリティクス 4 ヘルプ

レポートとデータ探索ツールにおけるデータの違い

https://support.google.com/analytics/answer/9371379?hl=ja

適切な機能を使って問題点や成功するヒントを発見

データ探索はセグメントなどの表示するデータの選択、セグメントによる絞り込み、ビジュアリゼーションなどの機能があります。さらに、セグメントやユーザーの表示でユーザーの特定ができます。

このような機能を使いこなすことで、問題点や成果につながるヒントを見つけてください。

3 データ探索での分析方法

データ探索の使い方を理解して、さまざまな分析手法の特徴を把握しましょう。レポートの内容を自由に変えることで、自社サイトの課題解決につながるヒントを得ることができます。

3-1 テンプレートギャラリーの使い方

POINT!

- データ探索で見たい指標を追加したりビジュアリゼーションを選択したりして、自由な分析ができるようになる
- データ探索の正しい理解を得ることでより意味のあるレポートを作成できる

データ探索にはさまざまな種類の手法があります。順に詳しく解説していきます。

自由形式※2

自由形式では、表のレイアウトを柔軟に調整して表示ができ、行と列を自由に配置したり、絞り込み（セグメントやフィルタ）を適用することで表示を調整することができます。列には最大2つのディメンションを、行には最大5つのディメンションを置くことで柔軟な分析を可能にしています。

さらに、見たい指標を選んで追加することもできるため、重要な箇所を見つけた

※2　https://support.google.com/analytics/answer/9327972?hl=ja&ref_topic=9266525

場合は、それを基にセグメントを作成して、より深い分析をすることが可能です。

また、ビジュアリゼーションを選択し、表だけでなく、折れ線グラフや散布図、棒グラフに変更し視覚的に分かりやすくできます。

複数の自由形式結果を、タブを用いてエクセルやタブブラウザーのように、さまざまな分析をまとめて並べておくこともできます。

●自由形式の画面

● 自由形式を作成

●自由形式を使った分析例

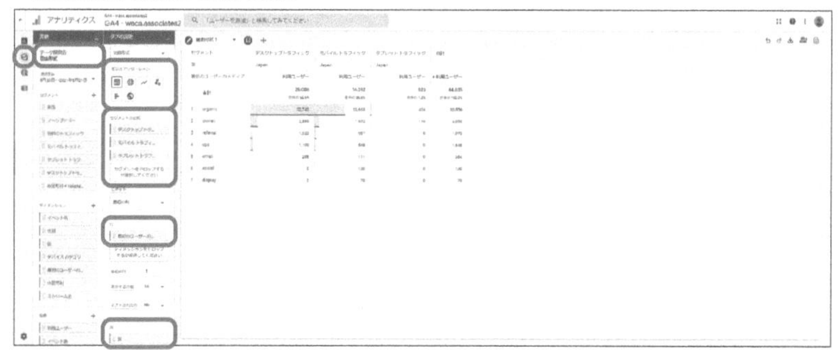

1. 左のナビゲーションの「探索」を選択します。
2. テンプレートギャラリーから、「自由形式」を選択します。
3. 「ビジュアリゼーション」からビジュアル表示の種類を選択します。
4. 「セグメントの比較」に比較したいセグメントを最大4つまで選択します。
5. 分析したいディメンションを「行」と「列」に選択します。

上記の「自由形式を使った分析例」の場合、以下のように設定します。

・ビジュアリゼーション：テーブル
・セグメントの比較
　デスクトップトラフィック
　モバイルトラフィック
　タブレットトラフィック
・行：「ユーザーのメディア：クロスチャネルのラストクリック」ディメンション
・列：国ディメンション
・値：利用ユーザー
・フィルタ：国：「Japan」含む

下記の「自由形式のカスタマイズ」の場合、以下のように設定します。

・ビジュアリゼーション：折れ線グラフ
・セグメントの比較：「有料トラフィック」「ノーリファラー」
・粒度：日
・内訳：「デバイスカテゴリ」ディメンション
・値：利用ユーザー

●自由形式のカスタマイズ

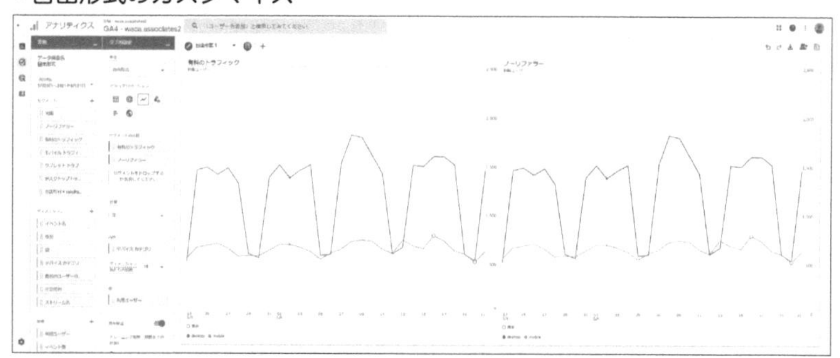

コホートデータ探索[※3]

共通の特性を持つユーザーのグループをコホートと呼びます。コホートとは「仲間」という意味で、心理学の分野で使われる「コホート研究」を応用した分析です。例えば、「獲得日が同じユーザーはすべて同じコホートに属している」と言います。

コホートデータ探索は、ユーザーのサイトへの再訪率や維持率など、時間の経過にともなうユーザーの行動を分析するのに有効な手段です。

コホートデータ探索を用いることで、以下のように再訪数の変化や、効果的なキャンペーンを行うタイミングを知ることができます。

- ・サイトへの訪問率が高く、再訪率（何度も継続して訪問する）が高いコホートを見つけ出す。
- ・新たに獲得したユーザーの再訪率が減少するタイミングを確認し、離脱を予防するためにキャンペーンを実施するなど離脱防止施策を考える。
- ・あるプロモーションやキャンペーンを実施したあとの再訪率を確認し、その効果を測定する。

例えば、アプリをインストールした時を「コホートへの登録条件」に設定し、「リピートの条件」にアプリの起動イベントを選択します。

さらに「コホートの粒度」を「日」にすることで、アプリをインストールしたあと、ユーザーがしっかり利用してくれているかを確認することができます。

※3 https://support.google.com/analytics/answer/9670133?hl=ja

また、アプリ内でキャンペーンを行ったあとの再訪数の変化を見ることで、キャンペーンの効果を図ることができます。

コホートデータ探索では、最大60個のコホートを表示できます。

●コホートデータ探索

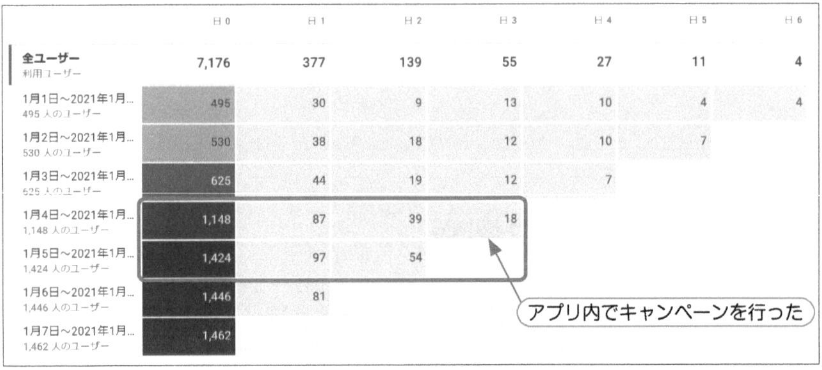

	日0	日1	日2	日3	日4	日5	日6
全ユーザー 利用ユーザー	7,176	377	139	55	27	11	4
1月1日～2021年1月... 495 人のユーザー	495	30	9	13	10	4	4
1月2日～2021年1月... 530 人のユーザー	530	38	18	12	10	7	
1月3日～2021年1月... 625 人のユーザー	625	44	19	12	7		
1月4日～2021年1月... 1,148 人のユーザー	1,148	87	39	18			
1月5日～2021年1月... 1,424 人のユーザー	1,424	97	54				
1月6日～2021年1月... 1,446 人のユーザー	1,446	81					
1月7日～2021年1月... 1,462 人のユーザー	1,462						

アプリ内でキャンペーンを行った

● コホートデータ探索を作成

1. 左のナビゲーションの「探索」を選択します。
2. テンプレートギャラリーから、「コホートデータ探索」を選択します。
3. 「コホートへの登録条件」を定義します。コホートにユーザーを追加する条件であり、「初回接触（ユーザー獲得日）」などが該当します。
4. 「リピートの条件」を設定します。追加したユーザーが引き続きコホートに残るために必要な条件です。
5. 「コホートの粒度」を毎日、毎週、毎月の中から選択し、時間経過にともなうユーザーの行動変化を確認します。
6. 分析したい指標を「値」に設定します。「利用ユーザー」や「イベント数」、「トランザクション」などが該当します。

●コホートデータ探索の詳細設定の画面

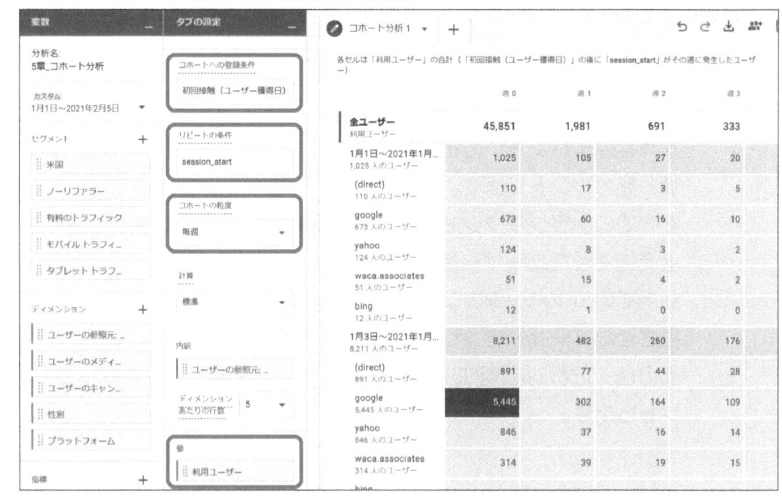

● コホートへの登録条件

ユーザーを初めてコホートに登録する際の条件です。

・初回接触（ユーザー獲得日）：アプリまたはウェブサイトの初回利用があったユーザーを、その発生日時で登録します。
・すべてのイベント：分析対象期間中に何らかのイベントを発生させたユーザーを、そのイベントの初回発生日時で登録します。
・すべてのトランザクション：分析対象期間中に何らかのトランザクションを発生させたユーザーを、そのトランザクションの初回発生日時で登録します。トランザクションとは、ユーザーが何かしらの取引を完了させた数のことで、例えばeコマースのサイトであれば注文数のことを指します。
・すべてのコンバージョン：分析対象期間中に何らかのコンバージョンを発生させたユーザーを、そのコンバージョンの初回発生日時で登録します。
・その他：特定のイベントを発生させたユーザーを登録します。

● リピートの条件

ユーザーを引き続きコホートに登録する条件を定義します。

・すべてのイベント：分析対象期間中にイベントを1件以上発生させたユーザーをカウントします。
・すべてのトランザクション：分析対象期間中にトランザクションを1件以上発生させたユーザーをカウントします。
・すべてのコンバージョン：分析対象期間中にコンバージョンを1件以上発生させたユーザーをカウントします。
・その他：分析対象期間中に特定のイベントを発生させたユーザーをカウントします。

● コホートの粒度

コホートへの初回登録と、リピートする期間を定義します。リピートの条件で設定する期間の粒度は次の項目から選択します。

日次：プロパティのタイムゾーン（例：プロパティのタイムゾーンが「日本」なのであれば日本の標準時間）で午前0時から翌日の午前0時までです。
週次：日曜日から土曜日までです。連続する任意の7日間ではありません。
月次：月初めから月末までです。

● 内訳

指定したディメンションを基準に、各コホートをさらに細かいサブグループに分割して内訳を確認できます。

例えば、内訳のディメンションとして「ユーザーの参照元」を指定すると、ユーザーの定着がよい参照元を特定することができます。

● 内訳のディメンションとして「ユーザーの参照元」を指定

	日 0	日 1	日 2	日 3	日 4	日 5	日 6
全ユーザー 利用ユーザー	7,176	377	139	55	27	11	4
1月1日～2021年1月... 495 人のユーザー	495	30	9	13	10	4	4
google 339 人のユーザー	339	22	4	8	6	1	2
(direct) 41 人のユーザー	41	4	2	2	0	0	1
yahoo 60 人のユーザー	60	1	0	1	0	0	0
waca.associates 23 人のユーザー	23	3	3	1	4	3	1
bing 7 人のユーザー	7	0	0	1	0	0	0

ここで、指標のタイプを「コホートユーザーあたり」に設定すると、そのコホートに該当するユーザーの割合で表示させることができます。

● 指標のタイプを「コホートユーザーあたり」に設定

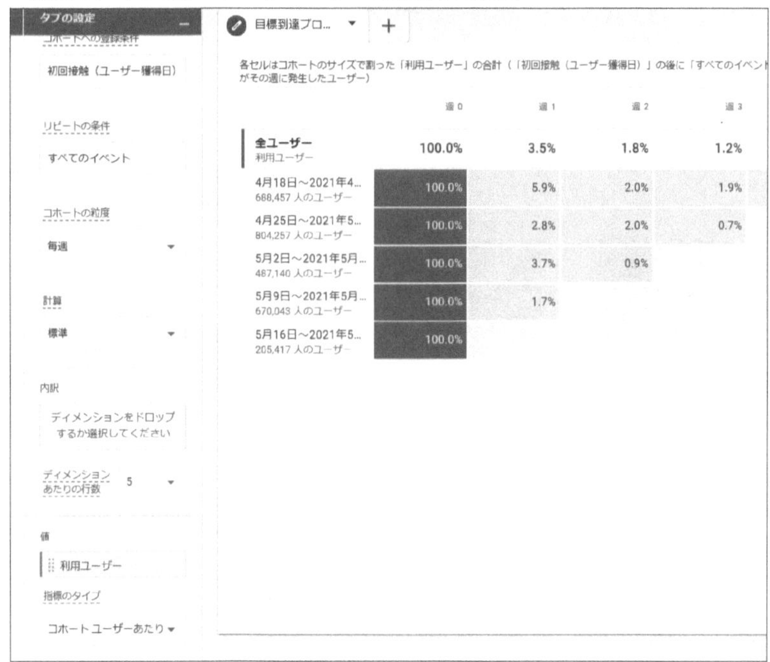

● 値

コホート表に表示する指標は、「利用ユーザー」や「イベント数」、「トランザクション」など任意に選択できます。

目標到達プロセスデータ探索[※4]

目標到達プロセスデータ探索は、ユーザーがコンバージョンに至るまでのステップをビジュアル化することで、各ステップでのユーザーの動向を素早く確認できます。

目標到達プロセスデータ探索をすることで、以下のようなことができます。

- 意図したとおりにユーザーをコンバージョンまで導いているか確認する。
- コンバージョンに至らなかったユーザーのボトルネックを把握し、改善に活かす。

●目標到達プロセスデータ探索の例

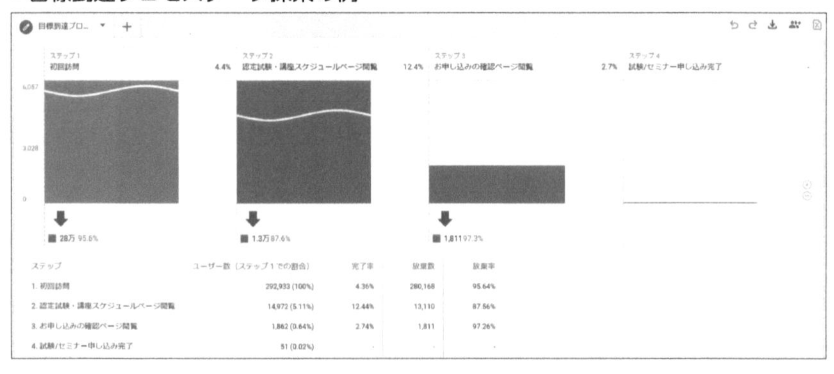

ステップ	ユーザー数（ステップ1での割合）	完了率	放棄数	放棄率
1. 初回訪問	292,933 (100%)	4.36%	280,168	95.64%
2. 認定試験・講座スケジュールページ閲覧	14,972 (5.11%)	12.44%	13,110	87.56%
3. お申し込みの確認ページ閲覧	1,862 (0.64%)	2.74%	1,811	97.26%
4. 試験/セミナー申し込み完了	51 (0.02%)	-	-	-

この目標到達プロセスの例は、ウェブ解析士協会のサイトをもとに以下のプロセスを設定した例です。

※4　https://support.google.com/analytics/answer/9327974?hl=ja

1. 初回訪問
2. 認定試験・認定講座スケジュールページの閲覧
3. お申し込み内容確認ページの閲覧
4. 試験申し込み完了（コンバージョン）

前ページの画面のグラフの下の表では、各カラム（列）は以下の指標を示しています。

ユーザー数
プロセスごとの訪問したユーザー数
完了率
そのプロセスから次のプロセスに移った割合
放棄数
そのプロセスから次のプロセスに移らなかった（放棄した）ユーザー数
放棄率
そのプロセスにいたユーザー数から次のプロセスに移らなかった（放棄した）ユーザー数の割合

この目標到達プロセスを見ると、初回内容の完了率（初回訪問してから、「認定試験・講座スケジュールページ閲覧」へ移動した割合）が低いことが分かり、改善の余地があることが分かります。

目標到達プロセスデータ探索を作成

1. 左側のナビゲーションで、「探索」をクリックします。
2. テンプレートギャラリーから、「目標到達プロセスデータ探索」を選択します。

●テンプレートギャラリーから、「目標到達プロセスデータ探索」を選択

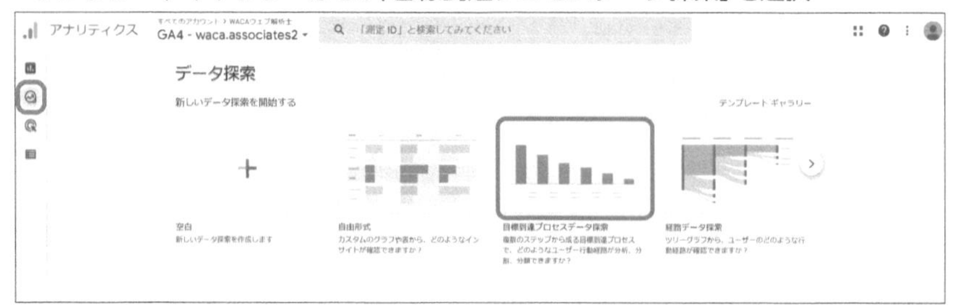

3. 「タブの設定」の「ステップ」より、目標到達プロセスをカスタマイズします。

●「タブの設定」の「ステップ」

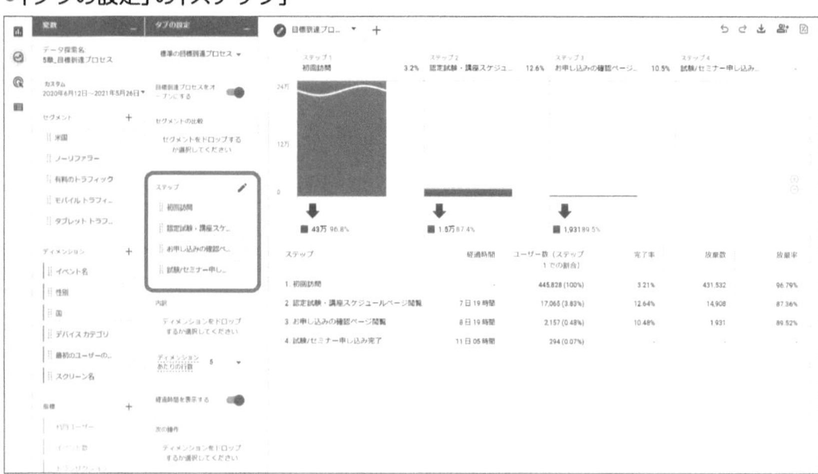

目標到達プロセスのステップを設定

カスタマージャーニーを定義し、目標到達プロセスの流れを「ステップ」に再現しましょう。意図したユーザーの動きになっているか、離脱しているのであれば、どこに課題があるのかを確認することができます。

目標到達プロセスのステップは、最大10個まで定義することができます。

1. 「ステップ」の左側の「鉛筆」ボタンをクリックするとステップを編集できます。

●目標到達プロセスデータ探索にステップを追加する

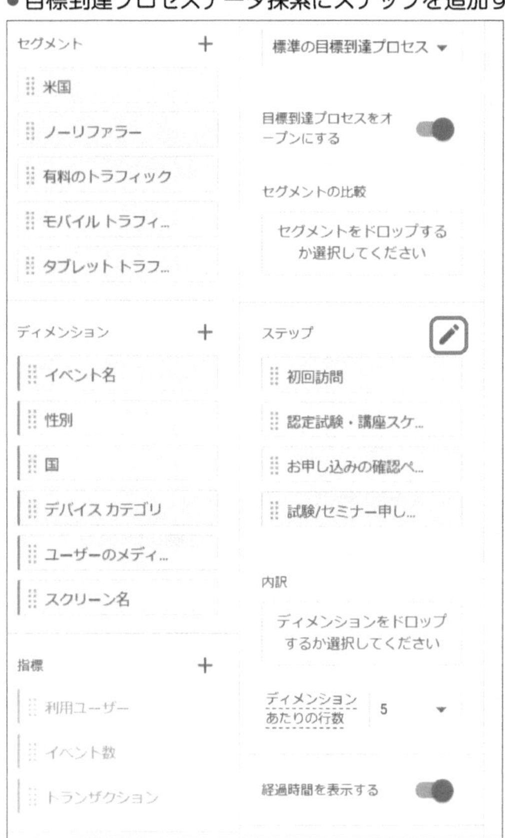

2. 「目標到達プロセスのステップの編集」の画面下部「ステップを追加」をクリックします。

●目標到達プロセスのステップの編集画面①

3. 「新しいステップ」をクリックし分かりやすい名称に変更します。
4. 「新しい条件を追加」をクリックし、条件を選択します。なお、ステップごとの右上の時間を加えると、5分以内など、その制限時間内の行動のみステップに含めることができます。
5. 「含む」などの条件を変更し、値を入れます。ORやANDで複数条件を入れることもできます。
6. 右上「適用」をクリックします。

● 目標到達プロセスのステップの編集画面②

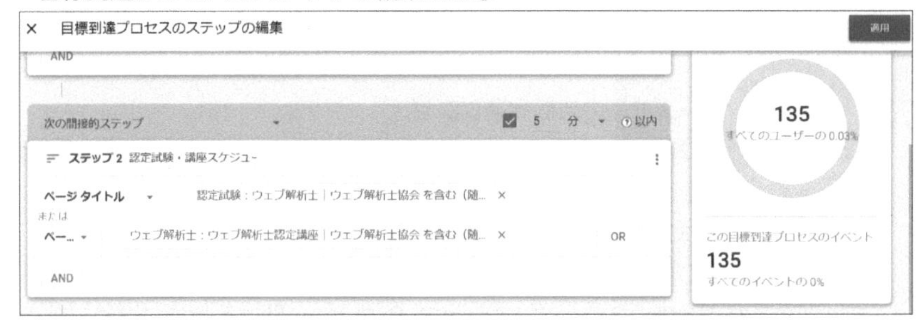

「目標到達プロセスのステップの編集画面」で示している例では、「セッションの開始」をステップ1に、その後「ウェブ解析士の学習内容と取得の流れ － ウェブ解析士協会」ページを閲覧することをステップ2、その後「講座・試験スケジュール- ウェブ解析士協会」ページを閲覧することをステップ3に指定しています。

「次の間接的ステップ」と「次の直接的ステップ」の違い

「次の間接的ステップ」を選択すると、次のステップとの間に別のステップが挟まっていても、プロセスをたどったものと判定されます。

「次の直接的ステップ」を選択すると、次のステップの直後に設定したステップを完了しなければ、プロセスをたどったものと判定されません。

● 「次の間接的ステップ」と「次の直接的ステップ」

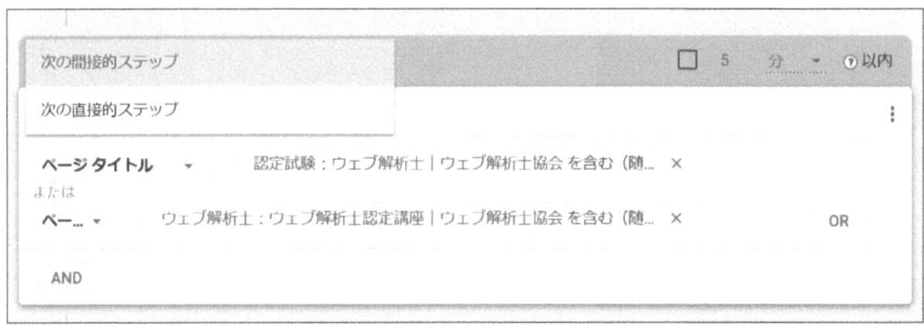

「目標到達プロセスをオープンにする」の切り替えボタン

目標到達プロセスには、「オープン型」と「クローズド型」があります。

・クローズド型の目標到達プロセス
そのプロセスの最初のステップから開始したユーザーが、目標到達プロセスをたどっているとみなされます。
・オープン型の目標到達プロセス
ひとつ前のステップ（ステップ 1 など）を完了していないユーザーも、後続のステップ（ステップ 2 など）に関する指標に含めて計上されます。

●「目標到達プロセスをオープンにする」の切り替えボタン

「経過時間を表示する」の切り替えボタン

この設定をオンにすると、目標到達プロセスの各ステップ間の平均経過時間が表示されます。

● 経過時間を表示する

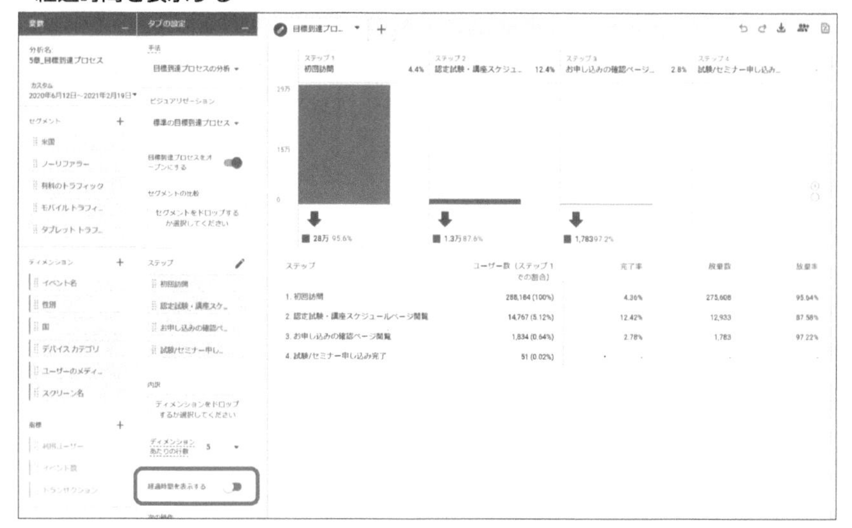

● 目標到達プロセスの経過時間

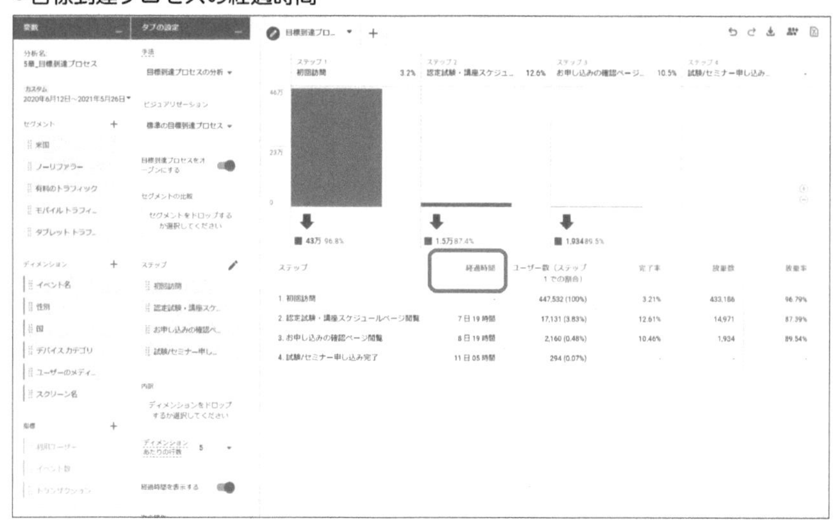

「内訳」ディメンションの設定

内訳にディメンションを設定することでディメンションごとのユーザー数や完了率などを見ることができます。例えば性別をディメンションにドラッグすると、unknown（不明）male（男性）female（女性）ごとの値を見ることができます。

●「内訳」ディメンションの設定

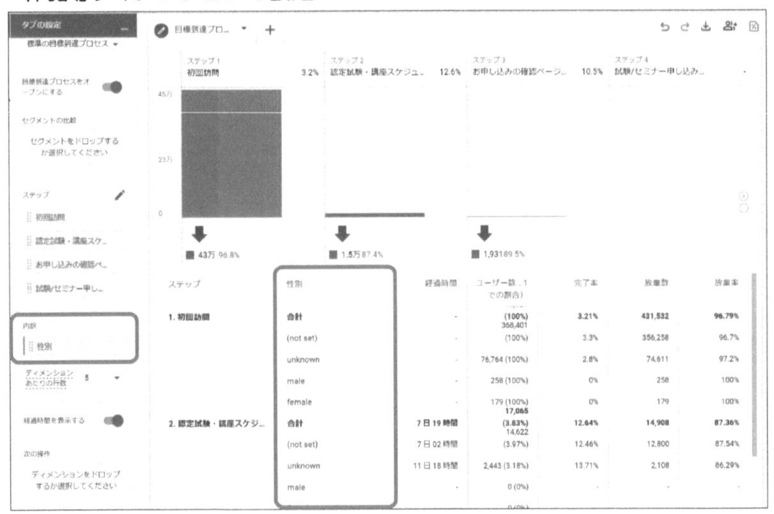

「セグメント」の設定

またセグメントを指定することで、デバイスごとや国ごとの比較をすることもできます。

●「ビジュアリゼーション」を設定してカスタマイズ

ビジュアリゼーションでは、「標準の目標到達プロセス」（ステップ）または「使用する目標到達プロセスのグラフ」（折れ線グラフ）を選択することでレポートの見た目を変更することができます。

● ビジュアリゼーションの変更

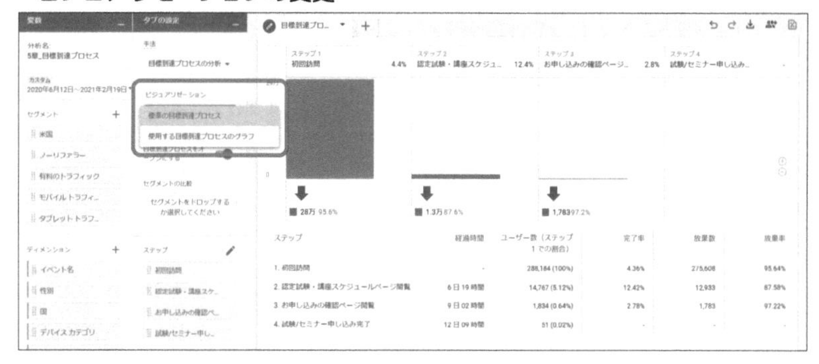

「使用する目標到達プロセスのグラフ」では、すべてのステップを同時に表示することもでき、上部にあるステップ名をクリックして特定のステップを詳しく調べることもできます。

● 使用する目標到達プロセスのグラフ（初回訪問の例）

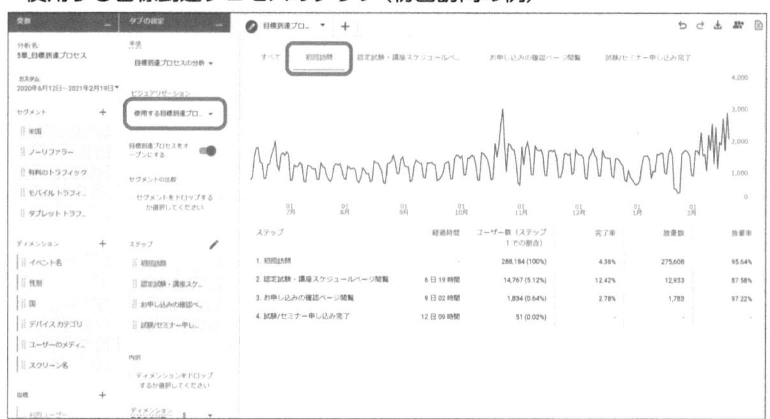

セグメントの重複の分析

「セグメントの重複」では、最大3個のセグメントを比較して、それらの重複状況と相互関係をビジュアル（ベン図）で分かりやすく表現できます。

セグメントの重複から新しいセグメントを作成し、それを他の分析手法に適用することもできます。

以下の例では、セグメントの重複を使用して「モバイルトラフィック」、「デスクトップトラフィック」「タブレットトラフィック」というセグメントが交わる部分を探索しています。

●セグメントの重複

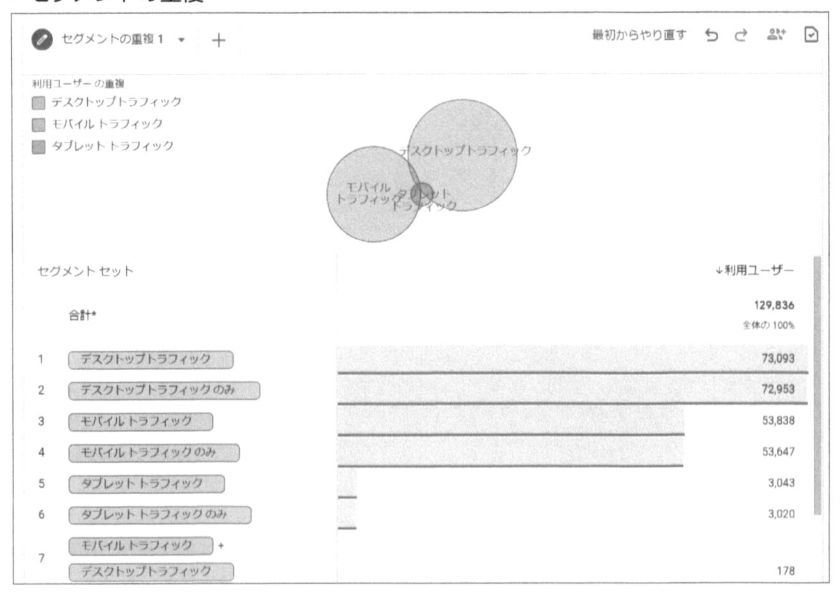

● セグメントの重複を作成

1. 左のナビゲーションの「探索」を選択します。
2. テンプレートギャラリーから「セグメントの重複」を選択します。
3. 「セグメントの比較」に比較したいセグメントを最大3つまで選択します。

4. 「内訳」にディメンション、「フィルタ」に指標を追加すると、データをより詳しく探ることができます。

セグメントの共通部分（複数のセグメントが交わる部分）の内側にマウスポインタを合わせると、そのセグメントの重なりに該当する数値を確認することができます。

● セグメントの共通部分

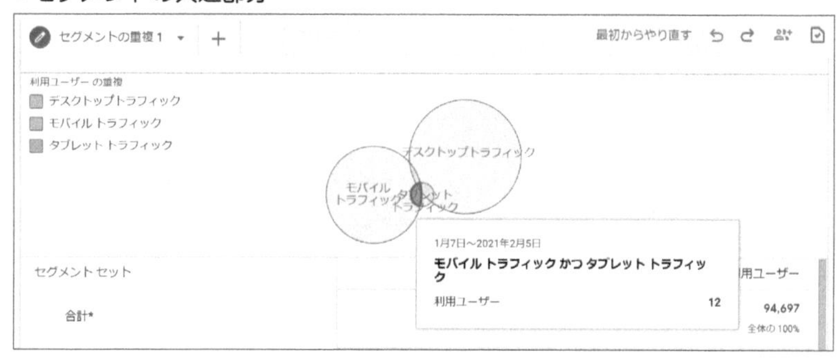

セグメントの枠線にマウスポインタを合わせると、そのセグメントのすべての部分を含めた数値が表示されます。

● セグメントのすべての部分

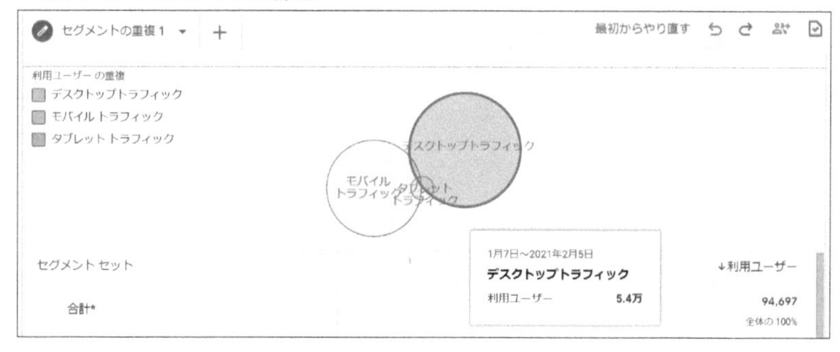

● セグメントの重複のデータから新しいセグメントを作成

セグメントの重複内のセグメントの共通部分、またはデータ表のセルを右クリックします。例えば、次の図のようにモバイルトラフィック、コンバージョンに至ったユーザー、新規ユーザーのすべての条件を満たす共通部分をクリックすると「選択項目からセグメントを作成」を選択できるようになり、新しいセグメントを作成できます。

●重複するデータから新しいセグメントを作成

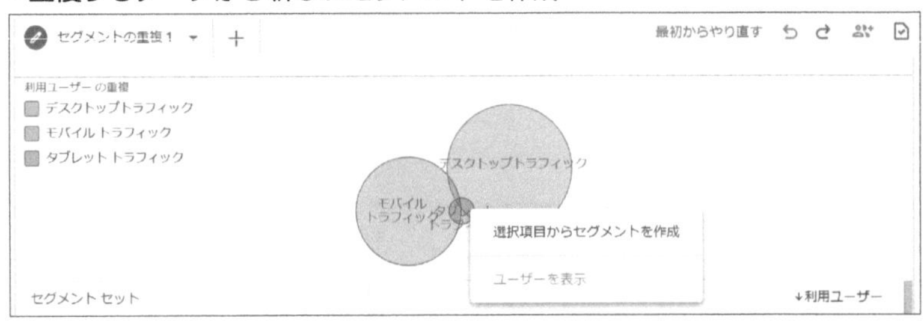

作成したセグメントは、同じ「セグメントの重複」分析の他の手法に使用したり、他の分析レポートで利用したりすることができます。

経路データ探索※5

経路データ探索は、起点から樹木のように枝分かれしているツリーグラフという形でユーザーがどのような行動をとったのか（移動経路）を確認することができます。

経路データ探索により次のようなことができます。

- ・新規ユーザーがウェブサイトに訪れたときに、よく訪問するページを見つける。
- ・アプリ以外を利用するユーザーの行動を確認するなど、特定の条件で絞

※5　https://support.google.com/analytics/answer/9317498?hl=ja&ref_topic=9266525#zippy=

り込んだユーザーが、どのような順番で動いているかを知る。
・アプリなどで、ユーザーが操作不能になった可能性がある画面や、同じ画面を何度も見ている動作（ループ動作）を発見する。
・あるイベントがユーザーの行動に及ぼす影響を特定する。

● 経路データ探索を作成

1. 左のナビゲーションの「探索」をクリックします。
2. テンプレートギャラリーから、「経路データ探索」を選択します。
3. 「タブの設定」で、手法に「経路データ探索」が選択されていることを確認します。
4. 探索の始点として使用するデータの種類を選択します。

・ツリーグラフ上のステップ+1にあるディメンション（イベント名やページタイトルなど）のプルダウンから、見たいディメンションを選択します。
・ステップ+1右にある「鉛筆」ボタンからノードの値を変更します。

●経路データ探索の例

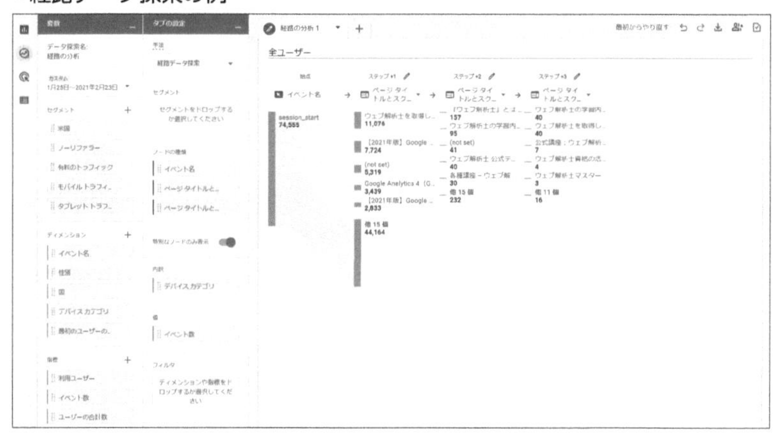

● ユーザーがたどった次のステップを確認

ユーザーがたどった次のステップを確認するには、ツリーグラフ内のデータポイントをクリックします（経路データ探索のデータポイントはノードと呼ばれます）。

ノードをクリックして展開し、新しいステップを追加します。ノードをもう一度クリックすると、折りたたむことができます。

●ノードの使い方

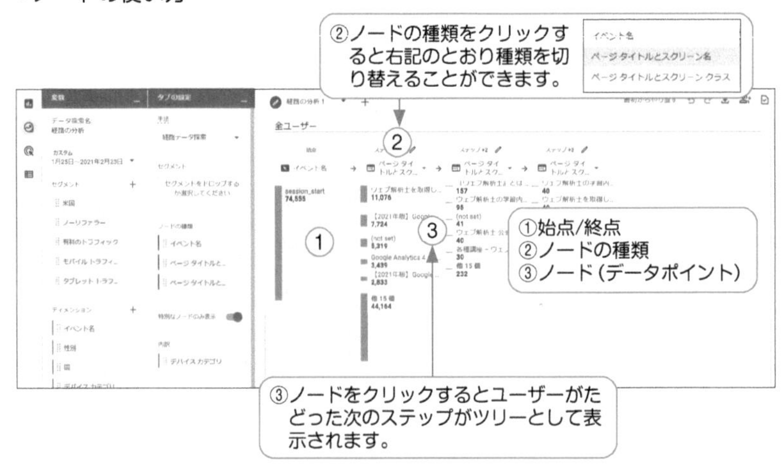

● 指標の変更

経路データ探索は、作成直後のツリーグラフ内にあるノードの種類はイベント数が選択されています。異なる指標を利用するには「タブの設定」から値に入っている指標を変更しましょう。指標を変更するには、「変数」から指標をドラッグ&ドロップして選択します。

●経路データ探索で指標を変更する

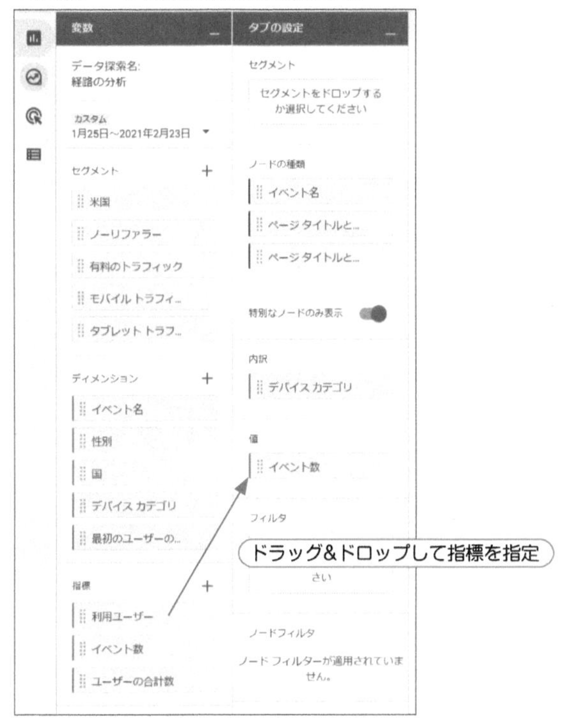

● フィルタを適用

利用可能な任意のディメンションと指標に基づいて、フィルタを適用することができます。例えば、知りたいデバイスやブラウザで絞り込んだ経路のみを表示することができます。

●フィルタを適用

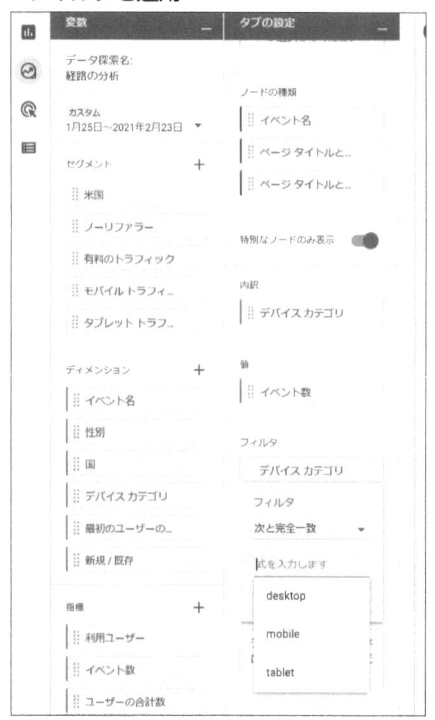

● 内訳ディメンションを適用

「内訳」のディメンションを指定すると、経路のデータをそのディメンションの値ごとにグループ化することができます。例えば、国別やデバイスカテゴリ別の内訳表示などが可能です。

「内訳」のディメンションを適用するには、「変数」内の既存ディメンションを「内訳」のディメンション欄にドラッグ&ドロップします。

選択したディメンションの上位5つの値が、分析画面の下部に表示されます。値にマウスポインタを合わせると、各ノードに含まれるその値の件数が表示されます。例えば、内訳ディメンションとして「デバイスカテゴリ」を使用すると、画面下部の「mobile」（モバイル）にマウスポインタを合わせることで、各ノードに含まれるモバイルユーザーの数が表示されます。

● 経路データ探索でディメンションを設定する

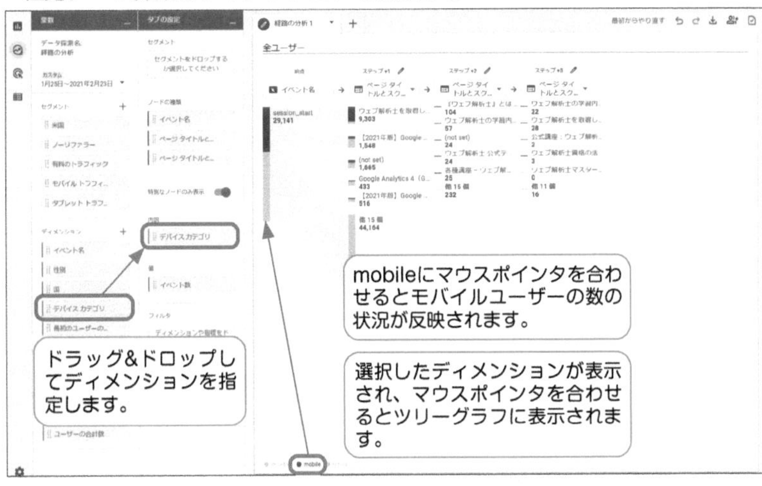

なお、経路データ探索では「終点」からの逆引き経路も作成できます。

「最初からやり直す」をクリックして、終点にイベント名などを選択すると逆引きの経路を表示できます。

● 最初からやり直す

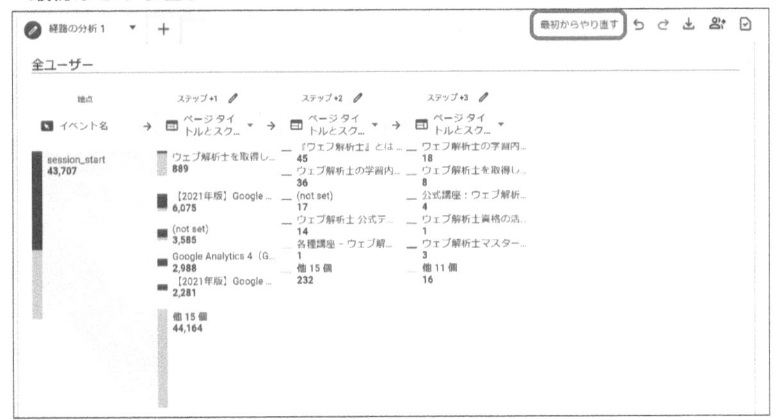

5日目 3 データ探索での分析方法

●終点からの逆引き経路の作成

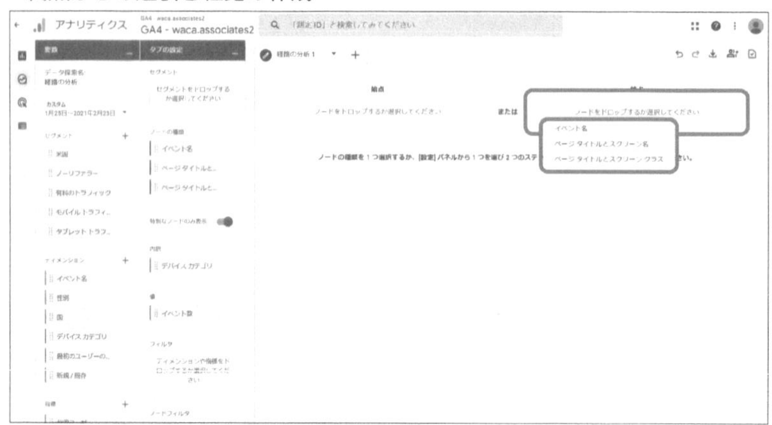

ユーザーエクスプローラ※6

「ユーザーエクスプローラ」は、ユーザー一人ひとりのウェブサイト・アプリケーションの利用状況について詳細に確認できます。ディメンションはデバイスIDとストリーム名が必須ですが、メトリクスには多様な指標を選ぶことができます。

ユーザーエクスプローラを利用することで、次のような分析が可能です。

・コンバージョンしたユーザーの動きに絞って分析し、コンバージョンの後押しをしていると思われるコンテンツを見つけ出す。
・ユーザーが流入してからコンバージョンするまでの一連の流れを確認し、コンバージョンを阻害するトラブルを解決する。
・フィルタやセグメントを使い絞り込む。

● ユーザーエクスプローラを作成

1. 左のナビゲーションの「探索」を選択します。
2. テンプレートギャラリーから「ユーザーエクスプローラ」を選択します。
3. 「タブ設定」パネルで、手法の「ユーザーエクスプローラ」が選択されていることを確認します。

※6 https://support.google.com/analytics/answer/9283607?hl=ja&ref_topic=9266525

4. 新しいデフォルトの「ユーザーエクスプローラ」タブが開きます。
5. ユーザーのIDをクリックすると、そのユーザーのデータが新しい分析タブに表示されます。

● ユーザーエクスプローラ（データを新しい分析タブに表示）

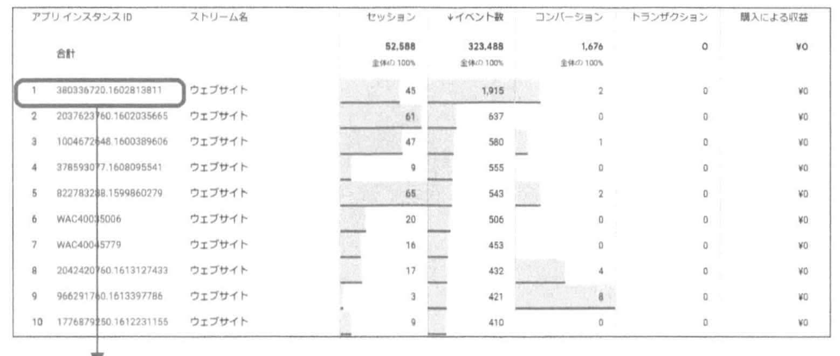

	アプリ インスタンス ID	ストリーム名	セッション	↓イベント数	コンバージョン	トランザクション	購入による収益
	合計		52,588 全体の 100%	323,488 全体の 100%	1,676 全体の 100%	0	¥0
1	380336720.1602813811	ウェブサイト	45	1,915	2	0	¥0
2	2037623760.1602035665	ウェブサイト	61	637	0	0	¥0
3	1004672648.1600389606	ウェブサイト	47	580	1	0	¥0
4	378593077.1608095541	ウェブサイト	9	555	0	0	¥0
5	822783238.1599860279	ウェブサイト	65	543	2	0	¥0
6	WAC40035006	ウェブサイト	20	506	0	0	¥0
7	WAC40045779	ウェブサイト	16	453	0	0	¥0
8	2042420760.1613127433	ウェブサイト	17	432	4	0	¥0
9	966291760.1613397786	ウェブサイト	3	421	8	0	¥0
10	1776879250.1612231155	ウェブサイト	9	410	0	0	¥0

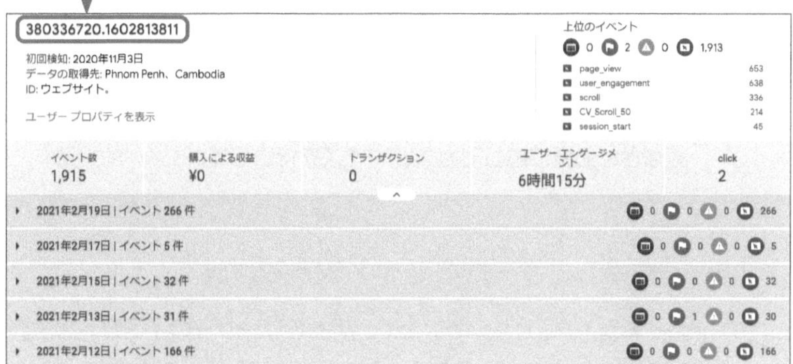

6. 「タイムライン」セクションをクリックすると、ユーザーがサイトを訪れた日の詳細を確認できます。

●ユーザーエクスプローラのタイムライン

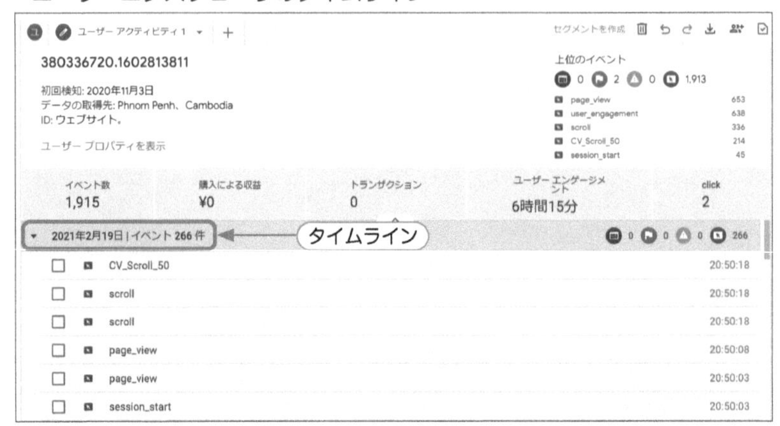

7. ディメンションや指標の追加、フィルタやセグメントの適用、期間の変更など、必要に応じてカスタマイズを行います。

● 個々のユーザーからセグメントを作成

「タイムライン」セクション上で、個々のユーザーのイベントを選択することで、特定のイベントを発生させたユーザーのセグメントを作成できます。

イベントを選択した上で、右上の「セグメントを作成」をクリックします。作成されたセグメントを必要に応じて編集、保存すると、より詳細な分析に使用することが可能です。

●ユーザーエクスプローラから新しいセグメントを作成する

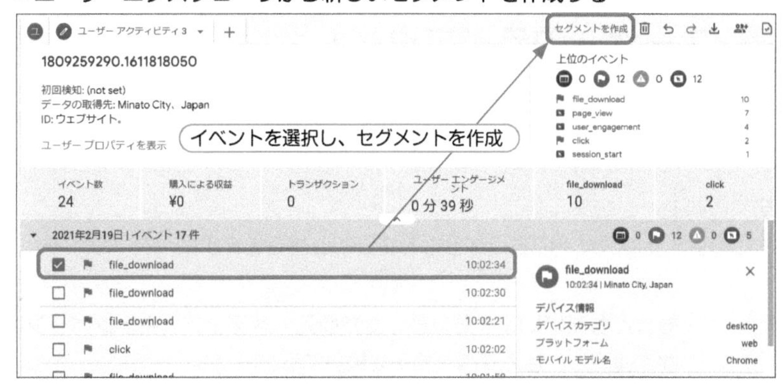

● セグメントを適用

ユーザーエクスプローラにセグメントを適用するときは、左端のリストにある既存のセグメントを「タブの設定」の「セグメント比較」にドラッグ&ドロップします。

これにより、そのセグメントで定義されているユーザーを詳しく確認できるようになります。

●ユーザーエクスプローラにセグメントを適用する

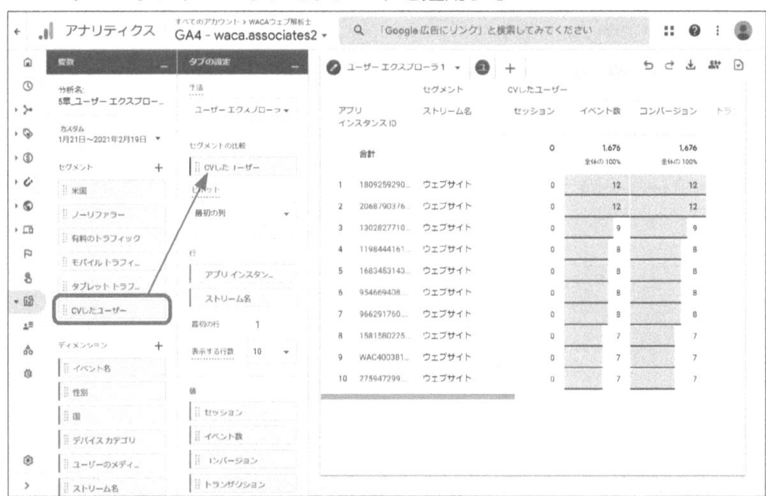

ユーザーのライフタイム※7

「ユーザーのライフタイム」では、サイトまたはアプリのユーザーの合計数やLTV（ライフタイムバリュー）の数値から、顧客としての生涯価値を評価することができます。

この手法では、以下のような分析をすることができます。

- もっとも高いLTVをもたらした参照元・メディア・キャンペーンはどれかを確認し、注力すべき施策を検討する。
- Google アナリティクスの予測モデルで、購入の可能性が高く、離脱率が低いと予測されたユーザーを獲得している価値のあるキャンペーンはどれかを確認する。

ライフタイムデータは、サイトやアプリで2020年8月15日以降にアクティブだったユーザーにのみ使用できます（2021年8月現在）。

ユーザーのライフタイムを作成

1. 左のナビゲーションの「分析」を選択します。
2. テンプレートギャラリーから「ユーザーのライフタイム」を選択します。
3. 「タブの設定」から「行」を調整するなど、必要に応じてカスタムしていきます。

●ユーザーのライフタイム

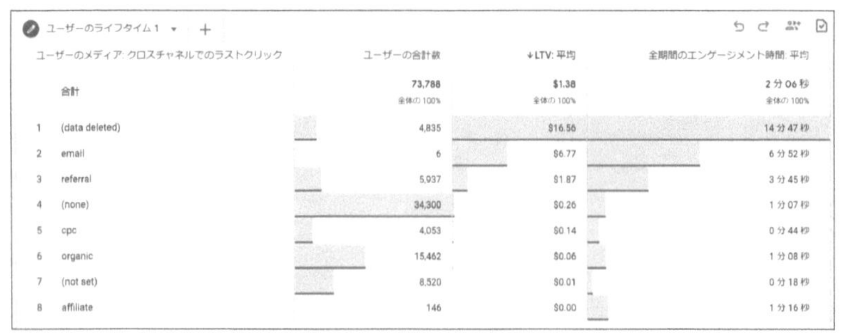
ユーザーのライフタイム 1

	ユーザーのメディア: クロスチャネルでのラストクリック	ユーザーの合計数	↓LTV: 平均	全期間のエンゲージメント時間: 平均
	合計	73,788 全体の 100%	$1.38 全体の 100%	2 分 06 秒 全体の 100%
1	(data deleted)	4,835	$16.56	14 分 47 秒
2	email	6	$6.77	6 分 52 秒
3	referral	5,937	$1.87	3 分 45 秒
4	(none)	34,300	$0.26	1 分 07 秒
5	cpc	4,053	$0.14	0 分 44 秒
6	organic	15,462	$0.06	1 分 08 秒
7	(not set)	8,520	$0.01	0 分 18 秒
8	affiliate	146	$0.00	1 分 16 秒

※7　https://support.google.com/analytics/answer/9947257?hl=ja&ref_topic=9266525

● ユーザーのライフタイムの仕組み

ユーザーのライフタイムでは、ユーザーごとに次の情報を取得して反映させています。

・最初の接点:ユーザーが初めて測定されたときに紐づけされたデータ(例:初回訪問日や初回購入日、あるいはユーザーとして獲得されたキャンペーン)
・最近の接点:ユーザーが最後に測定されたときに紐づけされたデータ(例:最後に商品を購入した日など)
・ライフタイムの接点:ユーザーのライフタイムにわたって集計されたデータ(例:そのユーザーのライフタイム全体の収益やエンゲージメント)
・予測指標:ユーザーの行動を予測するために機械学習によって生成されるデータ(例:購入の可能性、アプリ内購入の可能性、離脱の可能性)

● ユーザーの識別とライフタイムの平均収益の計算

「ユーザーのライフタイム」では、ユーザーを以下のように識別して数値を取得しています。

まずUser-IDが収集されている場合には、User-IDが使用されます。それにより個々のユーザーを識別し、分析において関連するすべてのイベントを結びつけます。

User-IDが収集されていない場合、デバイスIDでユーザーを識別します。この場合はユーザーのライフタイムデータはデバイス単位で集計されます。

設定したユーザーが選択した期間内にログインとログアウトの両方を行った場合、探索にはユーザーのライフタイムのデータのログイン部分のみが使用されます。

ライフタイムの平均収益がどのように計算されるかは、ユーザーの識別方法によって異なります※8。

※8 https://support.google.com/analytics/answer/9947257?hl=ja

データ探索で従来のウェブ解析の限界を超える

データ探索を使うと多様な分析を自由に作ることができます。従来は、誰が作ってもある程度意味のあるレポートを作成できましたが、データ探索ではより自由に設定できるため、意味のあるデータ探索を作成するには正しい理解が必要となってきます。

その分指標の正しい理解が求められますが、高度な分析が自由にできるようになったメリットは大きいです。ぜひ、データ探索を使い従来のウェブ解析では困難だったデータの活用により、新たな成果を導き出してください。

5日目のおさらい

問題

Q1

データ探索を利用するメリットについて、以下から正しいものをひとつ選んでください。

1. GA4のリアルタイムな行動を測定することでトラッキングコードが正しく設置されているかを調べるのに役立つ。
2. GA4のデータを詳しく調べてインサイトを見出し、具体的な行動につなげることができる。
3. 機械学習が設定した条件を利用してデータに対する理解を深め、適切な決断を下せるようになる。
4. データ探索で見つけたデータセットは、組織内や外部の関係者と共有することはできないが、自分では自由に複製できる。

Q2

データ探索の仕組みについて、以下から誤っているものをひとつ選んでください。

1. セグメントビルダーはすべてのユーザー、セッション、イベントの中から特定の条件を満たしたものだけを含む、または除外して分析できる。
2. 期間では「比較」にチェックを付けると、「昨年の同じ期間との比較」のように期間で数値を比較することが可能である。
3. セグメントとフィルタはどちらも他のユーザーと共有することができる。
4. ビジュアリゼーションで「ドーナツグラフ」を選ぶと、中央に空洞があり、割合を表すグラフを使って表現ができる。

Q3

セグメントビルダーについて、以下から誤っているものをひとつを選んでください。

1. お勧めのセグメントには、すぐに使用できる既定のテンプレートセグメントがある。
2. イベントセグメントは、サイトやアプリでトリガーされたイベントのサブセットで、特定のオペレーティングシステムで発生したapp_exceptionイベントは含まれない。
3. セッションセグメントは、特定の広告キャンペーンから発生したすべてのセッションなどが含まれる。
4. 条件を指定すると、セグメントに含めるデータや、セグメントから除外するデータを選択できる。

Q4

データ探索の自由形式における機能について、以下から正しいものをひとつ選んでください。

1. 自由形式では、列に最大2つのディメンション、行に最大2つのディメンションをそれぞれ置くことで柔軟な分析を可能にしている。
2. セルタイプを選ぶことで、棒グラフや書式なしテキストは選べるが、ヒートマップを使うことはできない。
3. セグメントビルダーは、ユーザーとセッション単位のセグメントはできるが、イベントでのセグメントは利用できない。
4. 自由形式では、期間を指定できる。比較を用いることで、異なる期間のデータと比較を設定することができる。

Q5

データ探索における機能について、以下から誤っているものをひとつ選んでください。

1. 自由形式ではフィルタを用いることで、指標をもとに（トランザクション10以上など）表示するデータを制限することができるが、ディメンションを用いることはできない。
2. ビジュアリゼーションを用いることで、データを表だけではなく、棒グラフや折れ線グラフなどで表現することができる。
3. タブを用いて、エクセルやタブブラウザのようにさまざまな探索をまとめて並べておくことができる。
4. データ探索では、ユーザーエクスプローラやコホートデータ探索などさまざまな手法で分析されたデータを表示できる。テンプレートを使えばすぐに利用開始もできる。

Q6

レポートと探索におけるデータの違いについて、誤っているものをひとつ選んでください。

1. レポートに使用できるディメンションおよび指標の一部は、探索ではサポートされていない。
2. レポート内の比較では、探索でサポートされていないフィールドも使用できる。
3. レポートの期間は、分析の期間と異なり、プロパティのデータ保持設定（デフォルトは2か月）に基づいて制限される。
4. レポートは常に使用可能なすべてのデータに基づくが、探索ではデータのクエリでクエリサイズが割り当て量を超える場合、サンプリングが適用されることがある。

Q7

セグメント・フィルタ・ユーザーの活用について、正しいものをひとつ選んでください。

1. フィルタは他のユーザーと共有できるが、セグメントは共有できない。
2. セグメントを適用するときには、タブの設定のセグメントオプションにセグメントをドラッグ&ドロップするが、セグメントを複数追加することはできない。
3. 興味深いユーザーを見つけたら、「ユーザーからセグメントを作成」や「ユーザーからオーディエンスを作成」を実施して保存することで、新しいセグメントやオーディエンスを作成できる。
4. 画面でデータを右クリックして「ユーザーを表示」をクリックしても、該当ユーザーが含まれる自由形式を見る機能はない。

Q8

ユーザーのライフタイムについて、以下から誤っているものをひとつ選んでください。

1. ライフタイムデータは、サイトやアプリで2020年8月15日以降アクティブだったユーザーにのみ使用できる。
2. デバイスID機能により、プラットフォームとデバイスをまたいでユーザーを識別し、ライフタイムの分析を行うことができる。
3. User-IDが収集されていない場合は、デバイスID（ウェブサイト用のアナリティクスCookieか、アプリ用のアプリインスタンスID）を使ってユーザーを識別する。
4. 指定したユーザーが選択した期間内にログインとログアウトの両方を行った場合、探索にはユーザーのライフタイムのデータのログイン部分のみが使用される。

Q9

コホートデータ探索について、誤っているものをひとつ選んでください。

1. コホートデータ探索のグループ化は、日、週、または月単位で可能である。
2. コホートデータ探索のリピートの条件は、「すべてのイベント」「すべてのトランザクション」「すべてのコンバージョン」のいずれかである。
3. コホートデータ探索では最大60個のコホートを表示できる。
4. ユーザー属性のディメンションには、しきい値が適用され、コホートのユーザー数が少なすぎて匿名性を確保できない場合、それらのユーザーは分析に含まれない。

Q10

セグメントの重複について、誤っているものをひとつを選んでください。

1. セグメントの共通部分（複数のセグメントが交わる部分）の内側にマウスポインタを合わせると、セグメントが交わる共通部分のみの数値を確認できる。
2. セグメントの枠線にマウスポインタを合わせると、そのセグメントについて両立的な数値（他のセグメントと重なるすべて部分を含めた数値）が表示される。
3. データをさらに絞り込むには、フィルタを追加する。
4. 「セグメントの重複」手法はセグメントの数に制限なく、選択したユーザーセグメントすべての重複状況と相互関係を素早く確認できる。

Q11 ユーザーエクスプローラの活用について、正しいものをひとつ選んでください。

1. ユーザーエクスプローラでは、アプリとウェブサイトの両方でプロパティにアクセスしたことのあるユーザーの利用状況の詳細を分析することができる。
2. ユーザーエクスプローラの指標では、デバイスIDとストリーム名が必須であり、この2つだけが利用可能である。
3. ユーザーエクスプローラの分析は、ユーザーが流入してからコンバージョンするまでの一連の流れを確認し、コンバージョンを阻害するトラブルの解決をするために存在する手法である。
4. ユーザーエクスプローラをより詳細に分析するためには、セグメントの適用が基本でありフィルタの適用はできない。

解答

A1 2

1. プロパティがデータを受信できているか確認するには、リアルタイムレポートを確認します※9。データ探索はトラッキングコードの稼働を調べる目的では基本的に使いません。
2. インサイトを見出すための分析を設定するのがデータ探索の役割です。設問は抽象的ですが、他の問題の消去法でも判断することができます。
3. インサイトのことです。アナリティクス インテリジェンスは、機械学習が設定した条件を利用してデータに対する理解を深め、適切な決断を下せるようにするための機能です。データ探索自体は機械学習の機能を持っていません※10。
4. 組織内または外部の関係者と共有できます。エクスポートしたデータを他のツールで使用することもできます※11。

データ探索を使用すると、目的に合わせて柔軟にデータを深掘りしたデータを見ることができ、具体的な行動につなげることができます。Google広告など他のデータを取り込むことも可能です。

例えば、データのドリルダウンや並べ替え、データのドリルダウンや並べ替えを行って、自分の仮説に基づいたデータ探索したり、ディメンションや指標を素早く簡単に追加、削除したりすることもできます。もっとも関連性の高いデータだけに絞り込むには、フィルタとセグメントを使用するとよいでしょう。

データ探索で役立つデータセットを設定し、そのデータをエクスポートすることができます。この分析は、組織内または外部の関係者と共有できます。エクスポートしたデータを他のツールで使用することもできます。

※9 https://support.google.com/analytics/topic/9303319?hl=ja&ref_topic=9143232
※10 https://support.google.com/analytics/answer/9443595?hl=ja&ref_topic=10333392
※11 https://support.google.com/analytics/answer/7579450?hl=ja&ref_topic=9266525

A2 3

セグメントは他のユーザーと共有することができますが、フィルタは他のユーザーと共有することはできません。

他の選択肢は、すべての機能を正しく説明しています。

A3 2

2番が誤りです。app_exception イベントも含まれます。

A4 4

1. 自由形式では、列に最大2つのディメンションを、行に最大5つのディメンションを置くことで柔軟な分析を可能にしています。
2. 指標の値を書式なしテキスト、棒グラフ、またはヒートマップとして表示できます。
3. セグメントビルダーは、ユーザー、セッション、イベント単位のセグメントができます。

A5 1

自由形式では、指標とトランザクションどちらでもフィルタを用いることができます。

A6 3

レポートではなく、探索の期間はプロパティのデータ保持設定（デフォルトは2か月）に基づいて制限されます。

A7 3

1. フィルタは他のユーザーと共有できません。
2. セグメントは複数追加が可能です。
3. 正しいです。
4. 「ユーザーを表示」で、該当ユーザーが含まれる自由形式を見ることができます。

A8 2

2番が誤りです。デバイスIDではなくUser-IDが正しいです。デバイスIDはデバイスを識別するために使います。

A9 2

「すべてのイベント」「すべてのトランザクション」「すべてのコンバージョン」以外に、特定のイベントを発生させたユーザーもリピート条件に登録できます。

確認したい指標に合わせ、リピート条件もカスタムすることができます。

A10 4

選択できるセグメントは最大3つです。さらに細かく確認したいときには、フィルタを作成するなどして絞り込みます。

A11 1

2. デバイスIDとストリーム名だけが指標になるわけではないので誤りです。指標は任意に設定することができるため柔軟に分析できます。
3. コンバージョンの阻害原因に限定している点が誤りです。
4. フィルタの設定ができないとしていますが、誤りです。もちろんフィルタの設定は可能です。

6日目

データ探索応用

6日目に学習すること

データ探索やテンプレートを使いこなして、何ができるかを理解しましょう。
また、データポータルをデータ探索の代わりに使う方法も解説します。

6日目は
データ探索
応用編
さらに
実務寄りの使い方を
紹介していきますよ
鈴木先生
川村先生
そもそもデータ探索は
アドホックなレポート
を作るのに向いているんです
アドホック？
って何だっけ？

アドホックとは
ラテン語で
ad hoc
・特定の目的のための
・限定目的の
という意味です
ふだん私たちは
定期レポートなら
よく作りますよね
2021年 6月 定期レポート
32万PV
直帰率 28%
こういうの
うんうん

しかし本当の意味で
ウェブ解析を行い
成果を上げるには…
表層を見るだけでは
わからない
シャキーン
問題のある数値の
原因をドリルダウンし
改善策へつなげる事が
大切です!!
データ探索なら
それがしやすい
おおくっ
観点を次々と
入れ替えながら
データを分析
できるんです

1 データ探索での分析の応用

データ探索を具体的に使う方法を学びましょう。データ探索は目的に合わせて柔軟な分析をできることが特徴です。

1-1 データ探索を実際に活用する

POINT!

- データ探索はアドホックな分析をするのに長けている
- 仮説検証を高速で実施するため、マクロからミクロへスイッチし、ユーザーのインサイトを把握する

データ探索の応用的な使い方

5日目を終えた皆さんは、データ探索の基本的な使い方について一通り理解されたと思います。6日目では、データ探索の応用的な使い方、さらに実務寄りの使い方を学んでいきましょう。

アドホック(ad hoc)なレポート

実際、データ探索は「アドホック(ad hoc)なレポート」に適しています。アドホックなレポートという用語は馴染みのない方もいるかもしれませんが、「特定の目的のためのレポート」となります。「アドホック(ad hoc)」というのは、ラテン語から来ており、目的に合わせて臨機応変に試行錯誤できることを意味します。

通常、ウェブ解析では、各種ユーザー数・セッション数・ページビュー数などを定期的にモニタリングしていく「定期レポート（モニタリングレポート）」をよく作成します。

しかし、本当の意味で「ウェブ解析」を行い、事業の成果につなげるためには、モニタリングで出てきた数値で「問題のある数値」「改善余地がありそうな数値」などをピックアップし、それらが「なぜ」「何が原因で」そうなったのかという問題の詳細を分析し、改善施策を実施することが求められます。

以前であれば、カスタムレポートのフラットテーブルやエクスプローラを使って、「ああでもない」「こうでもない」とさまざまな観点でデータを分析したり、ドリルダウン（深掘り）をしたりして分析していましたが、GA4ではデー タ探索を使うことになるでしょう。

● タイトルごとの利用ユーザー数とイベント数を表示

例えば、「ウェブ解析士」向けサイトを例にページタイトルごとの利用ユーザー数とイベント数を表示してみましょう。

●利用ユーザー数とイベント数を表示

	ページタイトル	↓利用ユーザー	イベント数
	合計	47,284 全体の 100.0%	422,409 全体の 100.0%
1	ウェブ解析士を取得したい - ウェブ解析士協会	12,349	42,349
2	【2021年版】Google サーチコンソールの使い方。ウェブサイト改善のための活用術… ｜ウェブ解析士ナレッジ	5,986	35,235
3	(not set)	5,700	27,264
4	ウェブ解析士の学習内容と取得の流れ - ウェブ解析士協会	4,615	17,030
5	『ウェブ解析士』とは - 38,000名超が受験した実践資格｜ウェブ解…	3,829	14,607
6	ウェブ解析士 公式テキスト - ウェブ解析士協会	2,990	12,780
7	Google Analytics 4（GA4）の衝撃。5つのポイントと3つのAI…｜ウェブ解析士ナレッジ	2,785	16,725
8	ログイン - ウェブ解析士協会	2,470	11,597
9	会員専用ページ - ウェブ解析士協会	2,408	12,327

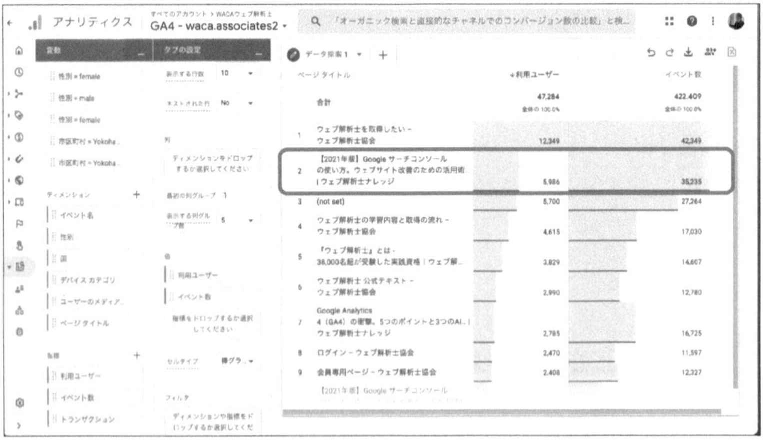

利用ユーザー数は2位ですが、その割にイベント数が多い「Google サーチコンソール記事」が気になるため、この行を右クリックして「選択項目のみを

含める」を選択してデータを絞り込みます。

● 選択項目のみを含めるを選択

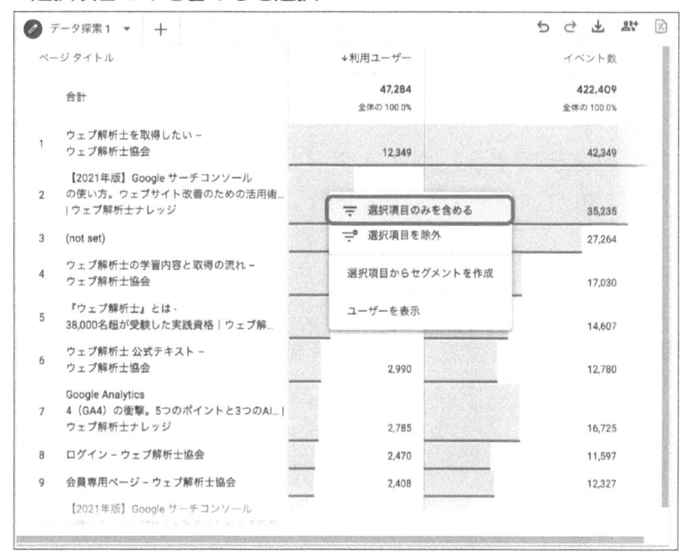

次に、ディメンションの「デバイスカテゴリ」を入れて、さらに詳細を分解します。

● デバイスカテゴリを追加

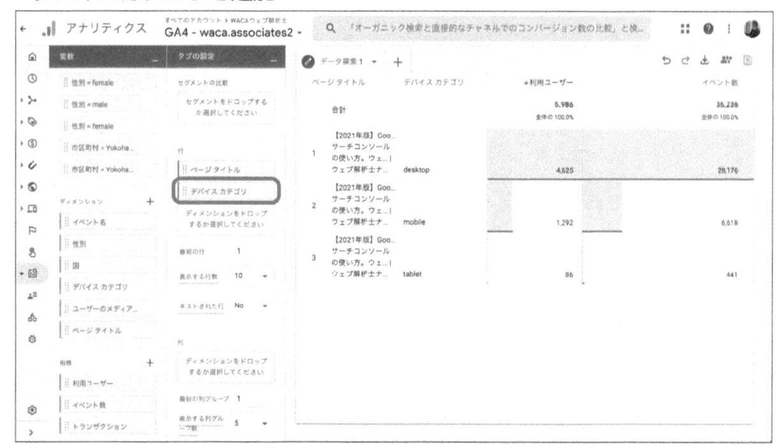

desktopのイベント数が多いのは、このサイトが「ウェブ解析士」向けのコンテンツになっているため、パソコンをよく使うウェブの専門家が多いためです。これは想定内である一方で、mobileでどのようなイベントが行われているのかが気になるため、さらに詳細を確認します。先ほどと同様に、右クリックして「選択項目のみを含める」を選択します。

さらに行に「イベント名」をディメンションとして追加して、発生したイベントの内訳を確認できるようにします。以下の図では、「デバイスカテゴリ」を列側に配置して、見やすくしています。

●「デバイスカテゴリ」を列側に配置

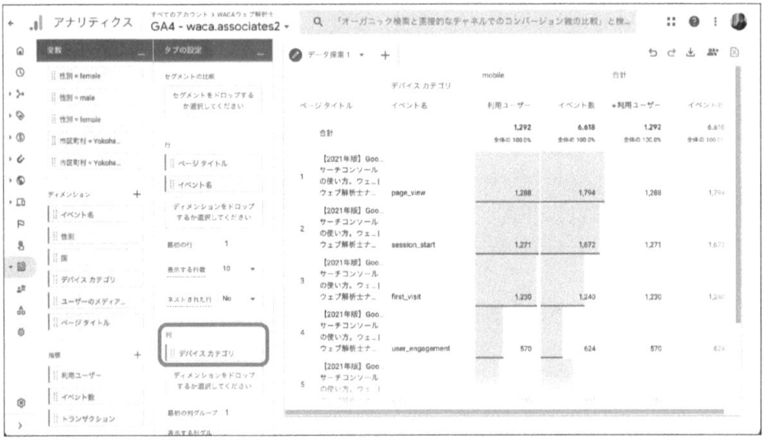

この結果、モバイルでのアクティブユーザーとイベントの数を比較すると、デスクトップほどの差はありませんでした。

スクロールもページビューもアクティブユーザー数と同程度ということは、モバイルにおいてほとんどの人は複数回訪れたり、スクロールをたくさんしたりしないということが分かります。

このように、ドリルダウンをしながら複数ディメンションでデータを自由に表示することができます。このように、今後はデータ探索で詳細分析をすることが主流になるでしょう。

ちなみに、前述したとおり、特定の事象・問題の原因を探るためなどに、一時的なレポートを作成し、さまざまな観点を入れ替えながら分析をするときに使うレポートを「アドホックなレポート」と言います。

仮説検証・問題発見

では、実際にアドホック的にデータ探索を使って問題の原因を突き止めるには、どうすればいいのでしょうか？

まずは、仮説の検証をしましょう。問題の原因を考える際、いきなりデータを見ることはやめましょう。もちろん、データから答えを導き出すことは可能ですが、データ分析にはさまざまな観点があり、仮説なく分析を始めることは「総あたり」的な分析になるため時間のムダとなります。

必要なことは、ユーザーの立場で仮設を立てることです。また、ビジネス全体やビジネスモデル、さらに競合や評価の高いサイトと自社サイトを比較してユーザにとって悪いと判断されそうなポイントを考えてみましょう。それだけでも、多くの仮説が出てくるはずです。そして、可能性のありそうな仮説はデータ探索ですぐに分析します。

例えば、「画面表示の見やすさからデバイスカテゴリごとに、セッションごとのイベント数が異なるのではないか？（見やすく、操作しやすければ、スクロールやクリックなど、しっかりとイベントが発生するのではないか？）」という仮説を立てたとします。そこで、「データ探索>自由形式」でディメンションに「デバイスカテゴリ」、指標に「セッションあたりのイベント数」を設定します。

その結果、desktop、mobile、tabletという順番でセッションあたりのイベント数は下がっていることが分かりました。これにより、「タブレットでウェブサイトを見るときに使いにくい」などの問題がありそうだ、ということが想定されます。

● セッションあたりのイベント数

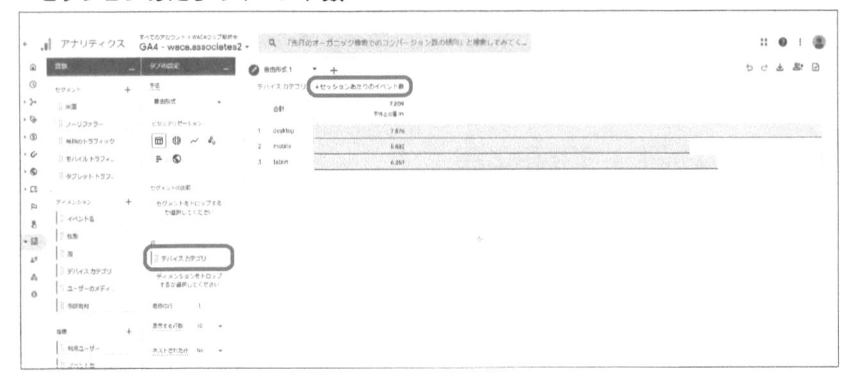

さらに「単なるデバイスカテゴリだけでなく、画面解像度でも違いがあるのではないか？（特定の解像度でのみ操作がしづらくなり、極端にイベント数が減ったりしてはいないか？）」と想定し、ディメンションに「画面の解像度」を設定します。

● 画面の解像度

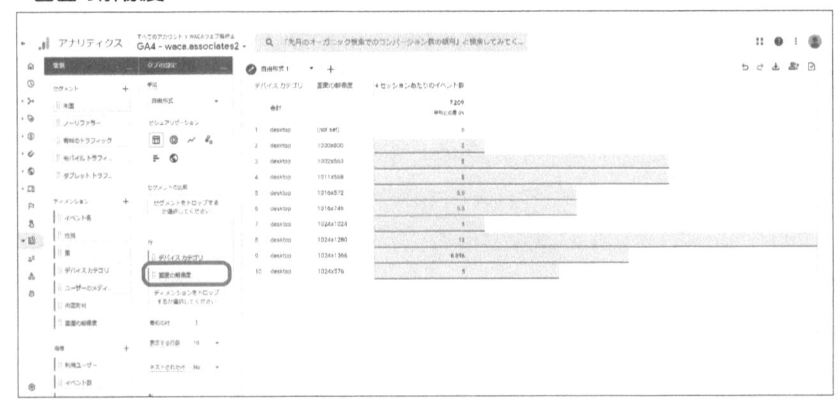

想定外にタブレットが1位だったため、「タブレットでどのようなページを見て、イベントが発生しているのか？」を確認します。

フィルタを「デバイスカテゴリ 完全一致 tablet」に設定し、「ページタイトル」をディメンションに追加します。

●「ページタイトル」をディメンションに追加

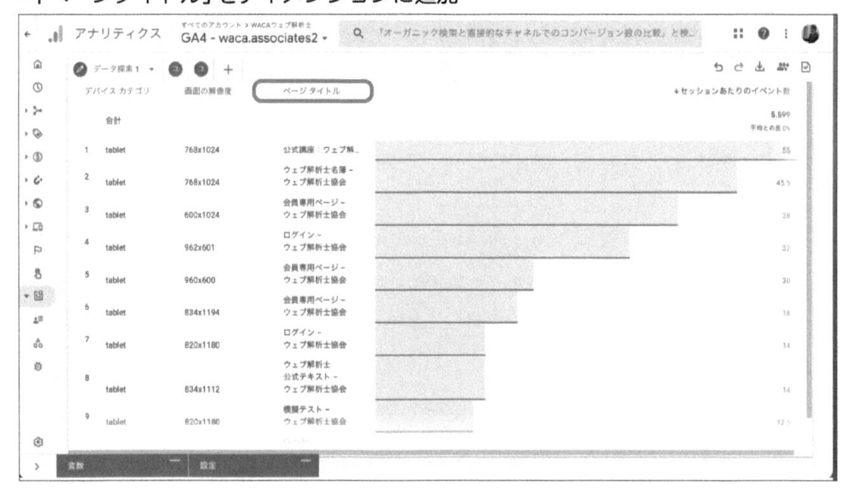

このように、データ探索では仮説をもとにどんどん設定を変更していき、都度データを確認することができます。

今回の例では、「tablet」かつ解像度「768×1024」で「公式講座:ウェブ解析士|ウェブ解析士協会」がもっともイベントが多かったので、スクロールやクリックなど、どのようなイベントが発生しているのかを調べ、ほかのイベント数が少ないページと比較して何が要因となっているのかを調べることで問題を特定します。

スクロールが少なければ、そのページのコンテンツの順番や内容に問題があります。クリックが少なければ、そのページから他のページへの誘導が弱いと考えられます。

実際にセッションあたりのイベント数が低いページも確認して、どのイベントが少ないかを確認しましょう。

最後にそれぞれの実際の画面サイズで閲覧し、スクロールの少ないページはコンテンツの配置や内容を見直したり、クリックが少なければそのページからのナビゲーションを強化したりしてみましょう。

マクロからミクロ

マクロ(サイト全体を俯瞰した分析)からミクロ(個別のユーザーに着目した分析)に瞬時に移行して、ユーザーのインサイトを知ることができる点もデータ探索の魅力です。

以前のGoogle アナリティクスでは、特定のセグメントを作成し、そのセグメントに該当するユーザーの詳細行動(ユーザーエクスプローラ)を見ることは可能でした。しかし、GA4のデータ探索では、そのマクロからミクロへの移行が非常にスムーズに実施できます。

例えば、大阪を商圏にしてるBtoB企業のマクロ解析をしていく中でエリア解析を実施し、「なぜか横浜からのアクセスが多い」ということが分かったとします。その場合、データ探索のマクロ解析をしていた画面で「横浜市からdesktopでアクセスしてきたユーザー」を自由形式で表示します。そして、該当部分を右クリックして「ユーザーを表示」という選択肢をクリックすると、瞬時に該当するユーザーのみに絞り込まれたユーザーエクスプローラを見ることができます。

●「ユーザーを表示」を選択

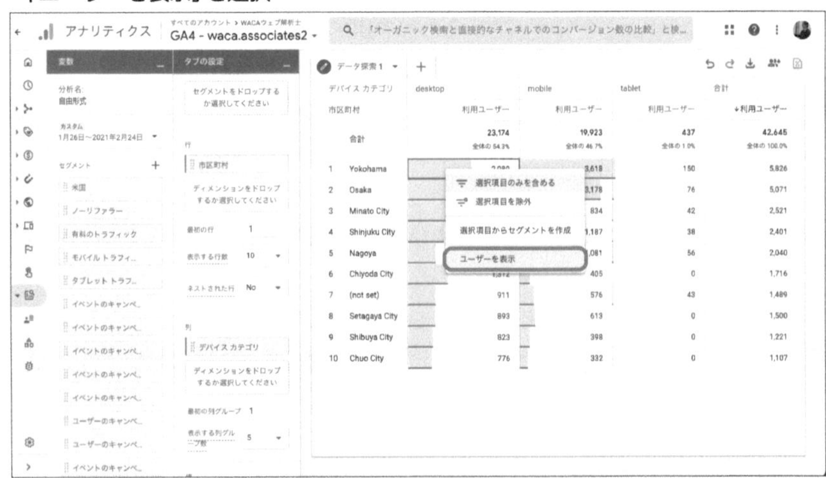

すると、該当するユーザーの一覧が表示されます。

●該当するユーザーの一覧

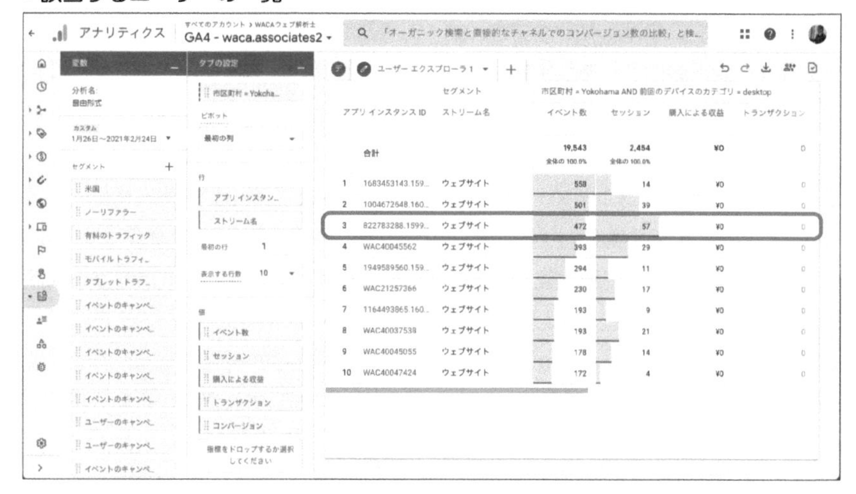

続けて、イベントとセッションも多い上から3番目のユーザーの詳細を確認します。

●3番目の詳細を見る

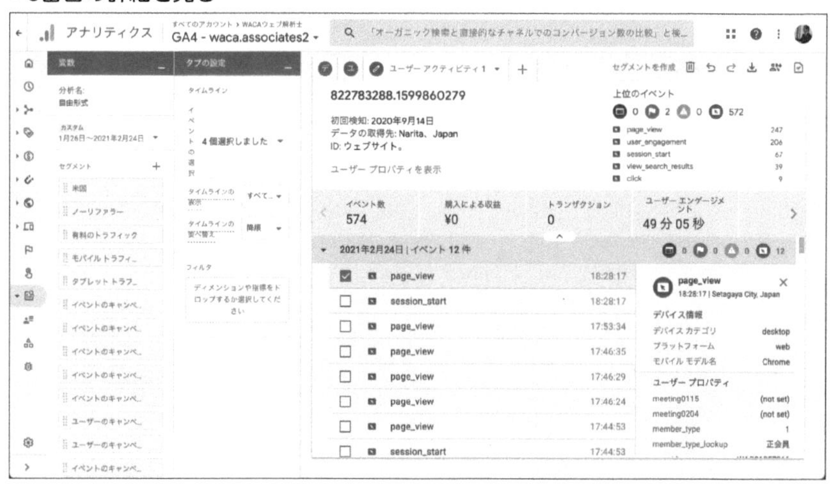

実際に「横浜市から、desktopでアクセスしてきたユーザー」の詳細を見ることができました。このユーザーの場合、サイトを訪れる頻度は高いけれど、各回で発生するイベント数は多くありません。ユーザーの動きをたどることで、例えば、「横浜市関連の情報を探しに頻繁に訪れているけれど、新しい情報が登録されていないので、いつも同じページで離脱している」というような発見があるかもしれません。このような特徴を持つユーザーが一定数いるのであれば、新しい情報を積極的に集める、あるいは更新頻度を上げるなど、具体的な改善策もイメージできるはずです。

前述の「仮説検証・問題発見」でも説明しましたが、ウェブサイトにおける課題の多くはユーザー動向に起因しています。

ロジカルなデータ分析と併せて、ユーザーの感情や動きの分析もしなければ、真の意味での分析はできません。データ探索を自由に活用して、さまざまな分析ができるようになりましょう。

2 テンプレート活用のケーススタディ

GA4で提供されているテンプレートの使い方を5日目で学習しましたが、ここではより上手にテンプレートを活用できるよう理解を深めましょう。

2-1 ケーススタディに見るテンプレートの活用法

POINT!

- テンプレートは、使用目的に応じたものがデフォルトで数種類用意されている
- テンプレートをひな型にしたあとに、オリジナルなレポートへとカスタマイズもできる

新しいデータ探索を最初から作成するのは大変です。そのため、GA4では分析目的に応じたテンプレートがあらかじめ用意されています。2021年7月時点で用意されているテンプレートは次の7種類です（テンプレートを使った手法については、「5日目の3節」で説明していますのでそちらも参照してください）。

● 用意されているテンプレート

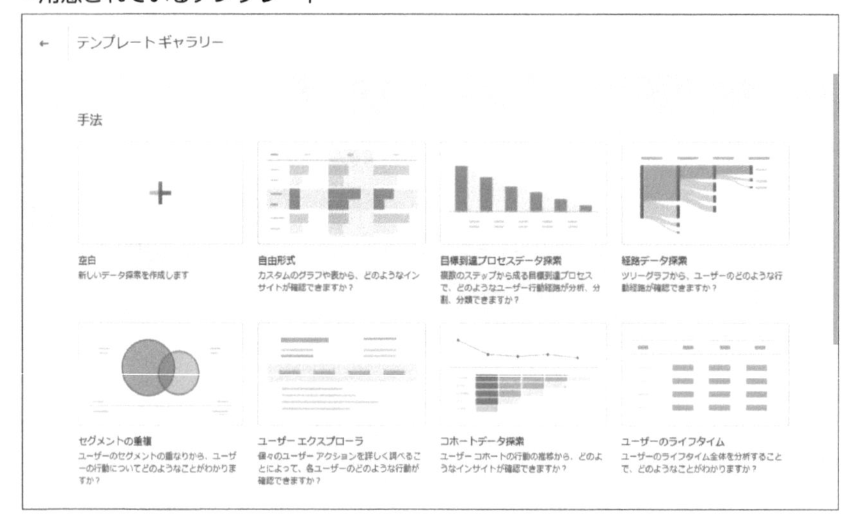

・自由形式
・目標到達プロセスデータ探索
・経路データ探索
・セグメントの重複
・ユーザーエクスプローラ
・コホートデータ探索
・ユーザーのライフタイム

テンプレートの活用は、分析を始めるまでの作業時間を短縮するメリットがあります。テンプレートは次の手順で表示します。

1. 左のナビゲーションの「探索」を選択します。
2. 右上の「テンプレートギャラリー」を選択します。

●GA4メニュー画面

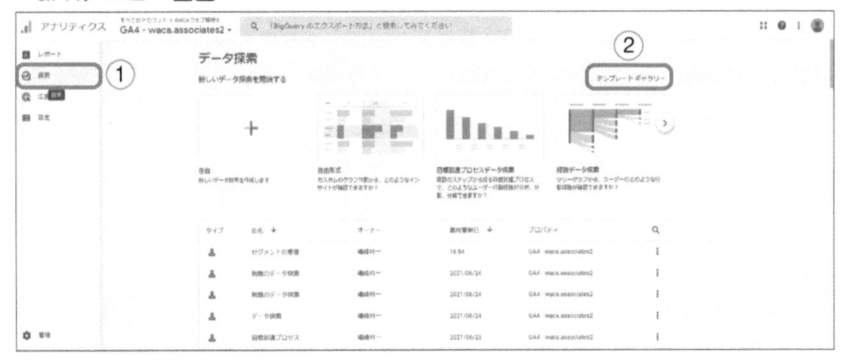

ケーススタディ1：目標到達に至るまでの改善点を発見する

申し込みページへの到達をコンバージョンとしているケースでは、目標到達プロセスデータ探索のテンプレートが便利です。

例えば、ウェブ解析士協会のサイトで「学習内容」の閲覧→「試験スケジュール」の確認→「試験/セミナー申し込み完了」を目標到達プロセスのステップとして考えたとします。このケースでは、まず目標到達プロセスデータ探索のテンプレートにこのステップを落とし込み、テンプレートをカスタマイズします。

●目標到達プロセスデータ探索のテンプレートをカスタマイズ

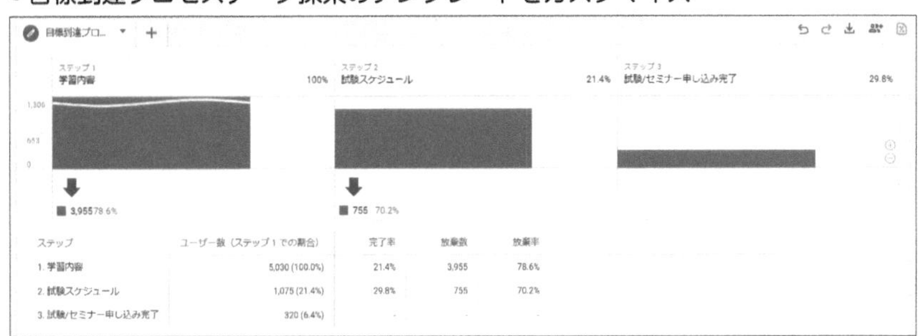

コンバージョンを増やすための改善点を探すには、このテンプレート上に表示されているデータだけでは十分ではありません。テンプレートに視点を加えたり、入れ替えたりすることで新たな発見がないか、分析を繰り返します。

次の図は「デバイスカテゴリーの違い」という視点を加えて、デバイスによる違いがデータに現れていないか、分析を試みたものです。

●セグメントに各デバイスカテゴリーを設定し、分析

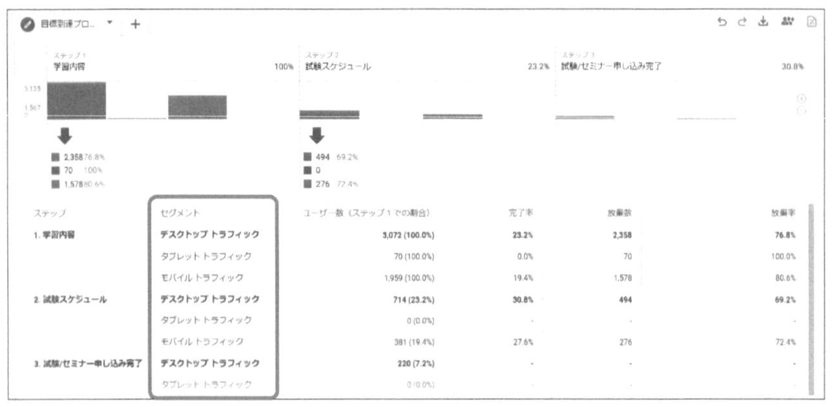

新たにデバイス別のセグメントが加わり、ステップの完了率や放棄数、放棄率がデバイスごとに分かるようになりました。ここで特徴的なデータが見つかれば、データの上で右クリックをし、より詳しい情報へアプローチすることもできます。

もちろん、いつも有益な発見があるとは限りません。しかし、テンプレートを用意しておけば、次に別の視点で分析を行う際に目標到達プロセスのステップは保持されているので、簡単に分析を始めることができます。

ケーススタディ2：フォームなどの重要なページにたどり着いた人の経路を分析する

「経路データ探索」機能を利用すると、特定ページの前後の動きを細く見ることができます。例えばフォームのひとつ前のページを把握することで、「どのタイミ

ングでユーザーがお問い合わせや資料ダウンロードを行いたいと思ったか」、つまり「ユーザーの気持ちが高まった」、サイトにとって重要なページのランキングを確認することができます。

経路データ探索で「終点」に「ページタイトルとスクリーン」をノードの種類から選んで、チェックしたいページを選択しましょう。以下のような分析を作成できます。経路は複数ページにわたって遡ったり、先を見たりすることが可能です。

●経路データ探索で、ユーザーの気持ちの高まりを把握

ケーススタディ3：サイトに訪れているユーザーをクラスタリングする

ウェブサイトを訪れるユーザーには、さまざまな理由があります。例えば、リアルの店舗を持っているECサイトであれば「店舗に行くことを検討している」「オンラインでウィンドウショッピングを行っている」「オンラインでの商品購入を検討している」などがその例です。

サイトに訪れている人のそれぞれの割合を確認したり、集客種別にそれぞれの割合を見たりする場合は、5日目に紹介した「セグメント」機能が便利です。しかし、理由は必ずしもひとつとは限りません。あるユーザーは「オンラインでウィンドウショッピングしたあとに、購入を検討する」とか、「店舗に行ったあとに、やはりオンラインでの購入を検討する」というような動きがあるかもしれません。

こういった複数のニーズを把握するために便利なのが、テンプレートのひとつである「セグメントの重複」を利用することです。

●セグメントの重複でユーザーをグループ分けし、複数のニーズを把握

セグメントの条件としては特定のページ群の閲覧などを条件にしています。

例えば上図では、「ウィンドウショッピング」の層が一番多いことが分かります。また重複を見てみると、「購入検討者」と「ウィンドウショッピング」の組み合わせは多いものの（4位：3,325人）、「ウィンドウショッピング」と「来店検討者」は少ない（8位：516人）ということが分かります。これにより、ウィンドウショッピングを行っている方には、来店よりオンライン購入のほうが相性がよいことが分かりました。

テンプレートのカスタマイズ

テンプレートを使用した分析に編集を加え、自分仕様にカスタマイズすることもできます。例えば「自由形式」のテンプレートから分析を開始し、そのあとに「経路データ探索」などの異なる手法を追加するときはタブを作成します。

変数の追加や手法にデータを追加していくやり方は、通常の分析の作成、編集と変わりません。分析データの書き出しも同様です。

テンプレートをカスタマイズした場合は、分析名を最後に確認しましょう。分析名は選択したテンプレートの名称のまま表示されています。名称は上書きして変更できますので、カスタマイズによって新たな手法を追加したときなどは適切な名称に変えておくとよいでしょう。

参考

「4日目（P248）」でも解説しましたが、テンプレートギャラリーには、「使用例」と「業種」にカテゴライズされたテンプレートがいくつか用意されています。通常のテンプレートギャラリーがデータ探索の手法ごとに分かれているのに対して、ここにカテゴライズされているテンプレートは複数のデータ探索の手法をパッケージングしたものです（各データ探索の手法はタブで切り分けられています）。

「使用例」「業種」に応じたGA4の推奨例と考えることができるので、どのような分析を作成すべきか迷うときは、これらのテンプレートにも目を通してみるとよいでしょう。

3 Google データポータルをデータ探索の代わりに用いる

データ探索の代わりにデータポータルを使えます。データポータルを活用することでより柔軟なレポートを無料で作成することができます。

3-1 データポータルをデータ探索の代わりに使う

POINT!

- Google データポータルはGoogleが提供している無償のデータ可視化ツール
- Google データポータルにはデータ探索にはないグラフやデザインの表現がある
- 分析要件によってGoogle データポータルとデータ探索を使い分けるようにする

Google データポータルとは

「データ探索」のほかに「Google データポータル」を利用する方法もあります。

Google データポータルは、Googleが無償で提供しているダッシュボード作成・データ可視化ツールです。Google アナリティクスや各種広告データなどのさまざまなデータを取り込み、別々のデータ同士を突き合わせたり、表やグラフなどで可視化して、必要な情報を分かりやすくまとめることができます。

コネクタ（Google データポータルとツールを接続する機能）が用意されているツールであれば、一度Google データポータルと接続してダッシュボード化しておくことで、データ取得と更新、レポーティング作業を自動化することができるため、日々の工数の削減に役立ちます。

データ探索とGoogle データポータルの違い

「データ探索」はユニバーサルアナリティクスにおける「カスタムレポート」に代わる機能です。共同編集機能がなく、共有機能も画面を共有するのみであるため、個人がその場その場で臨機応変な(アドホックな)分析を行う場合に向いています。

これに対し「Google データポータル」は共有機能が充実しており、共同編集もできるのが大きな特徴です。Google アナリティクスは多くの機能が実装されているため、使いこなすにはある程度の知識が必要ですが、追いたいデータをあらかじめ決めておいてGoogle データポータル上でダッシュボード化しておくことで、関係者にGoogle アナリティクスの管理画面を触らせる必要がなく、容易に情報を共有することができます。

また、Google データポータルはデータ探索では表現することができないグラフやデザインを使用することができるため、データ探索よりも多彩なビジュアライズが可能です※1。

GA4とGoogle データポータルの接続方法

Google データポータルとGA4を接続してみましょう。

① Google データポータルにログインします。管理画面左上の「+ 作成」をクリックし、「データソース」を選択します。

※1 参考図書『Googleデータポータルによるレポート作成の教科書』(マイナビ出版)

● データソースを選択

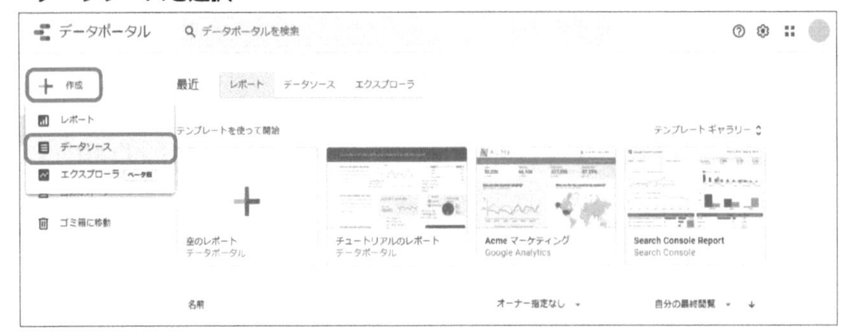

② 画面上に自動接続可能なツールが表示されるので、左上の「Google アナリティクス」をクリックします。

● Google アナリティクスをクリック

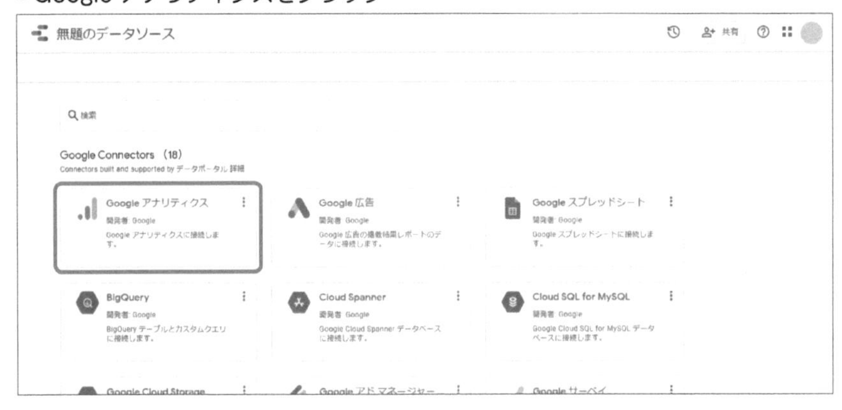

③ レポートに使いたい「アカウント」と「(GA4) プロパティ」を選択し、「接続」をクリックします。

※該当のプロパティで「表示と分析」以上の権限が必要です。

●アカウントとプロパティを選択

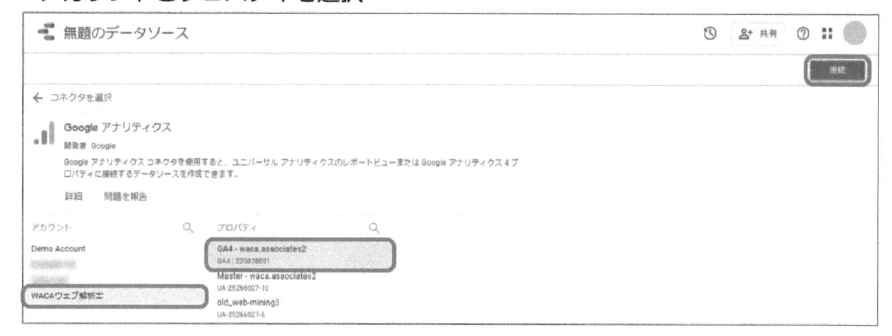

④ 画面上に取り込まれるフィールド（ディメンションと指標）が表示されます。データソースの名称を変更したい場合は、左上のプロパティ名の部分をクリックして編集します。右上の「レポートを作成」をクリックして、GA4とGoogle データポータルの接続は完了です。

●GA4とGoogle データポータルを接続

接続したあとのGoogle データポータルの利用方法は、今までのGoogle アナリティクスと変わりません。自由に表やグラフを作成して運用レポートを作成してみましょう。

例えば、以下のような複数の指標をまとめたレポートを作成可能です。

● レポート例

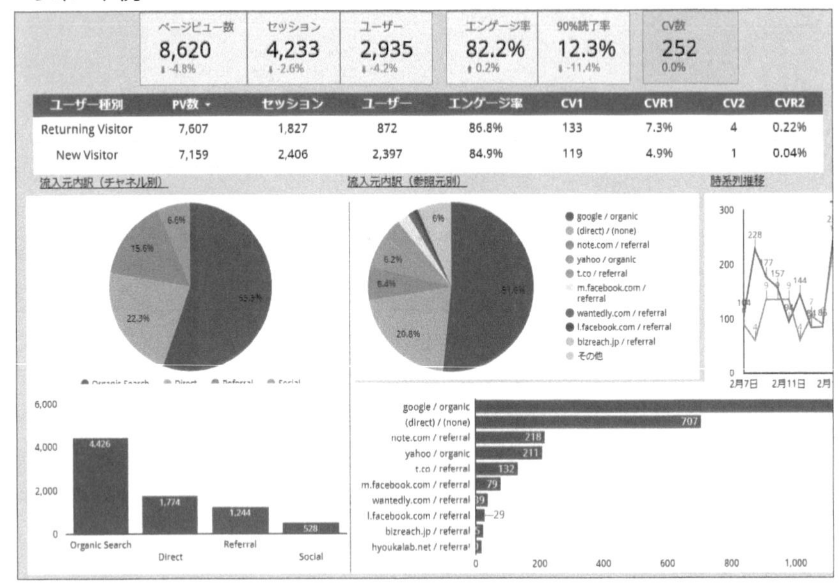

「Google データポータル」も「データ探索」も、現状GA4のすべてのデータを使用できるわけではなく、使えるディメンションや指標に制限があります。より深く分析を行いたい場合は、専門的な知識が必要になります。また、Google BigQueryの導入を検討してもよいでしょう。

また、Google データポータルを利用する際には先に分析要件を決めて、以下のように必要な機能を選んでみてください。

・全体の数値を見るのであれば「ユーザー・ライフサイクル」のレポート群
・アドホックの分析なら「データ探索」
・運用レポートの作成なら「Google データポータル」
・深い分析を行うなら「Google BigQuery」（7日目を参照）

6日目のおさらい

問　題

Q1

データ探索を利用してできることについて、以下から間違っているものをひとつ選んでください。

1. さまざまなデータ探索手法を手軽に設定し、表示の切り替えも簡単に行うことができる。
2. データの集計範囲を1段階ずつ掘り下げることで、より詳細な集計を行うことができる。
3. ディメンションや指標の追加・削除が簡単にでき、見るポイントを取捨選択できる。
4. 機械学習による顧客の行動についての詳細なインサイトをレポートとして受け取ることができる。

Q2

データ探索を利用してできることについて、以下から正しい組み合わせを選んでください。

A. 自由形式で、性別×年齢の円グラフを作成して分析をする。
B. 特定のキャンペーンで、モバイルデバイスから流入したユーザーの詳細行動（ユーザーエクスプローラ）を確認する。
C. デバイスカテゴリごとの日次折れ線グラフを作成し、異常検知した日のデータを確認する。
D. セグメントの重複で、デスクトップ・モバイル・タブレットの重なりを確認して、デスクトップ、モバイル両方を利用しているユーザーの詳細行動（ユーザーエクスプローラ）を確認する。

1. AとB
2. AとCとD
3. AとBとD
4. すべて正しい

Q3

データ探索での手法について、目的にもっとも合っていない手法の組み合わせを選んでください。

1. 商品の購入までのユーザーの導線のどの箇所でユーザーが多く離脱しているか調べる：「目標到達プロセスデータ探索」
2. チャネルごとのエンゲージメント率や新規ユーザー率を柔軟に調べて問題を発見する：「自由形式」
3. 毎日投稿しているブログの記事で、リピーターの集客につながっているものを日別で調べる：「コホートデータ探索」
4. 一度商品を購入した人のサイト内での行動を1人ずつ調べたい：「経路データ探索」

Q4

データ探索での手法について、手法の利用説明として正しい目的の組み合わせを選んでください。

1. 「経路データ探索」：最初に広告で集客したユーザーがその後どれくらいの頻度で訪問し、収益に貢献しているかを知る。
2. 「ユーザーのライフタイム」：モバイルユーザーと新規ユーザーとコンバージョンしたユーザーでどの程度重複したユーザーがいるか調べる。
3. 「セグメントの重複」：ソーシャルメディアで訪問したユーザーがどのランディングページで訪問し、その後どのページに訪問したかを知る。
4. 「ユーザーエクスプローラ」：資料請求フォームで離脱したユーザー

の行動を1人ずつ調べる。

Q5

データ探索での手法のテンプレートの設定やカスタマイズについて正しい記述を選んでください。

1. テンプレートギャラリーにはさまざまな種類のデータ探索のひな型が準備されているが、そのテンプレートをカスタマイズすることはできない。
2. テンプレートギャラリーは手法、使用例、業種のようなさまざまな目的に合わせたテンプレートを揃えている。
3. アセットの共有を用いることで、作成したテンプレートのデータを共有することができる。
4. データ探索の「他のユーザーと共有」を使えば、シェアしたいユーザーを指定することで、分析結果を共有することができる。

Q6

データ探索での手法のテンプレートについて、目的に適したテンプレートの組み合わせを選んでください。

1. チーム内でサイトの状況をグラフや表を使って分かりやすく共有するときは、「自由形式」のテンプレートを使う。
2. ユーザーがどのような行動をとったかを個別に確認するときは、「ユーザーのライフタイム」のテンプレートを使う。
3. 広告のランディングページからユーザーがどのような行動経路をたどったかを確認するときは、「コホートデータ探索」を使う。
4. ユーザーが購入に至るまでの過程で、シナリオから外れた動きをするページを検知したいときは、「セグメントの重複」を使う。

Q7

データ探索のテンプレートギャラリーのなかで、「新規ユーザーがホームページを開いたあとに開く上位のページを見つける」のにもっとも適したテンプレートを以下からひとつ選んでください。

1. 目標到達プロセスデータ探索
2. 経路データ探索
3. コホートデータ探索
4. ユーザーのライフタイム

Q8

テンプレートギャラリーの「セグメントの重複」を利用する目的としてもっとも適したものを以下からひとつ選んでください。

1. 折れ線グラフで異常検出を使用し、データの外れ値を特定するために使う。
2. 見込み顧客はどのように買い物客になり、その後購入者に変わるかをいち早く確認するために使う。
3. 複雑な条件に基づいて特定のユーザーを見分けたり、そのユーザーをさらに細分化して理解するために使う。
4. ページの閲覧とイベント発生の両方について、ユーザーの行動経路を視覚化して捉えるために使う。

Q9

データ探索でのテンプレートを利用する目的について正しいものをひとつ選んでください。

1. テンプレートを利用する目的は、「自由形式」「目標到達プロセスデータ探索」「経路データ探索」などそれぞれの手法に、テンプレートでしかできないオリジナルの分析の仕方が提供されていることである。

2. 何を分析したらよいか、どのように分析したいかが分からないときに、使用例や業種で示されたテンプレートを利用する。
3. テンプレートには分析に必要な手法がすべて用意されていて、カスタマイズの必要がない。
4. テンプレートを利用する目的は、チーム内での情報共有や伝達がスムーズに行えることである。

Q10

Google データポータルをデータ探索の代わりに利用する内容として誤っているものを選んでください。

1. GA4をGoogle データポータルに接続するにはGA4プロパティの「表示と分析」以上の権限が必要である。
2. Google データポータルのダッシュボードを閲覧するにはGoogle アナリティクスの管理画面を開く必要がある。
3. ツールとGoogle データポータルをコネクタで接続すると、Google データポータルがデータを自動で取り込める。
4. Google データポータルは、データ探索にはない種類のグラフやデザインを使用することができる。

Q11

Google データポータルをデータ探索の代わりに利用するのにもっともふさわしくない状況を選んでください。

1. あらかじめ追いたいデータを決めておき、関係者に情報をリアルタイムで共有したいとき。
2. クライアントがデータをアドホックに分析したいとき。
3. グラフや表の配置、サイズを細かく調整してレポートを作成したいとき。
4. GA4データとGoogle スプレッドシート上のデータを組み合わせてレポートを作成したいとき。

解　答

A1　4

GA4の機械学習では、顧客が将来取るであろう行動の予測、例えば解約率を予測するといったことができるようになり、これまで難しかったコンバージョンのあとの世界の解析が可能になります※2。しかしながら、現時点ではデータ探索には機械学習によるレポートの機能はありません。

A2　4

すべて正しいです。

A3　4

一度商品を購入した人のサイト内での行動をひとりずつ調べたいときは、経路データ探索よりユーザーエクスプローラのほうが便利です。似たような機能ではありますが、一人ひとりのユーザーの行動を知ることができるのがユーザーエクスプローラの利点です。

A4　4

データ探索の利用では目的にあった正しい利用方法を選びます。1～3の分析手法の説明は以下の通りです。

1. ユーザーのライフタイム
2. セグメントの重複
3. 経路データ探索

※2　https://www.waca.associates/jp/knowledge/50546/#index_id3

A5 2

1. カスタマイズできます。
3. データ探索でアセットの共有を用いることができません。
4. 共有すると全ユーザーが見ることができます。

A6 1

「自由形式」のテンプレートはグラフや表を使ってデータを整理したいときに便利です。

2〜4は、それぞれの目的に適していないテンプレートとなるため誤りです。

2.「ユーザーエクスプローラ」
3.「経路データ探索」
4.「目標到達プロセスデータ探索」

A7 2

「新規ユーザーがホームページを開いたあとに開く上位のページを見つける」には、ツリーグラフでユーザーの移動経路を確認できる「経路データ探索」が最適な手法です※3。「経路データ探索」は特定のイベントやページを基準に、そこに至るまでのユーザーの経路を遡って分析することもできます。

A8 3

セグメントの重複は、ユーザーセグメントを最大3つまで設定し、セグメント間の重なり合いをビジュアルで表示します※4。この手法は条件に基づいて特定のユーザーを見分ける際に役立ちます。

※3 https://support.google.com/analytics/answer/9317498?hl=ja&ref_topic=9266525
※4 https://support.google.com/analytics/answer/9328055?hl=ja&ref_topic=9266525

1は「自由形式」※5、2は「目標到達プロセスデータ探索」※6、4は「経路データ探索」※7の説明です。

A9 2

テンプレートでは変数や設定があらかじめ編集されているため、どのように分析したらよいかが分からないときに、そのきっかけを得るために利用します。テンプレートにしかない分析の仕方は存在しませんし、テンプレートに必要な手法がすべて用意されているとも限りません。はじめはテンプレートを使い、慣れてきたら自分でカスタマイズを加えていくと分析に深みが出てきます。チーム内での情報共有や伝達はテンプレートを使うこととは直接関係はありません。

1. テンプレートにしかない分析の仕方は存在しません。
3. 欲しい情報に合わせてカスタマイズして利用することが多いです。
4. チーム内での情報共有や伝達はテンプレートを使うこととは直接関係はありません。

A10 2

2は誤りです。Google データポータルは、コネクタでGA4と接続しておけば自動でデータを取り込むので、ダッシュボードを閲覧するときはGoogle アナリティクスの管理画面を開く必要はありません。

A11 2

Google データポータルは豊富な種類のグラフやデザインによって判読性に優れたダッシュボードを作成できますが、その分構築に工数がかかります。個人がその場その場で臨機応変に分析することが目的の場合は、データ探索を使用するほうが適しているといえるでしょう。

※5 https://support.google.com/analytics/answer/9327972?hl=ja&ref_topic=9266525
※6 https://support.google.com/analytics/answer/9327974?hl=ja&ref_topic=9266525
※7 https://support.google.com/analytics/answer/9317498?hl=ja&ref_topic=9266525

7日目

追加データ取得と確認方法

7日目に学習すること

GA4に追加データを送信し、独自の分析を行うことができます。追加データとは何か、どのように活用するのかを見ていきましょう。

ついに最終日です!!
ここまでたどりついた
あなたは素晴らしい
ヤッター!!
木田先生

アクセス解析を
していると
90%スクロールだけでなく
50%スクロールも
測れたら
いいのに…
他にも
こんなデータが
取得できたら
いいのに…
と思うことは
ありませんか?

Google タグマネージャーを
使えば
独自のイベントを
設定できるんです
初心者向け
おすすめ本は
GA4
コレだ!
フムフム
タグ
カスタムイベント
Scroll 50
トリガー
ページが50%
スクロール
されたときに
発火!!
ユーザー

他にもこの章では
サイト内でどんな
キーワードが
検索されているか
取得したり
KSF
BigQueryに
データを送って
SQLで解析したり
グンとレベルアップ
できる内容が
もりだくさん!!
手を動かしながら
一緒に
実践しましょう

1 追加データの取得とは

GA4では追加データを取得してデフォルトの集計項目に加えることで、さらにバリエーション豊かな分析が行えます。Googleが提供する代表的なツールを題材に、追加データの取得方法を学びましょう。

1-1 追加データを理解しよう

POINT!

- GA4には独自のデータを追加する機能がある
- より豊かな分析を可能にするのが追加データのメリット

追加データとは

厳密な定義はありませんが、追加データとは、GA4のブラウザ画面における設定で取得可能になるデータ「以外」の独自のデータを指します。

「サイト内検索」は、管理画面の「拡張計測機能」で設定できますが、追加の設定が必要になるケースがあること、あらかじめ提供されている標準的なレポート群には含まれていないことから、本章にて解説しています。

追加データの取得のメリット

GA4では、Googleタグマネージャー（以降、GTM）を活用してデータを追加で取得することで、さらにバリエーション豊かな分析を行うことができます。

例えば、GTMで新規にタグを追加すると「**拡張計測機能**」のひとつとして提供されている「90%スクロール」以外に、より細かく各ページがどの程度スクロールされているかを把握できるようになります。これにより、サイト訪問者に閲覧してほしいページ下部のコンテンツが届いているのか、それとも途中で離脱してしまっているのかを把握し、コンテンツ設計の見直しや改善に役立てることができます。

ほかにも、自社サイトで検索されているキーワードを集計することによって、訪問者が求めている情報のトレンドや、埋もれて発見が難しくなっているコンテンツの傾向を把握することで、サイトの利便性を向上させることも可能です。また、ログイン状態の有無を取得し、それぞれの閲覧ページを見ることは会員向けのコンテンツを考えるうえで貴重な情報になります。

本章では、GTMの基本的な使い方やGA4への情報の渡し方を解説します。さらに、ビッグデータの解析ツールとして定評のあるGoogle BigQueryとの連携も解説します。

本書で取り扱う追加データ

本書では、以下のデータを追加データとして取り扱います。

1. GTMへのタグ投入による追加データ
   - ・イベントの追加
   - ・ユーザープロパティの追加
2. パラメータの指定により取得されたサイト内検索クエリのデータ
3. Google BigQueryにエクスポートされたデータ

2 Google タグマネージャーへのタグ投入による追加データの取得

GTMを利用すると、GA4で有用な知見を得るための追加データを取得できます※1。
ここでは、ページのスクロール割合やユーザーIDの取得から確認の流れを学びます。

2-1 GTMに設定を加え、追加データを取得

POINT!

- GTMの主要な構成要素はタグ、トリガー、変数の3つ
- GTMにタグ、トリガー、変数を設定する方法

GTMの主要な構成要素（タグ、トリガー、変数）

GTMは、主に「タグ」「トリガー」「変数」の3つの要素で構成され、設定はそれら3つの要素に対して行います。

「タグ」とは、Webサイトに挿入され、訪問者のWebブラウザで読み込まれることにより機能するプログラムのコードです。「タグ」の設定方法は、大別して、JavaScriptを直接記述する方法と、あらかじめ用意されている「プリセットタグ」を使用する方法の2つがあります。

「トリガー」とは、どのような条件下でタグを動かすかを指定するものです。タ

※1　GTMを利用した標準的な設定については2日目2-2を参照

グを動かすことを、発火と呼びます（英語でも、「Tags Fired」と表記します）。すべてのページで発火させる設定も、ページ内の特定要素がクリックされたときだけ、またはページが任意の深さまでスクロールされたときだけ発火させる、といった設定も可能です。

「変数」とは、タグによって取得され、Google アナリティクスへ送信される値のことを指します。

eコマースの購入完了ページのHTMLに存在する値から取得する売上情報などや、Cookieから取得するユーザーステータスなどが代表的な「変数」です。

Google アナリティクスに送信された「変数」は分析に利用することができます。

GTMに追加のタグを投入する

例として、「2日目 2 Google タグマネージャーを使った初期設定（P73）」で設定したGoogle アナリティクスのタグに加えて、新たなタグをGTMで設定しましょう。

新しいタグを設定するには、左メニューの「タグ」を選び、表示されるタグ一覧の右上にある「新規」をクリックすることから始めます。画面左上の「名前のないタグ」をクリックすることでタグの名称を設定できます。また、「タグの設定」欄を選択することによってタグタイプを決められます。

●新しくタグを作成する

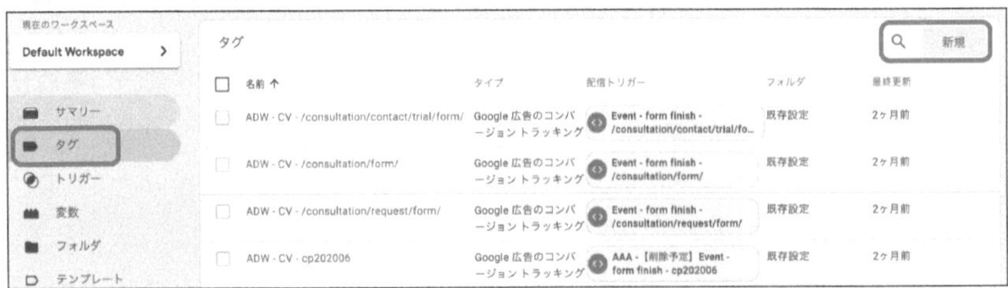

● タグ名称の入力領域と、基本的なタグタイプ

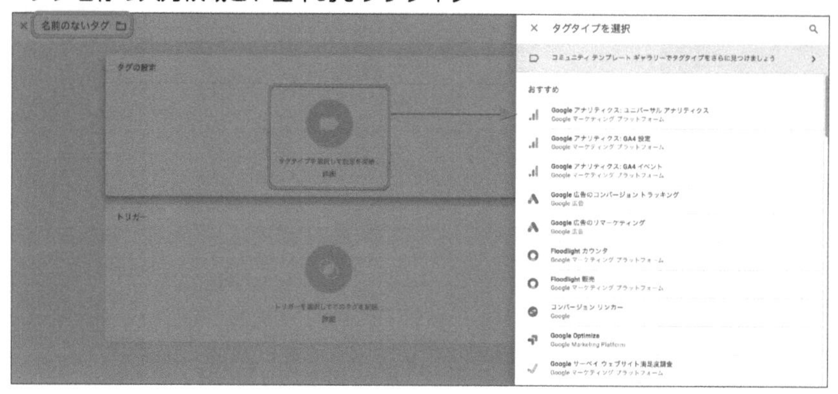

タグタイプには、GA4を含むWeb解析や広告、A/Bテストなどの多様なサービスと連携するためのテンプレートが存在します。これらのテンプレートはあらかじめ用意されているタグという意味で「プリセットタグ」とも呼ばれます。

テンプレートを選択すると、自分でJavaScriptを記述する必要がなく、比較的容易に「変数」をGoogle アナリティクスやGoogle広告などのサービスに送信することができます。

タグの選択が終わったら、次は「トリガー」です。トリガーは、「タグの設定」の下にある「トリガー」から設定できます。あらかじめトリガーを作成している場合は一覧が表示されます。新しく設定するには、右上の「+」ボタンからタグと同様にトリガーのタイプを選択します。

●新しいトリガーは右上の「+」ボタンから作成できる

トリガーの選択

名前 ↓	タイプ	フィルタ
Window Loaded - ITP - FooterUpdate	ウィンドウの読み込み	Referrer 先頭が一致しない https://www.waca... CJS - browserCheck 等しい safari
Visibility - CSS - header	要素の表示	-
Visibility - CSS - footer	要素の表示	-
Visibility - CSS - div.entry-content	要素の表示	-
Timer - intensivePageTime	タイマー	-
Timer - 60 second	タイマー	-
Page View - WAC course detail page	ページビュー	Page URL 正規表現に一致 ^https://www\.wac...
Page View - SWAC course detail page	ページビュー	Page URL 正規表現に一致 ^https://www\.wac...
Page View - site search - List page	ページビュー	Page URL 先頭が一致 https://www.waca.asso...
Page View - shopify - Checkout Page	ページビュー	Page URL 先頭が一致 https://wacashop.mysh...
Page View - refferer - landing page	ページビュー	Referrer 先頭が一致しない https://www.waca...
Page View - page - consultation	ページビュー	Page URL 等しい https://www.waca.associat...
Page View - no_log.php	ページビュー	Page Path 等しい /jp/no_log.php

トリガーのタイプには、ページが表示された際に発火させる「ページビュー」や、HTMLの読み込みが終了してドキュメントオブジェクトモデル(DOM)が解析できる状態になったあとに発火させる「DOM Ready」など、さまざまなパターンが存在します。反対に、タグを発火させたくない場合の除外設定を行うこともできます。

●「ページビュー」の中でもトリガーのタイプは細かく分けられている

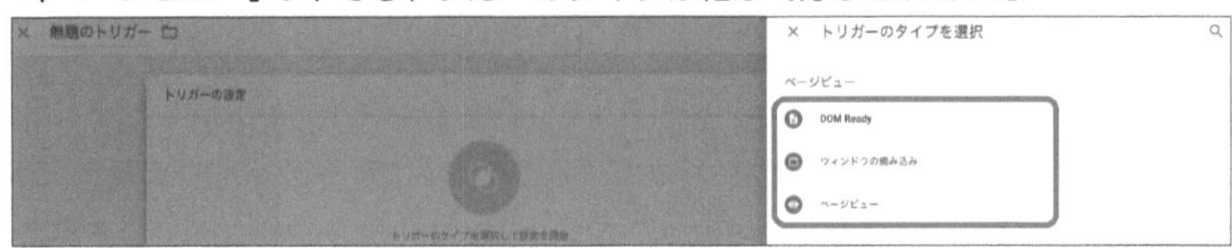

タグの名称、タグタイプ、トリガーを設定し終わったら保存しましょう。

2-2 独自イベントを追加取得しよう

POINT!

- 独自イベントとして「50%スクロール」を追加取得する
- 設定と確認の方法

独自イベントとは

GA4にはデフォルトで収集されるイベント※2※3があります。一方、それらのイベント以外にユーザー側で追加で取得するイベントを、本節では独自イベントと呼んでいます。

独自イベントに付ける名前は基本的には自由ですが、Googleが推奨イベント※4として定義している場合には、その名前を利用することを強くお勧めします。

● 独自イベントの取得

タグとトリガーを利用して、独自のイベントを取得する設定例を紹介します。設定は以下の3つの手順で行います。

1. トリガーの名称を決めて設定する
2. タグを完成させ、公開することでデータの取得を開始する
3. GA4で計測状況を確認する

ここでは、「ページが50%スクロールされた」ときに「percent_scrolled=50という属性を持ったscrollイベントを送信する」という条件で設定します。

※2 イベントについては2日目3節も併せて参照
※3 イベント公式ヘルプ：https://support.google.com/analytics/answer/9234069?hl=ja
※4 推奨イベントについての公式ヘルプ：https://support.google.com/analytics/answer/9267735?hl=ja

1. トリガーの名称を決めて設定する

はじめに、トリガーの名称を決めます。ここでは「GA4 -Event - scroll 50」とします。次に、「トリガーのタイプ」から「スクロール距離」を選びます。

●「スクロール距離」を選択

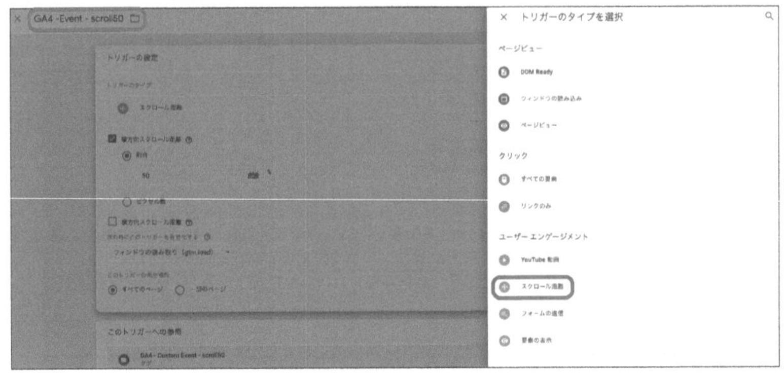

縦スクロールか横スクロールかをチェックボックスで選択できるので、今回取得対象でもある「縦方向スクロール距離」を選びます。続いてラジオボタンで「割合」を選び、入力フォームに「50」と入力するだけで設定可能です。

次は、「いつ、どこでタグを発火させるか」を指定します。ここでは、プルダウンから「ウィンドウの読み取り（gtm.load）」と、ラジオボタンで「すべてのページ」を選んで保存します。これで、イベントを発火させるためのトリガーの設定が完了します。

●「ページが50%スクロールされたとき」の設定詳細

2. タグを完成させ、公開することでデータの取得を開始する

トリガーに続けて、タグ本体の設定を行うことでタグを完成させます。本書ではタグの名称を「GA4 - Custom Event - scroll50」とします。タグの新規作成画面から、以下の設定を行います。

> タグの種類：Google アナリティクス GA4 イベント
> 設定タグ：GA4 - Basic Analytics - website※5
> イベント名：scroll

次に、イベントのパラメータの設定です。key（名称）- value（値）の関係を持つパラメータ名と値の両方を設定する必要があります。今回は以下のように設定します。

> パラメータ名：percent_scrolled
> 値：50

これは、カスタムパラメータとしてGA4に送信される情報となります。

※5 読者の皆様の環境では別の名称が付けられている場合があります。名称にとらわれず「GA4設定」タグを指定してください。

トリガーには前項で作成した「GA4 -Event - scroll50」を選びます。プレビューでタグが問題なく動作していることを確認した上で、タグを作成したワークスペースを公開することで、本番環境での稼働が始まります。

● タグとして完成させるための設定項目

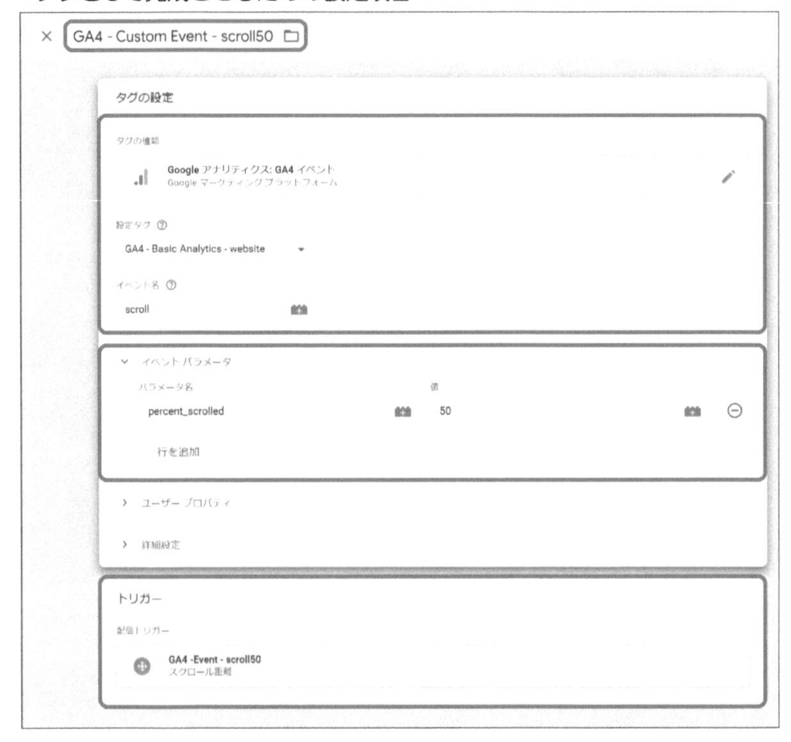

3. GA4で計測状況を確認する

タグを公開したら、GA4で情報の取得状況を確認しましょう。まず、左のナビゲーションから「エンゲージメント」のメニュー内にある「イベント」を選択します。

● GA4での確認場所

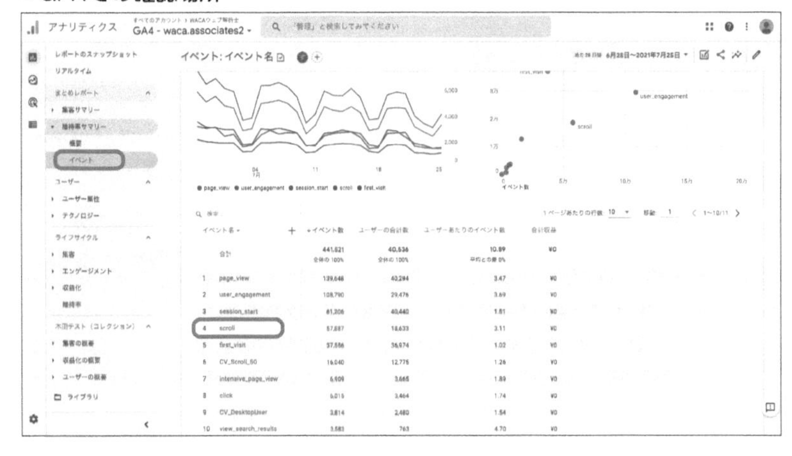

すると、イベント名の中に今回設定した「scroll」が確認できます。「scroll」をクリックしてscrollイベントについてのドリルダウンページを表示すると、パラメータ名で設定した「PERCENT_SCROLLED」が見つかります。

この例では、50%以外に25%、75%、90%のタグも設定しており、どのタイミングでのページ移動や離脱が多いかが分かりやすい形で表現されています。

● 「scroll」をクリックすると、詳細を確認できる

PERCENT_SCROLLED

カスタム パラメータ	イベント数	ユーザーの合計数
（合計）4 個	5.9万	2万
25	2.5万	1.9万
50	1.6万	1.3万
75	8,970	6,982
90	8,744	6,550

2-3 独自のユーザープロパティを追加取得

POINT!

- ユーザープロパティはユーザーが持つ属性や固有の値
- 自動的に取得できる性別や年齢もユーザープロパティの一種
- 代表的な独自ユーザープロパティであるUser-IDの取得と確認
- User-IDを利用したユーザー識別方法の設定

ユーザープロパティとは※6

GA4のユーザープロパティとは、ユーザーごとの属性を格納するカスタムディメンションのことです。GA4では、年齢やデバイスカテゴリなど一部のユーザープロパティは自動的に計測されます。

それ以外の会員番号や会員のステータスなど、任意に設定したデータを取得したい場合には、最大25個のユーザープロパティを自ら追加設定することができます。その場合、GTMでの設定が必要になります。

自動で収集されるユーザープロパティ

GA4で自動的に収集されるユーザープロパティには、以下のような項目が挙げられます（※抜粋）※7。

※6 https://developers.google.com/analytics/devguides/collection/ga4/user-properties?hl=ja

※7 https://support.google.com/analytics/answer/9268042
上記公式ヘルプでは「ユーザーディメンション」という名称で説明されていますが、実質的にユーザープロパティと同一です。

性別	ユーザーを男性または女性で識別します。
年齢	ユーザーを6つのカテゴリ(18〜24、25〜34、35〜44、45〜54、55〜64、65歳以上)に分類します。
国	ユーザーが居住している国を識別します。
言語	モバイルデバイスのOSの言語設定(en-usなど)。
デバイスカテゴリ	モバイルデバイスのカテゴリ(モバイル、タブレットなど)。
興味や関心	ユーザーの興味や関心(例:「アート、エンターテインメント、ゲーム、スポーツ」)を一覧表示します。

User-IDを取得する[※8]

User-IDとはユーザー一人ひとりを識別するIDのことです。会員登録の仕組みを持つサイトであれば、会員番号が相当します。User-IDをGA4に記録することで、プラットフォームやデバイスをまたいだユーザーの行動を捕捉でき、ユーザーごとに行動を分析することができます。

User-IDの設定にはGA4とGTM両方での設定が必要です。全体の手順は以下のとおりです。

1. GA4側でカスタムディメンションを作成
2. GTMにタグを投入し、変数user-idを送信

ここでは、会員番号をuser_idという変数名でGA4に送信し、GA4がユーザー識別子として使うUser-IDとして利用する例をあげます。

● GA4側でカスタムディメンションを作成

GA4にログインして、以下の操作を行ってください。

1. 左側のナビゲーションの「カスタム定義」をクリックします。
2. 「カスタムディメンションを作成」から、カスタムディメンションを作成します。
3. 「ディメンション名」にuser_idを入力し、「スコープ」を「ユーザー」にし

※8 https://support.google.com/analytics/answer/9213390?hl=ja&ref_topic=9303474

ます。「ユーザープロパティ」にもuser_idを入力します。

●カスタム定義の設定画面

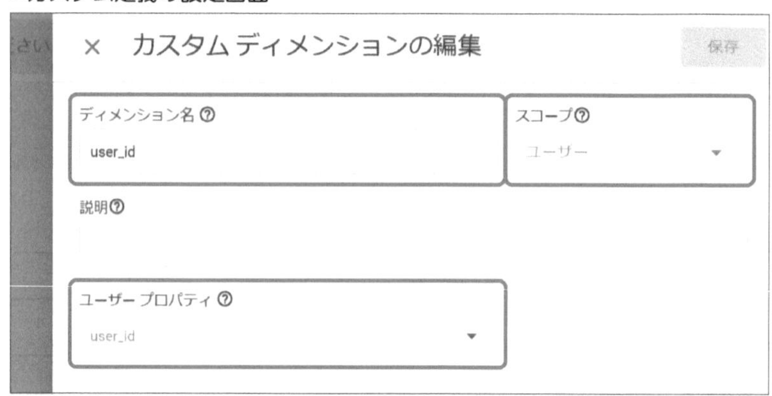

● GTMにタグを投入し、変数user_idを送信

次に、GTM側で設定をしていきます。該当のGA4プロパティにデータを送っているGTMのコンテナを開いて、以下の操作を行ってください。

1. 会員番号をWebサイトのシステム側からブラウザ側（HTMLやCookie）に書き出し、GTMでその値を「変数」に格納する設定を行います（会員番号の取得方法は、ウェブサイトの仕様によってさまざまです。システム担当者に相談しましょう[※9]）。

2. 次に、1.で設定した「変数」をGA4に送信するため、「GA4設定タグ」へ追加設定を行います。該当するGA4プロパティの設定タグを選択し、「プロパティ名」の項目にGA4側で作成したカスタムディメンション、“user_id”を入力します。「値」には1.で設定した、会員番号を格納した変数を選択します（以下の画面を参照してください）。

※9　公式ヘルプ：https://support.google.com/tagmanager/answer/6164391?hl=ja

● GA4設定タグの編集画面（GTM）

3. 設定が完了したらGTMを公開します。無事に会員番号が取得できているかは、GTM公開後GA4のリアルタイムレポートで確認できます。

● GA4のリアルタイムレポート画面

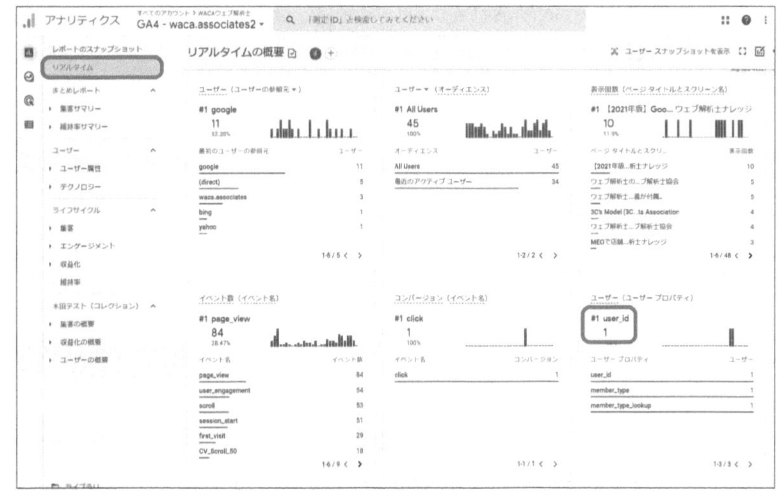

2-4 ユーザー識別方法の設定

POINT!

- GA4のユーザー識別方法は2種類ある
- User-IDを取得した場合には、User-IDをユーザー識別に利用する
- 取得したUser-IDをレポートで利用する方法

GA4のユーザー識別の2つの方法※10

GA4では、ユーザー識別の方法として以下の2つのオプションが用意されています。特に、本節で解説しているようなUser-IDを取得している場合は、より高い頻度でユーザーを識別できるため、前者の「User-ID、Googleシグナル別、次にデバイス別」のオプションを利用するとよいでしょう。

- **User-ID、Googleシグナル別、次にデバイス別**
  収集方法の設定に応じて、より精度の高いUser-IDを使用します。User-IDが収集されていない場合は、Google シグナル由来の情報が使用されます。User-IDもGoogle シグナルも利用できない場合は、デバイスIDによってユーザーを識別します。
- **デバイス別のみ**
  User-IDやGoogle シグナルを利用せず、CookieやデバイスIDのみでユーザーを識別します。

レポートで使用するユーザー識別方法の設定

ユーザーの識別方法は、以下の手順で設定を行います。

※10 https://support.google.com/analytics/answer/9213390

1. 「管理」をクリックして、編集するプロパティに移動します。
2. 「プロパティ」列で「デフォルトのレポートID」をクリックします。
3. 「User-ID、Googleシグナル別、次にデバイス別」(デフォルト設定)または「デバイス別のみ」を選択します。
4. 「保存」をクリックします。

●デフォルトのレポートID設定画面

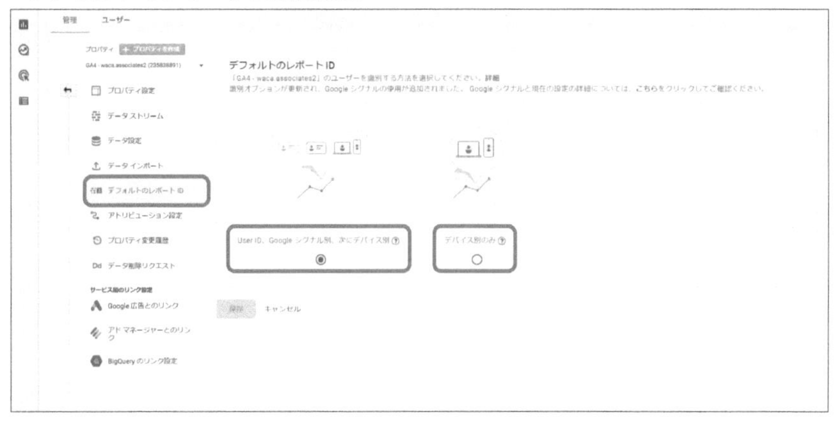

User-IDのレポートでの利用方法

「探索」メニューからデータ探索に入り、「ディメンション」に「user_id」を追加するとディメンションとして利用できるようになります(データ探索の利用方法については5日目を参照)。次ページのとおり、user_id別のサイト利用状況を確認することができます。

これでユーザー一人ひとりを識別し、サイト内の行動を計測することができます。User-IDを取得して分析することは、デバイスやセッションをまたいでユーザーの行動や閲覧コンテンツの傾向を理解することに役立ちます。

ログイン機能があるウェブサイトを運用しているのであれば、積極的に活用してユーザーに寄り添った施策立案につなげましょう。

● データ探索から作成したuser_idを使ったレポートの例

変数

分析名:
会員番号レポート

カスタム
5月6日～2021年5月11日

セグメント

自然検索トラフィッ...

ディメンション

user_id

デバイス カテゴリ

指標

イベント数

タブの設定

行

user_id

ディメンションをドロップするか選択してください

最初の行 1

表示する行数 10

ネストされた行 No

列

デバイス カテゴリ

ディメンションをドロップするか選択してください

データ探索 1

デバイス カテゴリ		desktop	mobile	tablet	合計
user_id		イベント数	イベント数	イベント数	↓イベント数
	合計	1,741 全体の 86.0%	274 全体の 13.5%	9 全体の 0.4%	2,024 全体の 100.0%
1	WAC40047657	133	0	0	133
2	WAC40047956	118	0	0	118
3	WAC40048319	117	0	0	117
4	WAC40048111	113	0	0	113
5	WAC21213678	98	0	0	98
6	WAC40033162	98	0	0	98
7	WAC21218300	84	0	0	84
8	WAC40043120	83	0	0	83
9	WAC40047573	74	5	0	79
10	WAC40039411	70	0	0	70

2-5 まとめ

GA4は従来のユニバーサルアナリティクスと比較して、デフォルトで取得できるユーザーインタラクションの種類が大幅に増えました。

さらに、本節で解説した「追加のイベント」や「ユーザープロパティ」の取得によって、より詳細なユーザーのサイト内での振る舞いや会員番号などのサイト利用者の属性を取得することができます。これらのデータを活用することで、より目的を達成しやすいサイトに改善していくことができます。

例えば、レポートを「非会員」、つまりこれから会員になってくれるサイト利用者に絞り込んで、じっくりと閲覧されたページやされていないページを、50%スクロールや90%スクロールから分析し、「届けたいメッセージがしっかり届けられているかを確認する」といった利用方法が挙げられます。

3 サイト内検索クエリの取得

サイト内検索クエリ（サイト内検索に利用されたキーワード）は、ユーザーのサイト訪問の目的を推測するヒントとなります。自社サイトで「拡張計測機能」がサポートするクエリパラメータ以外が利用されている場合の設定方法とレポートでの確認方法を解説します。

3-1 クエリ取得の仕様と設定要否

POINT!

- クエリパラメータ「q,s,search,query,keyword」が利用されていればサイト内検索クエリが自動的に取得される
- 上記以外のクエリパラメータが利用されている場合には設定が必要

「データストリーム」による設定

サイト内検索の設定の確認と登録は「データストリーム」から行います。

●データストリーム一覧画面

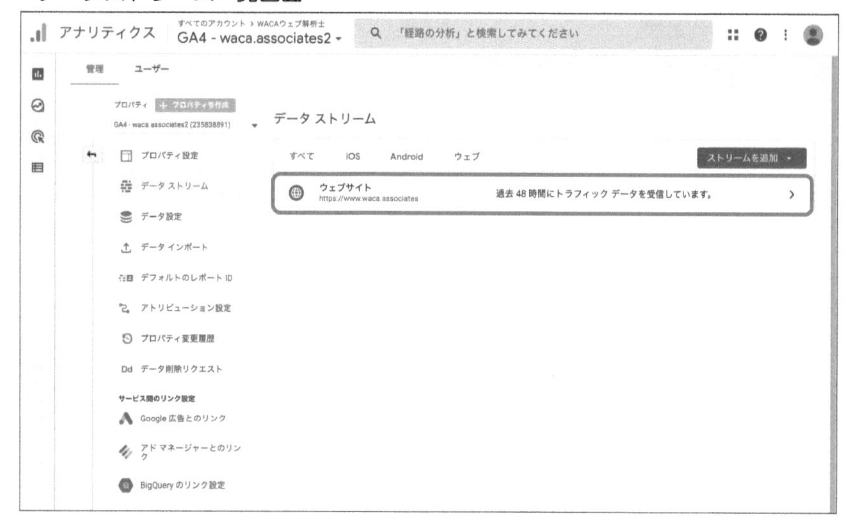

サイト内検索クエリ取得の仕様

自動的に設定されるサイト内検索のパラメータは、「q,s,search,query,keyword」の5個となります。パラメータの仕様については、以下を確認してください。

また、自社のサイト内検索でこれら5つのパラメータ以外が使われているかどうかは、次の「設置するサイトのクエリパラメータ確認の方法」を参照してください。その上で、パラメータの登録が必要であれば、後述の「クエリパラメータの登録方法」を参照し、パラメータを追加してください。

サイト内検索クエリ取得パラメータの仕様

- パラメータは最大10個まで追加できます。
- 追加するパラメータはカンマ区切りで入力します。
- 先に記述したパラメータほど優先順位が高く処理されます。
- 具体的には最初に一致したパラメータのみが使用されます※。
- パラメータの大文字と小文字は区別されません。

※ パラメータの設定が「q,s」となっている場合、サイト内検索結果ページのURLが仮に「search_results/?q=トップ解析士&s=東京都」だとすると、検索クエリを反映するsearch_termディメンションには、"トップ解析士"しか反映されません。

以上で、下記のようにデータストリーム設定の「拡張計測機能」に「サイト内検索」の設定が含まれます。

●データストリームの設定画面

設置するサイトのクエリパラメータの確認方法

例えばWordPressのプラグインで検索機能を実装している場合など、計測対象のサイトによっては、自動で設定されるq, s, searsch, query, keyword以外のクエリパラメータが利用されていることがあります。その場合、クエリパラメータの登録が必要になります。

GA4を設置するサイトでサイト内検索にどのようなパラメータが使われているかを確認するには、パラメータそのものを検索窓に書き込んで検索するブラウザのURL窓を確認します。サイト内検索結果ページのURLに「パラメータ」=「サイト内検索クエリ」という文字列が現れている場合、その「パラメータ」を設定する必要があります。

●サイト内検索結果画面とURL

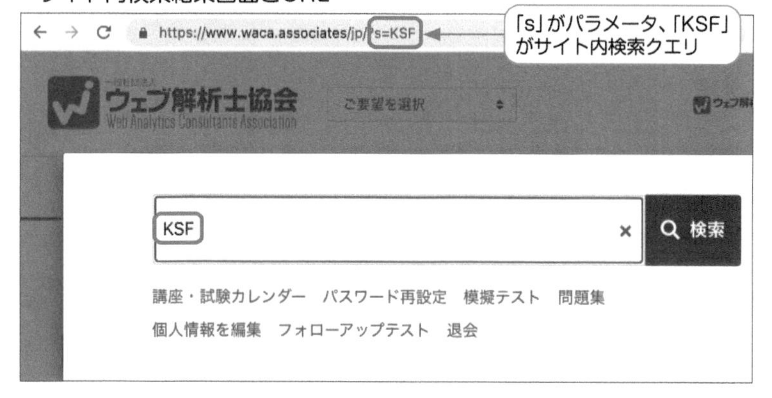

クエリパラメータの登録方法

以下の「ウェブストリームの詳細画面」から「拡張計測機能」の歯車アイコンをクリックしてメニューを開き、サイト内検索の下にある「詳細設定を表示」をクリックすると、設定内容の確認や変更ができる画面が表示されます。変更する場合は「保存」ボタンを忘れずにクリックしましょう。

●ウェブストリームの詳細画面

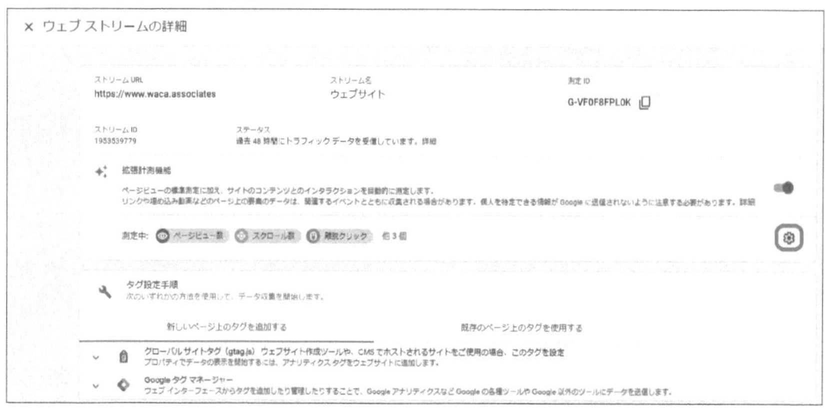

●パラメータの確認・追加設定画面

× 拡張計測機能 保存

ページビュー数
ページが読み込まれるたび、またはウェブサイトによりブラウザの履歴の状態が変更されるたびに、ページビュー イベントを記録します。ブラウザの履歴に基づくイベントは、詳細設定から任意で無効にできます。
詳細設定を表示

スクロール数
ページの一番下までスクロールされるたびに、スクロール イベントを記録します。

離脱クリック
ユーザーがドメインから移動するリンクをクリックするたびに、離脱クリック イベントを記録します。デフォルトでは、現在のドメインから移動するすべてのリンクに対して離脱クリック イベントが発生します。[タグ付けの設定] でクロスドメイン測定が設定されたドメインへのリンクで、離脱クリック イベントがトリガーされることはありません。

サイト内検索
ユーザーがサイト上で検索を行うたびに、(クエリ パラメータに基づいて) 検索結果の表示イベントを記録します。デフォルトでは、よく使用される検索クエリ パラメータが URL に含まれるページが読み込まれると、検索結果イベントが配信されます。詳細設定で、検索対象のパラメータを調整できます。
詳細設定を非表示

サイト内検索キーワードのクエリ パラメータ ⑦
優先度の高い順に、カンマで区切られたパラメータを 10 個まで指定します。最初に一致したパラメータのみが使用されます。(大文字と小文字は区別されません)

q,s,search,query,keyword

追加のクエリ パラメータ ⑦
カンマで区切られたパラメータを 10 個まで指定します。(大文字と小文字は区別されません)

ここに、サイト内検索キーワードを格納しているクエリパラメータを優先順位の高い順にカンマ区切りで記述します。10個を超える場合には「追加のクエリパラメータ」欄への入力も行ってください。

3-2 サイト内検索クエリの確認方法

POINT!

・サイト内検索クエリは、リアルタイム、データ探索＞探索で確認できる
・ただし、GA4のみではサイト内検索の結果を確認するのは面倒
・Google データポータルやBigQueryと連携することで自由度の高い分析ができる

レポート画面での検索クエリの確認方法

GA4では、ユニバーサルアナリティクスのように「検索クエリ」レポートが提供されないため、簡単には検索クエリの確認ができません。

ここでは、以下の2つの検索クエリを確認する方法を紹介します。

1. リアルタイムレポートを通じて確認
2. データ探索を通じて確認

● リアルタイムレポートを通じて確認

検索クエリが正しくデータ取得できているかどうかは、イベント名「view_search_results」から確認します。

「イベント＞イベント」もしくは「エンゲージメント＞イベント」のどちらからでも「view_search_results」をクリックすると、イベントの詳細が表示されます。

● エンゲージメント>イベント画面からview_search_resultイベントを選択した画面

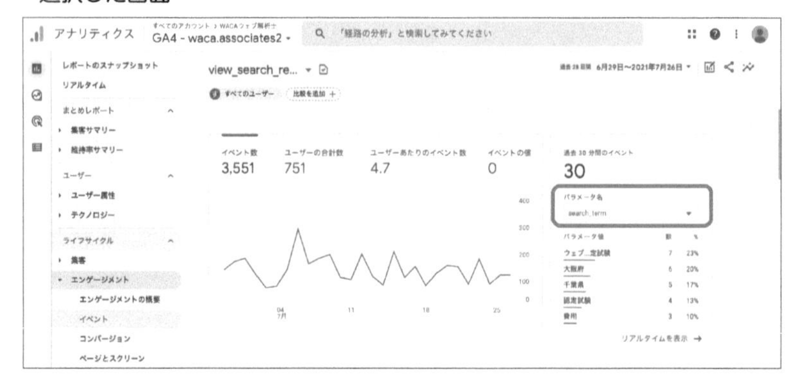

この画面の「過去30分間のイベント」の「パラメータ名」で「search_term」を選択することによって、リアルタイムに検索されている内容の確認ができます。ただし、反映にはタイムラグがあります。数分程度おいて確認するようにしましょう。

● リアルタイムレポートでパラメータ名を「search_term」に設定

● データ探索を通じて確認

もうひとつの方法は、データ探索を通じた検索クエリの確認方法です。データ探索の操作については、5日目を参照してください。ここでは手順のみを紹介します。

1. 画面左側の「カスタム定義」メニューから、イベントスコープで、search_termをカスタムディメンションとして設定します。
2. 「探索」メニューから「データ探索」に入り、「手法」として「データ探索」を選択します。
3. ディメンションの横の「+」ボタンから、search_termを選択します。
4. search_termをディメンションの「行」にドラッグ&ドロップします。
5. 指標として「イベント数」を選択します。
6. フィルタとして、イベント名がview_search_resultsに完全一致する設定を行います。

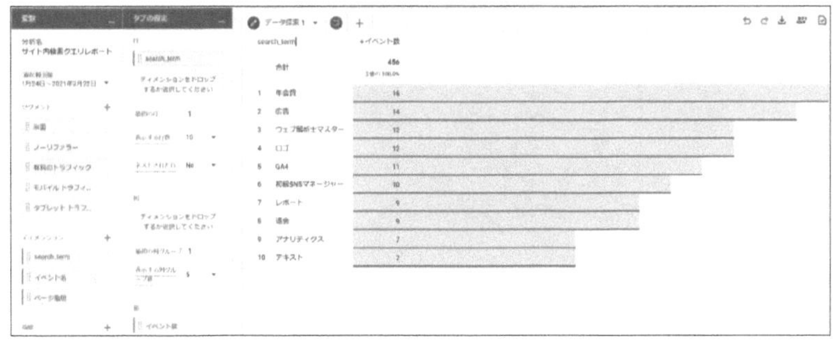

●データ探索を利用して作成したサイト内検索クエリレポート

3-3 まとめ

サイト内検索クエリは、ユーザーのサイト訪問意図やサイト内で見つけにくかった情報についてのヒントとなる場合があります。GA4は、一般的なクエリパラメータが利用されているサイトでは「拡張計測機能」を利用するだけで検索クエリが取得できます。一方、一般的なクエリパラメータ以外が利用されている場合には、本章を参考にして設定する必要があります。

取得した検索クエリをGA4の機能だけで分析しようとすると、現状ではできることが限られています。より深い分析や仮説の検証を実施したい場合は、次節を参考に、Google データポータルやBigQueryと連携して解析をしてみましょう。

4 BigQueryにエクスポートされたデータ

GA4は、無料版でもBigQueryにデータをエクスポートすることができます。そのデータを利用するメリットや、活用方法を解説します。

4-1 BigQueryにデータをエクスポートする準備

POINT!

- GA4は無料でBigQueryのエクスポート機能が使える
- BigQueryはGoogleが提供するクラウド上のデータベース
- GA4からBigQueryにリンクを設定するとエクスポートが開始される

ここで解説する内容は、データベースを操作するSQL文にある程度慣れている人向けとなっています。

ただし、本書ではSQLの詳細については触れません。別途、SQLの専門書を参照してください。

BigQueryとは

BigQueryとは、Googleが提供するクラウド上のデータベースサービスです。基本的には有償のサービスですが、一定の無料枠が提供されています。

高度な使い方の例として、以下2点を挙げます。

① オフラインデータなど、ほかのデータと結合して分析ができる。
② BigQuery MLなどの機械学習が利用できる。

BigQueryでは、SQLという「データベース上のデータを自由度高く操作する言語」を利用できます。SQLで無加工のアクセスログデータを操作することによりGA4のUIからではできない分析ができるようになります。

BigQueryの詳細については、下記ページも併せて確認してください。

BigQueryについてのページ
https://cloud.google.com/bigquery
BigQueryの料金についてのページ
https://cloud.google.com/bigquery/pricing?hl=ja

 BigQueryのリンク設定

BigQueryをGA4プロパティにリンクする方法は、公式ヘルプに手順がまとまっているので、そちらをご確認ください。本書ではヘルプ内で注意が必要な点をまとめました。

BigQueryのリンク設定についてのページ
https://support.google.com/analytics/answer/9823238?hl=ja

リンク設定時の注意事項
・GA4でリンク設定をする前に、公式ヘルプのSTEP1「BigQueryのAPIの有効化」とSTEP2「BigQueryのプロジェクト作成」の作業が必要です。
・リージョンの設定は「デフォルト（US)」のままでも利用可能ですが、日本で利用する場合は「(東京) asia-northeast1」の選択を推奨します。
・データをエクスポートするデータストリームを選択してください。

BigQueryにエクスポートされたデータの確認方法

BigQueryへエクスポートされたGA4のデータは、リンク設定をしたBigQueryのプロジェクト内で確認ができます。BigQueryへデータがエクスポートされると、リンク設定をしたBigQueryのプロジェクト内に該当のGA4プロパティのIDが付いたデータセットが作成されます。データセット内に「events_」を含む名前のテーブルが自動的に作成され、そこにエクスポートされたデータが蓄積されます。

●BigQueryのSQLワークスペース画面

「events_」を含む名前のテーブルをクリックすると、テーブルに格納されたデータの概要が右側に表示され、「スキーマ」や「プレビュー」からデータの詳細を確認できます。

「スキーマ」の部分では、データがどのようなフィールド名・タイプ・モードで格納されているかを確認できます。スキーマの詳細はFirebaseの公式ヘルプで確認してください。

スキーマ詳細の解説ページ
https://support.google.com/firebase/answer/7029846

●スキーマの確認画面

「プレビュー」では、テーブルに格納されたデータが実際にどのような形式で入っているかを確認できます。

● プレビューの確認画面

events_20210804　2021-08-04 ▾　クエリ　共有　コピー　削除　エクスポート

スキーマ　詳細　プレビュー

値が重複しているか結果が複雑なため、ページあたりの行数制限の 200 に達しました。これを反映して、21 件の結果を表示しています。

行	event_date	event_timestamp	event_name	event_params.key	event_params.value.string_value
1	20210804	1628018091979444	first_visit	ga_session_id	null
				ga_session_number	null
				page_title	[KIT] Top 5 Best Coffee Beans In The World | WACA | Web Ana
				page_location	https://www.waca.associates/en/growthhacking/top-5-best-(
2	20210804	1628018091979444	session_start	ga_session_number	null
				page_location	https://www.waca.associates/en/growthhacking/top-5-best-(
				page_title	[KIT] Top 5 Best Coffee Beans In The World | WACA | Web Ana
				ga_session_id	null

4-2 BigQuery上のデータの分析方法

POINT!

- BigQueryにエクスポートされたデータの分析にはSQLを利用する
- SQLを利用するとGA4のデータ探索やデータポータルでは実現できない高度な分析が可能になる
- SQLで取得した結果をデータポータルで可視化するとBigQueryのデータの利用幅が広がる

SQLを利用した分析例

BigQueryにエクスポートされたデータの分析をどの基盤で行うかについては、大きく分けて以下の2つの方法があります。

① SQLを使用してBigQuery上で分析する。
② Googleシート、データポータル、Tableauなどの外部ツールからBigQueryに接続して分析する。

ここでは、①の例としてSQLを利用し、BigQueryのテーブルに格納されたデータを分析する例を示します。

SQLとはRDB（リレーショナルデータベース）のデータを操作するための言語で、SQLを使用して無加工のアクセスログデータを処理することで、ブラウザで利用するGA4の標準レポート（3日目参照）や分析機能（5日目参照）では確認できないデータを取り出して分析することができます。

SQLを利用して分析を行う例として、「セッション中にサイト内検索を使用したときの初回検索クエリと、セッション中の2回目の検索クエリ（再検索クエリ）」を抽出する方法を紹介します。

まず、エクスポートされたデータのテーブルを開き、「テーブルをクエリ」をクリックして、SQL文を入力するエディタを開きます。

● 「テーブルをクエリ」のボタン

events_20210804　2021-08-04 ▼　クエリ　共有

スキーマ　詳細　プレビュー

テーブル スキーマ

フィルタ　プロパティ名または値を入力

フィールド名	種類	モード	ポリシータグ	説明
event_date	STRING	NULLABLE		
event_timestamp	INTEGER	NULLABLE		

次に、エディタで以下に掲載しているSQL文を入力し「実行」をクリックすると、初回検索クエリと再検索クエリの結果を取得することができます。

● SQLクエリエディタの画面

今回使用しているSQL文の中で、特に注意が必要な点を抜粋して解説します。

● _table_suffix

GA4からエクスポートされたデータは、BigQuery上で日付ごとに分かれてテーブルが作成されます。そのため、複数の日にわたるデータを分析対象とするには、複数のテーブルに対してSQLクエリを実行する必要があります。

その際に利用するのが6行目、7行目で使われている書式です。FROM句で指定するテーブルに「*」を付けてワイルドカード形式（特定の日を指定しない形式）に変更し、where句で_table_suffixという書式を利用して「分析対象の最初の日付」、「分析対象の最後の日付」を指定すると複数テーブルを分析対象にできます。ワイルドカードテーブルの詳細は公式のガイドも併せてご確認ください。

ワイルドカードを利用した複数テーブルに対するクエリの公式ドキュメント
https://cloud.google.com/bigquery/docs/querying-wildcard-tables?hl=ja

● unnest

ひとつのイベントに対して、そのイベントが持つさまざまな「属性」がパラメータとして「入れ子」になっているデータ構造です。「入れ子」の「中」に格納されているパラメータの値を利用するには、unnest関数を利用して「入れ子」を「テーブル」として扱えるようにしたうえで、select句、where句を利用して取り出す必要があります。

● partition byとorder by

掲載したクエリの15行目、16行目では、Window関数の一種である「first_value関数」と「nth_value関数」が利用されています。それらの関数のoverを見てください。

まずは、partition byとしてsession_idを指定し、同じsession_idのレ

コードの集合を作っています。

さらに、その集合をorder by event_timestampで時系列順に並べ替えたうえで、first_value (search_term) では最初に現れたsearch_termを、nth_value (search_term,2) では2番目に現れたsearch_termを取得しています。

データポータルで可視化・共有する

6日目でも紹介した「データポータル」を使用すると、SQLを使って取得した結果のデータを可視化して訴求力を高めることができます。また、一般的には組織内でSQLを利用できるユーザーよりも、データポータルを利用できるユーザーの方が何倍も多いため、SQLで取得した結果を共有する目的でもデータポータルは有効です。

クエリ結果の「データを探索」から「データポータルで調べる」をクリックすると、取得した結果のデータを引用した状態でデータポータルの画面に移動します。

●データポータルで調べる

クエリ結果　結果の保存　データを探索

データポータルで調べる
結果を可視化して、データからライブ ダッシュボードを作成します。

クエリ完了（経過時間: 0.6 秒、処理されたバイト

ジョブ情報　結果　JSON　実行の詳細

行	first_query	second_query
1	what is cyber security	how to think problem
2	WEB解析士だより	ナレッジ

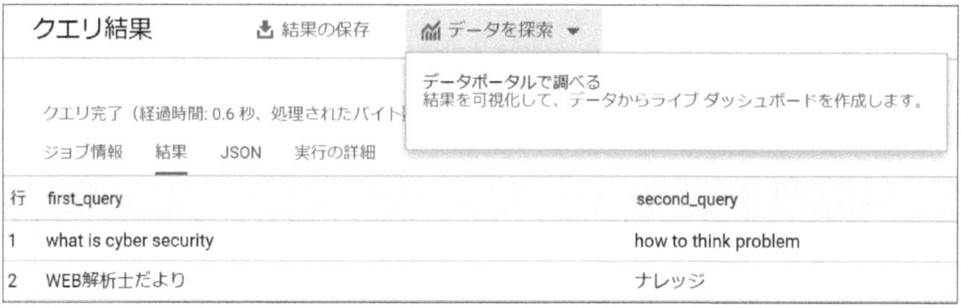

データポータルでは、使用するデータのディメンション・指標やグラフの種類を選択し、データを可視化していくことができます。データポータルについては公式ページをご確認ください。

●データポータルの画面

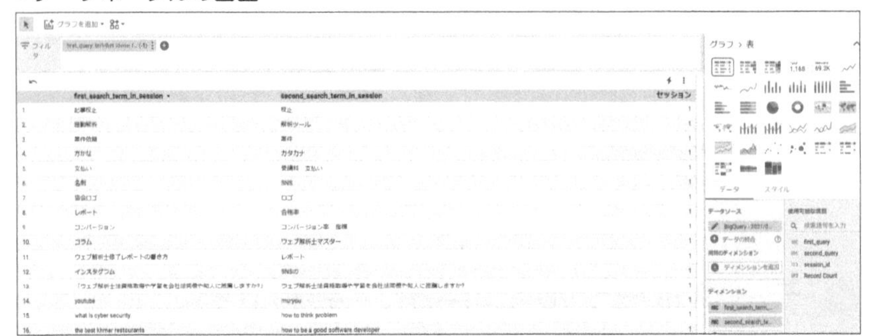

データポータルについてのページ

https://marketingplatform.google.com/intl/ja/about/data-studio/

4-3 まとめ

GA4の特徴のひとつとして、ユニバーサルアナリティクスでは有償版のGA360に限定されていたBigQueryへのエクスポートが、無料版でも利用できるようになった点があります。

BigQueryを利用すると、細かく条件指定をした分析ができるようになります。また、ページ数の都合上、触れることはできませんが、ほかのデータと結合したり、機械学習を利用することも可能です。その場合、分析結果から得られるインサイトが増えるため、分析結果をより具体的な改善施策につなげていくことができます。

GA4からは少し離れますが、そうした分析ができるようになるために、まずはGoogleが提供している一般公開データセットを使ってBigQueryの操作を学んだり、SQLの練習をしたりすることから始めて、慣れてきたら実際にエクスポートされたデータを利用して分析することをお勧めします。

Google アナリティクスの一般公開データセット
https://support.google.com/analytics/answer/7586738?hl=ja
Firebaseの一般公開データセット
https://support.google.com/firebase/answer/7030014?hl=ja

7日目のおさらい

問　題

Q1

GA4における追加的なデータ取得について述べた以下の文のうち、適切な表現が2つあります。①～⑤の中から正しいものをひとつ選んでください。

1. GA4には「イベントの追加」機能があり、GTMを利用しなくても、GA4から「50%スクロールイベント」や「会員番号」などのデータを追加できる。
2. GA4に独自のイベントを追加するには、GTMにタグなどの設定をする必要がある。
3. 追加できるデータの種類は、イベント、ヒット、ユーザープロパティの3種類である。
4. ユーザー側で追加するイベントについて、Googleから「推奨イベント」が提示されている。
5. 独自イベントを追加すれば、過去に遡ってGA4で利用できる。

① 1と2のみ正しい
② 2と3のみ正しい
③ 3と4のみ正しい
④ 4と5のみ正しい
⑤ 上記以外

Q2 ユーザー側で追加する独自イベントについて述べた以下の文のうち、適切な記述をひとつ選んでください。

1. 独自イベントはコンバージョンとして設定することはできない。
2. 独自イベントはBigQueryに蓄積される生データには含まれるが、「データ探索」では利用することができない。
3. 独自イベントは「標準のレポート」では利用できないが、「データ探索」では利用できる。
4. 独自イベントとして、「50%スクロール完了」を設定したとする。そのイベントに、イベントが発生したページのURLやページタイトルを紐付けることはできない。
5. イベントカテゴリ、イベントアクション、イベントラベルは「パラメータ」に設定しなければいけない。

Q3 サイト内検索キーワードの取得について説明した以下の文について、適切なものが2つあります。①～⑤の中から正しいものをひとつ選んでください。

1. サイト内検索キーワードは、まったく何の設定もしなくても取得できる。
2. サイト内検索は、view_search_resultsというイベントとして記録される。
3. サイト内検索キーワードとして認識するパラメータとして、数種類が最初から設定されている。
4. サイト内検索キーワードは、すべてのクエリパラメータを検索キーワードとして認識する。
5. 「サイト内検索を利用したユーザー数」を確認するには、BigQueryにエクスポートされたデータを可視化しなくてはいけない。

① 1と2のみ正しい
② 2と3のみ正しい
③ 3と4のみ正しい
④ 4と5のみ正しい
⑤ 上記以外

Q4

GA4のデータがBigQueryにエクスポートできることは、GA4の大きな特徴のひとつになっています。BigQueryへのデータエクスポートについて説明した以下の文について、適切なものが2つあります。①～⑤の中から正しいものをひとつ選んでください。

1. GA4からBigQueryにエクスポートされたデータについては、BigQuery側の課金対象にはならない。
2. BigQueryにエクスポートされるデータは、1日単位でテーブルが分かれて出力される。
3. BigQueryにエクスポートされたデータを分析する環境としては、大きく分けて①BigQueryでSQLを利用する、②Google スプレッドシート、データポータルやTableauからBigQueryに接続するという2つの方法がある。
4. GA4からBigQueryへのエクスポートは何の設定も必要なく、自動的に行われる。
5. BigQueryにエクスポートされたデータを確認する必要があるのはデータ取得に責任を持つエンジニアだけであって、マーケターはすべての分析を「データ探索」から行えば事足りる。

① 1と2のみ正しい
② 2と3のみ正しい
③ 3と4のみ正しい
④ 4と5のみ正しい
⑤ 上記以外

Q5

GA4に「データ探索」があるにもかかわらず、BigQueryにエクスポートされたデータを分析するべき状況として、適切な記述の組み合わせを①～⑤からひとつ選んでください。

1. BigQueryに用意されている機械学習を使った分析を行いたいとき。
2. サイト内検索について「特定の検索ワードを使ったユーザーが再検索をした場合、そのキーワードは何か？」といったような「データ探索」では可視化できない問いへの答えを得たいとき。
3. オフライン購入履歴などの別のデータと結合して分析したいとき。
4. 「データ探索」で作成したレポートの数値に疑義があり、「生データ」にあたって検算したいとき。
5. TableauやPower BIなど、強力なビジュアライゼーション機能を持つBIツールでGA4のデータを利用したいとき。

① 1のみ正しい
② 1と2のみ正しい
③ 1と2と3のみ正しい
④ 1と2と3と4のみ正しい
⑤ 上記1～5はすべて正しい

解答

A1 5

1. 不適切：GA4ではブラウザから利用できる画面で「イベントの追加」を行うことができますが、その機能は「あらかじめ取得しているデータに条件を付けて、別イベントとして記録する」もので、独自のイベントを取得する機能ではありません。
2. 適切
3. 不適切：GTMへのタグ追加で取得できるデータの種類はイベントとユーザープロパティの2種類です。
4. 適切
5. 不適切：GTMへのタグ追加で独自イベントを追加取得する場合、その作業を行った日以降のみ、そのイベントが記録されます。

A2 3

1. 不適切：GTMへのタグ投入で独自に取得したイベントも、コンバージョンとして設定することができます。
2. 不適切：GTMへのタグ投入で独自に取得したイベントは、データ探索で利用できます。
3. 適切
4. 不適切：page_location, page_title, medium, ga_session_idなどのパラメータは自動的に収集されます。
5. 不適切：ユニバーサルアナリティクスとは「イベント」の定義自体が変わっているので、GA4では「イベントカテゴリ」、「イベントアクション」、「イベントラベル」といった概念自体が存在しません。

A3 2

1. 不適切：拡張計測機能の「サイト内検索」をオンにする必要があります。
2. 適切
3. 適切：次の5種類のパラメータがあらかじめ設定されています。
「q, s, search, query, keyword」
4. 不適切：デフォルトで設定されている「q, s, search, query, keyword」に加えて、ユーザー側で追加設定したパラメータだけをサイト内検索クエリと認識します。
5. 不適切：「データ探索」で「セグメント」を利用すると、サイト内検索を利用したユーザー数を確認できます。

A4 2

1. 不適切：BigQuery側の標準的な課金ルール（データ保持量と、クエリ実行量に応じた課金）に沿って課金されます。ただし、無料枠が提供されており、その範囲内であれば、実際の課金は発生しません。詳しくは、ヘルプをご参照ください。
https://cloud.google.com/bigquery/pricing?hl=ja
2. 適切
3. 適切
4. 不適切：管理画面から「BigQueryのリンク設定」を行う必要があります。
5. 不適切：行うべき分析が「データ探索」の機能だけでは実施できない場合には、Web解析担当者はBigQueryのデータを確認して分析を行う必要があります。

A5 5

GA4に備わっている「データ探索」ではなく、BigQueryにエクスポートされたデータを利用する状況は本演習問題の選択肢に集約できます。再度まとめると、以下となります。

1. 機械学習の利用
2. データ探索では行えない分析の実施
3. ほかのデータと結合した分析
4. データ探索レポート結果の検証
5. BIツールの利用

付録

FAQ: よくある質問

FAQ：よくある質問

1 ユニバーサルアナリティクスとGA4でページビューやセッション数が違うのはなぜですか？

ユニバーサルアナリティクスとGA4は、同じGoogle アナリティクスですが、データモデルがそもそも異なります。異なった製品と捉えるべきであり、ページビューやセッション数が異なるのはむしろ当然と考えましょう。

2 ユニバーサルアナリティクスで利用していたレポートがGA4では見当たらないのですが、どうしたらよいですか？

ユニバーサルアナリティクスとGA4は、同じGoogle アナリティクスですが、レポートの構成は大きく異なります。GA4でなくなってしまったレポートも多数あります。確認したいレポートがなくなってしまった場合、データ探索からレポートを作成してください。

3 直帰率を確認できるレポートが見当たらないのですが、どうしたらよいですか？

GA4では直帰率はなくなりましたが、類似する指標として「エンゲージメント」が登場しました。エンゲージメントは、①10秒以上のページ滞在、②セッション中の2ページ以上の閲覧、③コンバージョンの発生のどれかが発生した時に記録されます。

4 ビューがありませんが、クライアントに見せる画面はどうしたらよいですか？

データ探索で作成したレポートを共有することで、プロパティへのアクセス権限のある他のユーザーとレポートを共有できます。セグメントやフィルタを適用したレポートを作成しておき、共有機能を利用することによって、クライアントを含む他のユーザーと同じレポートを確認することができます。

5 BigQueryにデータを入れるメリットはありますか？

はい、以下の3つが大きなメリットです。
① データ探索からではできない分析を行える。
② 機械学習を使った分析を行える。
③ CRMデータなど他のデータと結合できる。

6 コホートデータ探索はどういうときに使えばいいですか？

ビジネスを効率よく成長させるためには、「新規に獲得した顧客が継続的にLTVを伸ばしてくれること」が必要です。したがって「どういった新規獲得顧客群がLTVを伸ばしてくれて、どういった新規顧客群がLTVを伸ばしてくれないのか？」を知ることが重要となります。

コホートデータ探索は上記のように新規獲得顧客を「群」として分析するときに使います。

7 セグメント機能はありますか？

セグメント機能はありますが、GA4にあらかじめ用意されているレポート（標準的なレポート）では利用できず、データ探索からユーザーが作成するレポートにおいて、セグメントの作成、編集、適用ができるようになっています。

一方、標準的なレポートにおいては、「比較」を利用できます。「比較」はデータのサブセット（条件に合致する一部のデータ）を表示する機能であり、フィルタがかかった状態の値を可視化することができます。

比較については以下の公式ヘルプをご参照ください。
https://support.google.com/analytics/answer/9269518

付録

8 YouTubeに出稿した広告の効果測定をしたい場合、どういう順番で見ればいいですか？

YouTube広告からウェブサイトにユーザーを誘導する場合には、出稿する広告にutmパラメータを付与し、ユーザー獲得状況は「集客＞ユーザー獲得」レポートで、セッション獲得状況は「集客＞トラフィック獲得」レポートで確認します。あらかじめGA4にコンバージョンを設定しておけば、広告からのコンバージョン数も確認できます。

9 広告のパラメーターのルールは今までと同一と考えていいでしょうか？

はい、ユニバーサルアナリティクスと同一のルールです。

10 BigQueryは大きいサイトでなければ無料枠の範囲で利用できるというウェブ上の記事をよく目にしますが、どのような料金体系が適用されますか？

GA4からエクスポートされたデータについても、BigQueryの標準的な料金体系に基づき費用が掛かります。

BigQueryの料金は、①ストレージ料金と②クエリ料金に大別されます。詳細は公式ヘルプを参照してください。

https://cloud.google.com/bigquery/pricing?hl=ja

11 GA4でGoogle Search Console連携が見当たりませんが、なくなったのでしょうか？

GA4では2021年8月現在Google Search Consoleとの連携はされておらず、レポートはなくなっています。

※ 2022年5月時点では、GA4とGoogle Search Consoleとの連携はできるようになりました。
参考）https://support.google.com/analytics/answer/10737381?hl=ja

12 GA4でリピーター分析が見当たりません。

ユニバーサルアナリティクスの標準的なレポートには存在していた「新規顧客とリピーター」レポートは、GA4ではなくなってしまいました。

一方、GA4ではデータ探索から作成するレポートにおいて「新規／既存」というディメンションを利用できます。「新規」の定義は「過去7日間に初めてウェブサイトを訪問したユーザー」であり、ユニバーサルアナリティクスと定義は異なりますが、類似のディメンションとして利用できると思います。ユニバーサルアナリティクスの「新規ユーザー」と同等のディメンションを得たい場合は、イベント名first_visitを利用することができます。

13 GA4を以前のプロパティに戻したいのですが、やり方はありますか？

公式ヘルプで説明されているので、参照してください。
https://support.google.com/analytics/answer/10315383?hl=ja&ref_topic=9303319

14 Google アナリティクスのトラッキングIDが見つかりません。

測定ID（Gから始まるID）に変更されています。「管理画面>データストリーム」に表示されるストリーム名をクリックすると確認できます。

15 今までユニバーサルアナリティクスで設定していたイベントは何も変えずに、そのままGA4でも使い回せますか？

ユニバーサルアナリティクスプロパティで取得していたイベントは、GA4では収集できません。GTMに新たなタグ設定を行い、GA4用としてイベントを新たに取得する必要があります。

一方、GA4では測定機能の強化として「90%スクロール」や「ファイルダウンロード」などのイベントが取得できるため、「それらのイベントでカバーできないか？」

をまず検討し、不足があれば独自イベントを取得することになります。本書の「7日目」も参照してください。

16 ストリームIDは、どのようなときに使われますか？

データインポートを実行する際のキーとして利用されます。詳しくは公式ヘルプを参照してください。
https://support.google.com/analytics/answer/10071143?hl=ja

17 ユーザープロパティとはどのようなもので、どのような場合に利用するのでしょうか？

会員情報や性別、年齢などユーザー単位の属性情報を取得する際に使うカスタムディメンションのことです。GTMを通じてGA4にユーザープロパティを送信すれば、データ探索で使用することができます。
本書の「7日目」も参照してください。

18 GA4におけるユーザーの定義は、ユニバーサルアナリティクスと同じですか？

GA4では、ユーザー特定方法として次の2種類が提供されています。
① User-ID、Googleシグナル、Cookieを利用
② Cookieだけを利用
①がGA4で新しく追加された方法ですので、こちらを設定で選択すると、ユニバーサルアナリティクスとは異なった定義となります。

19 現在、ユニバーサルアナリティクスを利用していますが、GA4に移行しなければいけませんか？

本書執筆時点（2021年6月）でのベストプラクティスは、ユニバーサルアナリティクスとGA4の並行運用です。理由は、以下のとおりです。
1. GA4はユニバーサルアナリティクスにまったく影響を与えないので、いつ導入してもよい。

2. GA4の慣れと学習には自社で操作できるGA4アカウントがあった方がよい。
3. GA4を導入し、データを蓄積しておけばあとから参照が可能である。

本書の「1日目 2-3 よくある誤解と懸念点：GA4のよくある誤解」も参照してください。

20 データ探索から提供されている「セグメントの重複」は、どんなときに利用すればいいですか？

一例として、「コンテンツAを見たユーザー」と「コンバージョンしたユーザー」というセグメントを作成し、それら2つのセグメントの重複を確認すると、コンテンツAを閲覧したユーザーのうちの何人がコンバージョンしたかが分かり、ユーザーベースでのコンテンツのコンバージョン貢献が可視化できます。

21 ページURLごとのページビュー数は、どのようにしたら確認できますか？

データ探索では、「page_location」パラメータがページのURLを表します。したがって、データ探索の自由形式レポートで、page_locationをディメンションにイベント数を指標に設定した上で、フィルタを「イベント名がpage_viewに等しい」という条件で適用するとページ別のページビュー数を確認できます。

22 セッションはなくなるのですか？

なくなりません。セッション開始（＝session_start）というイベントとして計測されます。データ探索では、指標として「セッション」も用意されています。

23 UserID、Googleシグナル、デバイスIDの違いは何ですか？

UserIDは任意で設定できるIDであり、通常は会員IDを指します。

Googleシグナルは Googleアカウントに関連づけされたサイトやアプリのセッションデータであり、広告のカスタマイズをオンにしているユーザーのみ有効です。

デバイスIDはWebの場合にはCookie、アプリの場合にはアプリデバイスごとに

付録

付与されるIDです。

GA4では、ユーザーを特定するために、UserIDを最優先に使用します。UserIDが存在しない場合はGoogleシグナルを使用し、Googleシグナルが存在しない場合はデバイスIDを使用します。

24 GA4について学べる公式のサービスはありますか？

以下のリソースが無料で利用できます。

・公式ヘルプ：
https://support.google.com/analytics/?hl=ja#topic=9143232

・スキルショップ：
https://skillshop.withgoogle.com/intl/ja_ALL/

Index

索引

サ行

タ行

ナ行

ハ行

マ行

ヤ行

ラ行

■著者

窪田 望（くぼた のぞむ）
[著者チームでの役割（以下同）：編集長]

株式会社Creator's NEXT、CEO & Founder。米国NY州生まれ。慶應義塾大学総合政策学部卒業。2019年、2020年には3万7000名の中から日本一のウェブ解析士（Best of Best）として2年連続で選出。

江尻 俊章（えじり としあき）[編集]

福島県いわき市生まれ。2000年からウェブ解析を行い、中小企業の業績を急拡大させた事例を豊富に持つ。2012年WACA代表理理事就任。

小川 卓（おがわ たく）[監修]

株式会社HAPPY ANALYTICS代表取締役。ウェブアナリストとしてリクルート、サイバーエージェント、アマゾンジャパンで勤務後に独立。アクセス解析に関する著書多数。

木田 和廣（きだ かずひろ）[執筆]

早稲田大学政治経済学部卒業。株式会社プリンシプル 取締役 副社長。アナリティクスアソシエーション等でのセミナー登壇、トレーニング講師実績多数。統計検定2級保有。著作として『できる逆引き Google アナリティクス実践ワザ260』（インプレス）など。

神谷 英男（かみや ひでお）[執筆]

マーチコンサルティング代表。ウェブ解析士マスター。中小企業のデジタルマーケティングの改善を支援。専門はGoogleタグマネージャーによるデータ取得環境の構築、ウェブサイトの総合診断、戦略策定、改善提案。ウェブ解析士アワード4年連続受賞。

磯崎 将一（いそざき まさかず）[執筆]

オーシャンズ株式会社 代表取締役。関西学院大学文学部卒業。ウェブ解析士マスター。大手広告代理店、ネット広告代理店の勤務後に独立。アクセス解析、ネット広告、サイト改善などを中心に企業のデジタルマーケティング支援を行っている。

■各章の執筆者・協力者

[1日目]

山田智彦（やまだ ともひこ）

株式会社メイツ マーケティングチーム。ウェブ解析士。大学在学時の教育実習をきっかけにICT教育に関心をもつ。現在は学習塾発のEdTech企業である株式会社メイツにマーケターとして勤務。主に学習塾向けICT教材事業のマーケティングを担当。

富田 一年（とみた かずとし）

株式会社アイクラウド代表取締役/創業者。Google Partners Academy認定トレーナー/Google講師。2012年ウェブ解析士マスター取得、2015,2016年 WACA ベストトレーナー受賞。[5日目]も担当。

佐藤 佳（さとう けい）

愛知県出身。上級ウェブ解析士。株式会社スノーピークビジネスソリューションズ 社長室マネージャー。WACA Awards 2018 The Best Go-Getterを受賞。

岡山 寿洋（おかやま としひろ）

上級ウェブ解析士。新卒入社以降、デジタルマーケティングにほとんど関わることなく7年が経過。自身のキャリアに危機感を覚え、なんとか上級ウェブ解析士になる。現在はデジタルマーケティングに従事しながら、学習を継続中。

芹澤 和樹（せりざわ かずき）

株式会社ADKマーケティング・ソリューションズ シニアプランナー／チームリーダー。上級ウェブ解析士。旅行・不動産・人材・金融・EC・B2Bなど様々な業界を経験。戦略プランニングからアクセス解析まで様々な知見を駆使して企業支援に従事。

高橋 修（たかはし おさむ）

上級ウェブ解析士。自社のデジタルマーケティングチームの新規立ち上げに参画。自社で提供するサービスのデジタルマーケティング企画立案・実施を担当。得意分野はウェブサイトの企画制作、アクセス解析・最適化、SEO。

永井 那和（ながい ともかず）

ウェブ解析士/上級SNSマネージャー/Ph.D（言語人類学）。Spiber株式会社にて、マーケティング部門、コーポレートコミュニケーション部門を立ち上げ、執行役としてマーケティング、ブランディング、コミュニケーション全般を手がける。

[2日目]

島田 敬子（しまだ けいこ）

インターネットとの出会いをきっかけに30歳未経験で金融業からweb業界に転職。プランナー・webディレクター・ECコンサルなど経験し2019年ウェブ解析士を取得。現在、デジタル活用で中小企業を元気にするデジタルドクターとして活動中。

沖本 一生（おきもと かずき）

株式会社デジタルアイデンティティ。Google広告公式プロダクトエキスパート。米国No.1SEMカンパニー評価を受けたBruce Clay社の日本法人でPPC Div.の統括を歴任
ビジネス収益改善を目的としたデジタルマーケティングを得意とする。[7日目]も担当。

稲葉 修久（いなば のぶひさ）

RIコンサルティング株式会社 代表取締役。ウェブ解析士マスター/チーフSNSマネージャー/臨床検査技師。2011年に法人設立、ウェブ解析に関連する講座を年間200回以上開催、海外での登壇実績もあり。ウェブ解析士アワード3年連続受賞。

阿部 大和（あべ やまと）

株式会社BSMO data solution事業部　事業部長/ウェブ解析士マスター。ウェブ制作会社、ツールベンダー、事業会社でのSEOマーケを経て、現在はD2C×SNSでグローバルマーケットを構築している株式会社BSMOにてマーケティング領域のグロースを担当。[3日目]も担当。

[3日目]

井水 大輔（いみず だいすけ）

株式会社エスファクトリー代表。データに基づくウェブサイト改善で企業の売上げアップを支援している。これまで延べ3,000人ほどにセミナーや研修を実施。ウェブ解析士アワードやCSS Niteなど受賞歴多数。主な著書に『コンバージョンを上げるWebデザイン改善集』。

伊村 ミチル（いむら みちる）

株式会社サンカクカンパニー(https://www.3kaku.co.jp/) 取締役。ウェブ解析士マスター。多数の大手企業ウェブサイト解析・構築経験に基づいて、デジタルマーケティングの実行支援、ウェブ解析の個人・企業研修を行っている。

[4日目]

古橋 香緒里（ふるはし かおり）

株式会社Face Intelligence & co.代表取締役、ウェブ解析士マスター。中小企業のウェブマーケティング戦略の立案から制作・運用までを担当。2007年の創業以来、組織のウェブ担当者のような位置づけで長期的な取引を行っている。

田中 佑弥（たなか ゆうや）

バリュークリエーション株式会社 マーケティング戦略室室長。上級ウェブ解析士。車査定・買取の窓口(car-soudan-mado.com)、解体の窓口(kaitai-mado.jp)など新しい価値を創出するメディア事業の構築を担当。[5日目]も担当。

石本 憲貴（いしもと のりたか）

株式会社トモシビ 代表取締役。ウェブ解析士マスター。「勝てるWEB戦略」がモットーのコンサルティング業をはじめ、企業研修・セミナーなどの講師活動を実施。著書に『ウェブ解析スペシャリストが教える! 稼ぐサイトをつくる「7つの秘訣」』がある。

[5日目]

小池 昇司（こいけ しょうじ）

Modelart代表、ウェブ解析士マスター、ITコーディネーター、検索技術者検定1級。経営コンサルタント、経営の成果に直結するウェブマーケティング支援、ウェブ活用人材開発、ニューロマーケッテイング、IT活用･デジタル化と経営力強化支援に従事。

川村 日向子（かわむら ひなこ）

株式会社メンバーズ グロースディレクター 上級ウェブ解析士。2019年に株式会社メンバーズ入社。飲料メーカーのSNS運用、学習塾のサイト分析業務を経て現在新聞会社のウェブメディアの運用を担当。[7日目]も担当。

飯牟礼 秀一（いいむれ しゅういち）

上級ウェブ解析士。2000年より主にエンターテイメント系サイト（テレビ局、映画、演劇、テーマパーク）のディレクション、ウェブ解析、マーケティングに関わる。

[6日目]

白水 美早（しろうず みさ）

トランスコスモス株式会社 テクノロジーコンサルチーム チームリーダー。データコンサルタントとしてWebマーケティングの効果計測に携わる。その傍らWebマーケティングのセミナー登壇や執筆活動など、マーケターのビジネス課題解決サポートに従事。

佐々木 秀憲（ささき ひでのり）

ウェブ解析士マスター　株式会社Task it 代表。リクルート系列企業で営業、新規事業立ち上げなどを行った後、独立し、ウェブ解析士関連講座や、コンサルティングを行っている。著書に『Googleデータスタジオによるレポート作成の教科書』がある。[7日目]も担当。

鈴木 玲（すずき れい）

雑誌編集5年、Webディレクター10年を経てフリーランスに。東京→北海道。メディア運営、解析が得意分野。ファイナンシャルプランナーでもあり大手Webサイトへの原稿執筆も多数。やさしい日本語情報サイト「やさしいにっぽん（https://easy-japanese.jp/）」を絶賛運営中。

[7日目]

大岡 歩夢（おおおか あゆむ）

株式会社パワーメディア 取締役。サイト内検索エンジン「QAvision（キューエービジョン）」を開発／販売。課題を分解して全体像から読み解くわかりやすいマーケティングが得意技。趣味はレゴ、DIY、自給自足。

河村 悠佳（かわむら はるか）

株式会社メンバーズ データアドベンチャーカンパニー データアナリスト。事務職からマーケターへ転職しアクセス解析・顧客データ分析・SNS運用などに従事。現在はデータアナリストとしてデータを活用したマーケティング推進と意思決定を支援。

藤田 恵司（ふじた けいじ）

ソフトバンクグループでアクセス解析や業務プロセス改善を担当した後、Eコマース事業会社でアライアンス企画とマーケティングテクノロジー領域を所管。会社員と並行して、専門職大学院生として東京都立産業技術大学院大学 産業技術研究科に在学中。

[まんが・イラスト]

湊川あい（みなとがわ あい）

IT漫画家。技術をわかりやすく伝えることが得意。著書に『わかばちゃんと学ぶ Git使い方入門』『わかばちゃんと学ぶ Googleアナリティクス』など。マンガでわかるDocker、Ruby等も発信中。Twitter @llminatoll。

STAFF

編集	久保靖資
	片元 諭
編集協力	小宮雄介
制作	SeaGrape
本文イラスト	湊川あい
カバーイラスト	神林美生、湊川あい
カバーデザイン	阿部修（G-Co.Inc.）
カバー制作	高橋結花・鈴木 薫
編集長	玉巻秀雄

■商品に関する問い合わせ先
このたびは弊社商品をご購入いただきありがとうございます。本書の内容などに関するお問い合わせは、下記のURLまたは二次元バーコードにある問い合わせフォームからお送りください。

https://book.impress.co.jp/info/

上記フォームがご利用いただけない場合のメールでの問い合わせ先:info@impress.co.jp

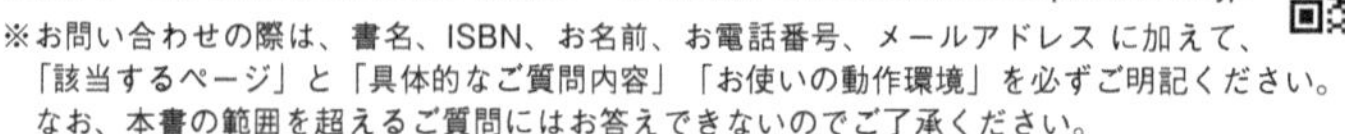
※お問い合わせの際は、書名、ISBN、お名前、お電話番号、メールアドレス に加えて、「該当するページ」と「具体的なご質問内容」「お使いの動作環境」を必ずご明記ください。
なお、本書の範囲を超えるご質問にはお答えできないのでご了承ください。

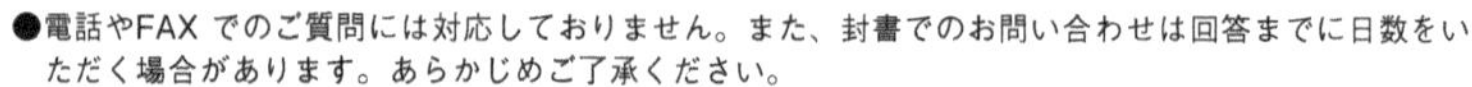
●電話やFAX でのご質問には対応しておりません。また、封書でのお問い合わせは回答までに日数をいただく場合があります。あらかじめご了承ください。
●インプレスブックスの本書情報ページ https://book.impress.co.jp/books/1120101144 では、本書のサポート情報や正誤表・訂正情報などを提供しています。あわせてご確認ください。
●本書の奥付に記載されている初版発行日から3 年が経過した場合、もしくは本書で紹介している製品やサービスについて提供会社によるサポートが終了した場合はご質問にお答えできない場合があります。

■落丁・乱丁本などの問い合わせ先
FAX 03-6837-5023
service@impress.co.jp
※古書店で購入された商品はお取り替えできません。

1週間でGoogleアナリティクス4の基礎が学べる本

2021年 9月21日 初版発行
2023年 9月11日 第1版第4刷発行

著 者 窪田 望、江尻俊章、木田和廣、神谷英男、礒崎将一、山田智彦、
富田一年、佐藤 佳、岡山寿洋、芹澤和樹、高橋 修、永井那和、
島田敬子、沖本一生、稲葉修久、阿部大和、井水大輔、伊村ミチル、
古橋香緒里、田中佑弥、石本憲貴、小池昇司、川村日向子、飯牟礼秀一、
白水美早、佐々木秀憲、鈴木 玲、大岡歩夢、河村悠佳、藤田恵司
監 修 小川 卓

発行人 小川 亨
編集人 高橋隆志
発行所 株式会社インプレス
〒101-0051 東京都千代田区神田神保町一丁目105番地
ホームページ https://book.impress.co.jp/

印刷所 株式会社ウイル・コーポレーション

ISBN978-4-295-01172-9 C3055

Printed in Japan